DISSERTATION
SVR
LA NATVRE
DES COMETES
AV ROY.

Auec vn discours sur les Prognostiques des Eclipses & autres Matieres curieuses.

Par P. PETIT, *Intendant des Fortifications, &c.*

A PARIS,
Chez LOVIS BILLAINE, au Palais, au second pilier de la grand'Salle, à la Palme & au grand Cesar.

M. DC. LXV.

AVEC PRIVILEGE DV ROY.

DISSERTATION SUR LES Cometes.

AU ROY,

SIRE,

Pour satisfaire à l'honneur des commandemens & à la curiosité loüable de Vostre Majesté, je luy diray le plus clairement qu'il me sera possible ce que i'ay veu, & ce que je pense touchant la Nature, le lieu, la grandeur, le mouuement & les effets de la Comete qui a paru depuis quelques jours, qui sont les choses principales qu'on desire ſçauoir, & ce qu'on a creu iuſques icy de toutes les autres. Et certes il eſt d'autant plus iuſte que les Rois en ſoient informez, qu'on leur veut faire croire que ces Apparitions extraordinaires les regardent particulierement, & qu'on n'en voit jamais qu'il ne s'enſuiue de grands malheurs dans leurs Eſtats ou ſur leurs Perſonnes. Ce que l'abus du monde, la fourberie, & l'ignorance leur voulant impoſer; il eſt du deuoir de ceux qui en ont quelque connoiſſance de les en éclaircir, & de leur deduire autant qu'on le peut, les cauſes naturelles de ces grands effets, & ce qu'on peut raiſonnablement juger de leurs apparences & de leur generation.

L'Empereur Claude Ceſar, ayant ſceu qu'vne Eclypſe de Soleil ſe verroit dans Rome, le meſme jour & à la meſme heure qu'on deuoit faire des réjoüiſſances & des ſacrifices ſuiuant la couſtume, pour ſa naiſſance: de crainte que les Citoyens & tout l'Empire meſme n'en tiraſſent vn mauuais augure, le fit publier par tout, & en voulut inſtruire les Peuples pour les deliurer de l'ignorance & de la ſuperſtition; tant il eſt important que les effets de la Nature & des cauſes ſecondes ne paſſent point pour des miracles, ou pour des prognoſtiques qui menacent les Princes plus que les Bergers, les Palais plus que les cabanes, & les Eſtats plus que les familles.

Sans donc vſer d'autre Preface, ny ſans arreſter Voſtre Majeſté à lire ſon Panegyrique, comme ſont la pluſpart des Autheurs, puis que je ſçay qu'elle eſt encore plus genereuſe que cét autre Empereur, qui ne vouloir point qu'on le loüaſt, de peur qu'il n'y euſt de la flaterie; mais qui prenoit plaiſir d'entendre les loüanges des autres afin d'imiter leurs actions & d'en meriter de ſemblables. Ie luy diray ce que j'ay penſé de la Nature des Cometes, depuis qu'on a commencé de voir au mois de Decembre celle qu'on voit encore par toute la terre. Ie la tiens donc pour veritable, & de la meſme eſpece qu'vne infinité d'autres qui ont paru depuis la Creation du Monde, dont les Hiſtoriens en ont rapporté aſſez bon nombre. Mais il eſt certain qu'il y en a beaucoup d'autres qui ſe ſont échappées de leurs plumes, ou de la veuë & de l'obſeruation des hommes par leur negligẽce, ou pour auoir eſté trop proches du Soleil, & comme noyées dans ſa clarté, puis qu'il y a eu pluſieurs années où l'on en a veu deux ou trois enſemble. Et ſans aller fort loin, en l'année *1618.* on en vit trois conſtamment en l'Europe dont tous les Sçauans écriuirent: outre leſquelles encore Dom Garcia Figueroes, Ambaſſadeur du Roy d'Eſpagne en Perſe, en obſerua vne quatriéme, & fit vn diſcours de toutes ſes apparences. Ce ſont donc des effets aſſez ordinaires de la cauſe qui les produit, ou du mouuement qui les fait paroiſtre: & quoy qu'on en faſſe grand bruit, elles n'ont rien de plus merueilleux que la foudre ou que l'Arc en Ciel, dont on ne parle quaſi pas, & peut eſtre

La Comete qui paroiſt eſt vne veritable Comete.

Il y en a plus que l'on n'en voit.

encore moins ſi on les comparoit bien. Les choſes communes ne nous touchent pas, il n'y a que la rareté des Cometes qui les rende recommandables, voyons donc ce que ce peut eſtre.

Opinion des Anciens touchant leur nature.

La pluſpart des Anciens ont creu que c'eſtoient des Meteores, formez dans la ſuprême region de l'air par des exhalaiſons chaudes, ſeches, & graſſes, eſleuées de la Terre par les rayons du Soleil, & enflamées ou par leur propre mouuement, ou par la region du feu dont ils les croyoient proches, ou par le Soleil meſme, au deſſous du Ciel de la Lune, comme tous les autres Meteores de pluyes, greſles, neiges, foudres, Eſtoiles volantes & autres qui ſe forment des vapeurs & exhalaiſons froides, humides, chaudes, ou ſeiches, eſleuées par le Soleil de la Terre, & de l'Eau. Et parce qu'ils ne croyoient pas qu'il ſe puſt faire aucun changement dans les Cieux à cauſe qu'ils les tenoient d'vne matiere incorruptible, & ſans aucune contrarieté de qualitez, & par conſequent exempts de toute corruption & generation, ils nioient abſolumēt que ce puſt eſtre d'autres ſubſtances que la terre & les autres Elemens, qui fourniſſent de matieres à tous ces Meteores. Et comme ils tenoient auſſi pour certain, que les Cieux eſtoient fort ſolides & impenetrables à toute autre choſe qu'à la lumiere, & comme des voûtes de criſtal ou d'autre matiere tranſparente, mais dure comme le diamant : ils diſoient que ces vapeurs aqueuſes ny ces exhalaiſons terreſtres ne pouuoient penetrer

D'eſtre des Meteores.

Par l'incorruptibilité & ſolidité des Cieux.

ces voûtes, & par conſequent que toutes les Cometes & autres generations eſtoient au deſſous de ces beaux lambris dont le Ciel de la Lune eſt le premier. Ainſi qu'elles eſtoient toutes Elementaires quant à leur matiere, & ſublunaires quant au lieu de leur origine, comme tous les autres Meteores.

Cette opinion a paſſé pluſieurs ſiecles pour la plus vray-ſemblable & par ces raiſons apparentes & par l'authorité d'Ariſtote, quoy qu'auant luy & depuis encore il y ait eu des Philoſophes qui en ayent propoſé beaucoup d'autres. En effet ſi on veut croire le rapport de pluſieurs Hiſtoriens, on ne ſçauroit nier qu'il n'y aye eû quelques Cometes ſublunaires, ſi on veut les appeller Cometes par la reſſemblance des autres. S'il eſt vray qu'il en aye paru d'égales en clarté & en grandeur au Soleil, juſques à ſurmonter les tenebres de la nuit; [a] s'il y en a eu qui ſe ſoient muës par bonds & par ſauts irregulierement; [b] qui ſe ſoient partagées en deux ou trois; [c] qui ayent eû des queuës traînantes iuſques en terre, [d] qu'elles y ſoient par apres tõbées & fait ſentir vne odeur de ſoulfre; qu'elles ayent meſme deſſeché des ruiſſeaux & conſummé toute leur humidité; [e] qu'elles ayent demeuré long-temps ſuſpenduës ſur vn méme lieu [f] & enfin qu'elles ayent eclipſé la Lune. [g] Si on veut croire, dis-je tous ces rapports & ne deſroger pas tout à fait à l'authorité de quelques grands hõmes, qui peuuent meſmes en auoir eſté teſmoins oculaires,

[a] Cometes effulſit nõ minor ſole lumẽ emittẽs quanto vinceret noctem. *Senec.*
[b] *Ariſt.*
[c] *Dion.*
[d] *Socrat. Sozomẽ.*
[e] *Senrt.*
[f] *Ioſephe Dion.*
[g] Cometes ſupra horizontẽ & e plenũ Lunæ orbem ſubiens Eclypſim faciebat. Georg. Phranza.

Ce qui est vray en quelques-vnes mal nõmées des Cometes. Et pourquoy

on ne sçauroit nier que tous ces Meteores n'ayent esté au dessous de la Lune, & engendrez d'vne matiere Elementaire. Mais de ce petit nombre de corps particuliers qui ont paru de la sorte, tirer vne consequence generale, que toutes les Cometes sont de mesme nature & formées en vn mesme lieu, ce n'est pas bien raisonner. Pour faire iustice à tous, il faut donc auoüer qu'il a paru autrefois & qu'il peut encore paroistre quelques corps dans l'air embrasez ou illuminez en forme de Cometes, ayans des queuës & des cheuelures claires & luisantes, qui soient de vrays Meteores aëriens & dans la region sublunaire. Mais non pas de ces veritables Cometes qui ont leurs mouuements reglez, leurs apparences de longue durée, & rien qui les puisse faire passer pour Elementaires, quoy que les Escriuains les ayent confonduës par vn mesme nom équiuoque, & comprises sous vn mesme genre d'Estoiles cheueluës. La dispute n'est donc que du nom, cõme il n'arriue que trop souuent dans les matieres les plus delicates & dont souuent dépend nostre felicité. Partant lors que ie parle de la nature des Cometes, ce n'est pas de ces Elementaires qui en sont de mauuaises copies, mais des Originaux qui sont tous Celestes. Et comme i'auoüe sincerement & de bonne foy sur le rapport de quelques Autheurs, qu'il y peut auoir eu de ces Meteores en forme de Cometes. on doit aussi receuoir les obseruations & les preuues (si elles se trouuent raisonnables) qu'il y en a

On ne parle pas des Elementaires.

eu

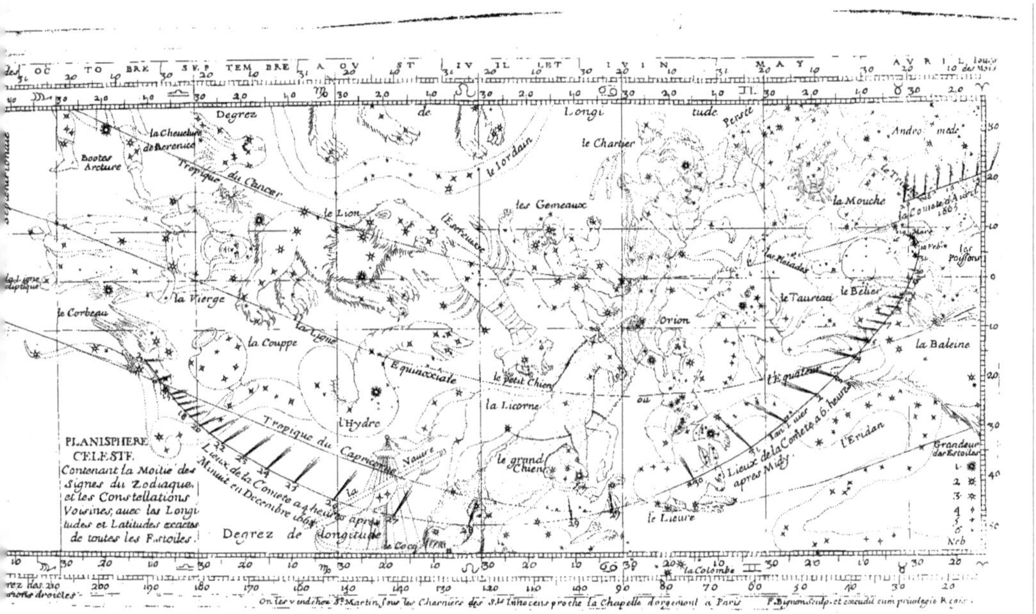
PLANISPHERE CELESTE.
Contenant la Moitie des Signes du Zodiaque, et les Constellations Voisines, auec les Longitudes et Latitudes exactes de toutes les Estoiles.
Degrez de Longitude
Degrez de longitude
Tropique du Cancer
Tropique du Capricorne
la Ligne Equinocciale
la Ligne Ecliptique
Lieux de la Comete a 4 heures apres Minuit en Decembre 1664.
Lieux de la Comete a 6 heures apres Midy.
la Comete d'Avril 1665
Bootes Arcture
la Cheveleure de Berenice
le Iordain
le Lion
l'Escrevisse
les Gemeaux
le Charier
Persee
Andromede
la Mouche
les Poissons
les Pleiades
le Taureau
le Belier
Orion
la Baleine
l'Equateur
l'Eridan
la Vierge
le Corbeau
la Couppe
l'Hydre
le petit Chien
la Licorne
le grand Chien
le Lieure
la Colombe
le Coq
Navire
Grandeur des Estoiles
Neb
On les vend chez St Martin sous les Charniers des St Innocens proche la Chapelle dorgemont a Paris
F. Bignon sculp. et excudit cum privilegio Regis.

eû veritablement au deſſus de la Lune, où nos Elemés n'ont aucune part, parmy leſquelles on ne fera pas de dificulté de receuoir celle d'auiourd'huy.

Au ſiecle dernier & au cõmencemẽt de celuy-cy, on vit tant de ces Cometes & Eſtoiles nouuelles que les plus habiles de ces temps-là excitez par l'exemple & par le ſecours des Empereurs, Roys de Dannemarc, Landgraues, Princes & Seigneurs, s'eſtans mis à les obſeruer, deſcouurirent enfin mieux qu'on n'auoit iamais fait, ſinon la cauſe & la Matiere de leur generatiõ, au moins le lieu & l'endroit où l'on les voyoit, qu'ils déterminerent eſtre au deſſus de la Lune, & partant dans les Cieux, les vns plus haut, les autres plus bas. Ils le iugerent ainſi de ce que tous les rapports & les diuerſes obſeruatiõs qu'on en faiſoit de diuers endroits de la Terre ne marquoient qu'vne meſme ſituation de la meſme Comete ou Eſtoile, auprés de quelque Eſtoile fixe: au lieu que ſi elle n'euſt eſté que dans l'air, & au deſſous de la Lune, les vns en Perſe par exemple, l'euſſent veuë à deux degrez prés de quelque Eſtoile, au meſme temps que d'autres à Paris, l'en euſſent veuë éloignée de quatre. Cela eſt aſſez facile à comprendre en s'imaginant 5. ou 6. petits Globes ſuſpendus à quelque voute, dont le plus bas en ſoit eſloigné de cinq ou ſix pieds, les autres moins, & que le premier meſme touche au haut du lambris. Ce qu'eſtant il eſt hors de doute que ceux qui les regarderont par deſſous & qui voudront marquer les endroits ſur la vou-

Les vrayes ſont eſtimées ſur la Lune.

te où ils les verront en droite ligne, ne les trouueront pas de mesme, les vns voyans à gauche ce que d'autres verront à droit, & plus ou moins esloigné de quelque point fixe, selon que les hommes seront distans les vns des autres, & les Globes aussi distans de la voute, en sorte qu'à mesure qu'ils regarderont les plus esleuez, il y aura moins de difference entre leurs regards, c'est à dire qu'ils les verront plus prés d'vn mesme endroit : Mais lors qu'ils regarderont tous le plus esleué & qui touche au lambris, ils le verrõt aussi tous esloigné de mesme distance de quelque point que ce soit de la voute, & en vn mesme lieu sans aucune diuersité d'aspect ou d'angle visuel qu'on nomme parallaxe. De cette façon donc les Cometes du Siecle passé ayant esté obseruées de plusieurs endroits de la Terre, en Europe & en Asie sans aucune diuersité d'aspect, & les Spectateurs de la Chine ayans veu ces mesmes corps en la mesme distance de quelque Estoile fixe, & en mesme temps que ceux d'Allemagne, de Danemarc, d'Italie & de France, on a conclu sans hesiter que s'ils n'estoient du moins dans la mesme voute que les Estoiles, ils n'en estoient pas esloignez, & qu'ils estoient beaucoup au dessus de la Lune, en laquelle on voit cette diuersité d'Angle & de Parallaxe : outre laquelle il y en a encore vne autre plus subtile mais plus fautifue tirée des obseruations qu'on peut faire en vn mesme lieu, de laquelle ie ne parle pas pour estre trop épineuse & Mathematique.

Par les Obseruations qu'on en a fait en diuers endroits.

Ces raiſons outre quantité d'autres qu'ils tirerent de leurs mouuemens, de leurs grandeurs, & de leur durée les firent hardiment conclure que ce ne pouuoit eſtre des Meteores elementaires eſtant impoſſible que la terre put fournir des exhalaiſons & de vapeurs pour occuper vn ſi grand eſpace que faiſoient les Cometes, quand meſmes elles auroient pû paſſer à trauers les Cieux, de la dureté & ſolidité deſquels ils n'eſtoient pas encore tout à fait détrompez comme nous le ſommes à preſent par cette admirable inuention des Lunettes d'approche : qui nous ayant fait voir l'Eſtoile de Venus qu'on nomme du Berger, tantoſt en Croiſſant comme nous la verrons en Iuin, tantoſt pleine, & puis en decours comme la Lune & ſans lumiere propre, a fait conclure neceſſairement qu'elle eſtoit opaque comme la terre, & qu'elle tournoit autour du Soleil, eſtant quelquefois plus haute & par delà, & quelquefois plus baſſe & au deçà de luy ; partant que les Cieux n'eſtoient pas ſolides & impenetrables, mais d'vne matiere fluide & rare, dans laquelle tous les Aſtres ſe meuuent regulierement, comme les Oyſeaux dans l'air ou les poiſſons dans la mer, Si la terre eſt auſſi vn Aſtre fixe ou mobile comme les autres, puis qu'elle eſt ſuſpenduë en l'air comme eux, ce n'eſt pas icy le lieu d'en parler; mais de dire les ſentimens qu'on peut auoir des vrayes Cometes, & d'examiner ſi la terre en pourroit fournir la matiere par ſes exhalai-

Et partant ne ſont point Meteores elementaires.

Venus ſans lumieres, comme la Lune ſera en Croiſſāt en Iuin prochain

Les Cieux ne ſont point ſolides.

sons desquelles la seule grãdeur ne sẽble pas souffrir cette ancienne & commune opinion. De plus, comment seroit-il possible d'accorder vn embrasement de ces exhalaisons, auec vne si longue apparence de la plusspart de ces Meteores que ie prens la liberté d'appeller Celestes? Le feu qui consumme la matiere dont il se nourrit, ne peut pas estre de longue durée si on ne luy en fournit tousiours de nouuelle, & principalement quand elle est fort rare & subtile, comme nous le voyons dans ces feux volans & Estoiles tombantes, poutres & Meteores ignées sur mer & sur terre, qui meurent presque aussi tost qu'ils naissent, au lieu qu'on a veu des Cometes qui ont duré plusieurs mois.

Les Cometes ne peuuẽt estre des Corps embrasez.

Les mouuemens encore de ces corps estrangers dans les Cieux ne s'accommodent pas auec des exhalaisons terrestres qui n'ont pas assez de consistance pour suiure la rapidité du premier mobile à ceux qui le croyent, c'est à dire de faire en 24. heures tout le tour du Monde, du leuant au couchant comme tous les Astres selon l'apparence: Et de plus encore auoir vn mouuement particulier & reglé, pour aller plus viste & deuancer comme a fait la nostre, ou pour suiure & demeurer derriere ce mouuement journalier, comme ont fait beaucoup d'autres, & comme fait tous les jours la Lune de plus de trois quarts d'heure. Il leur fut donc assez facile apres auoir reconnu la region du Monde en laquelle se pro-

Ny se mouuãts comme ils sont veus.

menoient ces grands Corps, de trouuer qu'ils ne pouuoient estre composez d'vne matiere Elementaire embrasée, & de dire ce qu'ils n'estoient pas. Mais de deuiner aussi ce que c'estoit, il leur estoit assez difficile. Dans ce rencontre chacun a pris party & l'on a renouuellé beaucoup d'opinions qu'Aristote & ses Adherans sembloient auoir bien refutées.

Autres opinions touchant les Cometes.

Les vns ont creu ce que Pythagore, Hippocrate, Diogene, Artemidore, les Chaldeens & beaucoup d'autres auoient soupçonné que c'estoient des Corps celestes comme les autres, formez de longtemps qui paroissoient quelquefois à nos yeux, puis disparoissoient selon leur approche ou leur éloignement. D'autres au cõtraire que c'estoit des Corps lumineux, nouuellement créez par la toute puissance, comme l'Estoile qui parut aux Mages pour leur annoncer la Naissance d'vn Dieu, & ces Cometes au contraire pour en faire voir le courroux & épouuanter les hommes par leurs figures, mouuemens, & apparitions extraordinaires ne leurs presageans que de grands malheurs & des bouleuersemens de Monarchies & de Religions, destructions de Peuples, par guerres, pestes, famines, tremblemẽs de terre, inondations & mille autres desastres, cõme toutes les histoires en fõt foy. Surquoy ie prendray la liberté de dire mon sentiment à la fin de ce discours, que V.M. peut estre n'aura pas desagreable. Et cõme cette opiniõ n'est fondée que sur la foiblesse ou sur la pieté de ceux

Qu'elles estoiẽt de tout temps

Nouuellement créées pour punir les hommes.

Qu'il ne faut pas auoir recours aux Miracles pour bien philosopher.

qui la suiuent, ie n'ay autre chose à dire allencontre, sinon que les miracles ne sont pas du ressort de la Philosophie, & que les qualitez occultes & la cause premiere sont presque toûjours les aziles de nostre ignorance. Cela est bon aux pieces de Theatre de faire descendre vn Dieu dans la Machine, pour démesler l'intrigue : mais dans la recherche des causes & des effets de la Nature il ne faut pas auoir recours à la Diuinité tant qu'on peut raisonner, c'est l'offenser & prendre en vain son Nom, ce me semble, de le mettre ainsi à toutes œuures. Ce n'est pas qu'on doiue douter qu'il ne se serue des Causes secondes, pour aduertir les hommes de leurs méconnoissances, & du chastiment qu'il leur prepare s'ils n'ont recours à luy par la penitence : comme il fit par cette Comete ou plutost ce Meteore ignée, qui parut vne année entiere sur Hierusalem auant la destruction du Temple & de la Ville, où perirent onze cens mille Iuifs, pour venger sans doute le sang du Sauueur du Monde, que cette race infidelle auoit fait mourir 37. ans auparauant. Mais ces exemples rares & particuliers ne tirent point à consequence ; toutes les fois qu'il tonne, & que la foudre tombe, Dieu n'est pas en colere, voila pour l'opinió qui a recours au Miracle.

Quant à celle qui tient que les Cometes sont des Estoiles fixes ou des Soleils, car c'est la mesme chose ; lesquels estans surchargez de taches épaisses comme d'autant de croustes ou d'écorces engendrées par le troiſiéme Element: Les parties du premier dont le Soleil & les Eſtoiles ſont compoſées, ne pouuant pouſſer aſſez vigoureuſement par leurs pores ou vis canelées, les Globules du ſecond Element pour diſſiper ces taches ou écorces: il arriue qu'elles s'y épaiſſiſſent & endurciſſent de telle ſorte, que ce Soleil enfin de liquide rare & luiſant qu'il eſtoit, deuient Terre ou Planete, qui ſont auſſi la meſme choſe, c'eſt à dire ſolide opaque & tenebreux. Et pour lors n'ayant plus de lumiere d'actiuité ou de force pour remuer ſes parties, diſſiper ſes macules, maintenir ſa place & conſeruer ſon Tourbillon (qui eſt l'eſpace dans lequel il domine, éclaire, & fait mouuoir tout ce qui y eſt compris, cõme fait noſtre Soleil au milieu de ſon tourbillon qui s'étend juſques au Firmament, dont chaque Eſtoile fait auſſi le ſien propre, & à ſes planetes que nous ne voyons pas) Quand dis-je quelque Eſtoile ou Soleil s'eſt laiſſé gagner par ces taches ou crouſtes du troiſiéme Element & qu'il n'a plus la force de maintenir ſon actiuité & ſe deffendre contre l'entrepriſe de ſes voiſins, il eſt chaſſé & pouſſé d'vn tourbillon à l'autre ſans lumiere & tout encraſſé, juſques à l'infiny, ſi ce n'eſt qu'il entrouue quelqu'vn qui luy donne place & le laiſſe paiſiblement mouuoir allentour de ſon centre ou Soleil dominãt, auquel il ſert apres de Planete, pour les ſiennes, je ne ſçay ce qu'elles ſont deuenuës. Et lors que cette pauure Eſtoile ou Soleil rendu o-

Que ce ſont des Soleils deuenus opaques.

paque & tenebreux passe à trauers quelque tourbillõ il y est veu en forme de Comete éclairé de la lumiere du Soleil de ce tourbillon auec tous les accidens de grandeurs & grosseurs differentes, augmentation & diminution de clarté, & de mouuement, mesmes auec les apparences de barbes & de queuës (supposant toutefois de certaines boules du second Element au dessus de Saturne, plus grosses que les petits globules qui sont au dessous, pour pouuoir faire les refractions necessaires à l'explicatiõ de tous ces Phenomenes.) Pour cette opiniõ, dis-je, que je viens de déduire brieuement & sincerement auec les mesmes termes de son Autheur, il faudroit faire vn Liure entier pour l'expliquer plus au long, & vn autre pour l'examiner, si ce n'estoit que la raporter & la refuter c'est la mesme chose au sens de plusieurs.

Que c'estoit la reflexion de la lumiere.

D'autres ont encore pensé que ce n'estoit que des Reflexions de la lumiere de quelques Estoiles ou du Soleil qui se rencontroit fortuitement dans quelque partie du Ciel capable de la receuoir & de la reflechir comme font tous les jours nos nuées celle du Soleil & de la Lune. D'autres demeurans bien d'accord que ces Cometes ne pouuoient pas estre Elementaires par les raisons susd. & ne voulãt pas aussi reconnoistre qu'il ne se peut rien engendrer de nouueau dans le Ciel, comme estant vn lieu exempt de toute corruption qui precede toûjours la Generation: ont creu que c'estoit plutost vn amas de petits Astres ou Corps celestes épars ça & là autour du Solieil, comme ils croyent que ſont ſes macules ou taches découuertes depuis cinquante ans, leſquels Corps venans à ſe rencontrer en tres-grande quantité, forment vne eſpece de maſſe comme feroit vn eſſein d'Abeilles qui voleroient toutes enſemble fort preſſées & qui par là ſe rendroient viſibles, au lieu qu'vne ou deux, meſmes toutes eſtans ſeparées & eſloignées les vnes des autres ne ſe verroient aucunement. Ils diſent donc, que les Cometes ne ſont qu'vn amas de ces petits Corps, ſur leſquels le Soleil donnant il les eſclaire, les rend viſibles & en forme la teſte, ou le plus clair qui eſt toûjours oppoſé au Soleil, & que la queuë vient ou de la reflexion & refraction des rayons qui paſſent à trauers ou à coſté de ces petits Corps, ou qui tombent ſur vne ſuitte d'autres innõbrables, & les rendent auſſi viſibles. La meilleure preuue qu'ils ayent de leur opinion, c'eſt quelques obſeruations qu'on dit auoir eſté faites ſur quelques Cometes, à la teſte deſquelles on a veu comme pluſieurs petites Eſtoiles, mais qui eſtoient ſans doute des fixes, comme i'en ay veu dans noſtre Comete, ainſi que je rapporteray dans les Obſeruations.

Que c'eſtoit vn amas d'Eſtoiles.

Veu pluſieurs dans noſtre Comete.

Et ſi l'on voit bien, diſent-ils, quelques parties dans le Firmament plus claires & plus blanches que les autres, qu'on appelle voye de lait, n'eſtre rien qu'vn amas de petites Eſtoiles qui toutes enſemble forment cette blancheur, pourquoy ne peut-on pas dire de mesme de celle des Cometes & de leur queuë?

Fausses opinions suiuies.

En effet s'il n'y auoit point d'objections sans replique contre cette pensée, elle pourroit estre receuë comme beaucoup d'autres, peut estre aussi fausses, en cette matiere & en plusieurs autres. Ne fust-ce que la precedente des Soleils conuertis en Cometes, & en Terres ou Planetes, chassez obliquement d'vn Monde ou tourbillon dans l'autre auant que d'y trouuer leur place & de s'y mouuoir circulairement; estant libre à vn chacun de croire ce que bon luy semble quand il n'est point sujet à la Iurisdiction Ciuile ou Ecclesiastique. Et c'est pour cela qu'il n'y a quasi point d'opiniōs pour bigeares qu'elles puissent estre qui n'ayēt des sectateurs, cōme il n'y a point de bestes mesme qui n'ayent eu des adorateurs, tant est foible nostre Nature : mais ceux qui sont vn peu plus éclairez & sans attache aucune, se sçauent bien desabuser de leurs preuentions & mauuaises premieres pensées. Aussi ne faut-il pas estre honneste homme, c'est à dire fort raisonnable pour perseuerer dans vn sentiment quand on est conuaincu de son erreur, ou instruit d'vn meilleur aduis. Nous sommes tous fautifs, & je tiens qu'il y a plus de gloire de se retracter & changer d'opinion que de perseuerer dans la sienne sous pretexte de fermeté. Reuenons donc de la Morale à la Philosophie de ceux qui pour ne pas introduire de nouuelles Generations dans le Ciel, ayment mieux établir que les Cometes sont vn amas de plusieurs petits Corps celestes, comme ceux qu'on voit quelquefois au deuant du Soleil & qu'on nomme comme i'ay dit ses taches ou macules. Ie ne m'estonnerois pas que cette opinion peut estre encore suiuie, si l'on n'estoit desabusé de l'erreur de ces taches. Lors que l'on commença en l'an mil six cens dix & mil six cens onze, à découurir cette nouueauté, & que ce grand homme Galilée eust publié que par des Lunettes d'approche, il paroissoit quelquefois dans la figure ou rondeur du Soleil certaines marques noires tantost plus tantost moins, plus petites, plus grandes, de diuerses figures, qui demeuroient 13. à 14. jours deuant le Soleil, entrans par vn bord de son rond & sortans par l'autre, chacun se mit en peine de les voir aussi, & d'en dire son sentiment. Ceux qu'on appelle Philosophes, mais à la douzaine, qui ne sçauent que ce qu'on leur a dit des Anciens, ne voulans pas reconnoistre qu'il y pût rien auoir de nouueau dans le Ciel, creurent d'abord que ces taches ou noirceurs qu'on voyoit au Soleil estoient des Astres & Planetes qui se tournoienr alentour de luy, comme font Venus & Mercure. Quelques Autheurs mesmes en firent des Liures, les vns les nommans Astres de Bourbon, d'autres d'Austriche suiuant leur pays, comme Galilée auoit appellé auec raison, les nouuelles Estoiles qu'il auoit découuertes autour de Iupiter, Astres de Me-

Premiere découuerte des macules solaires.

Que ce ne sont point des Astres.

dicis. Mais depuis que par vne infinité d'Obseruations, cette opinion est condamnée, & qu'on a reconnu par les figures de ces taches toutes irregulieres cóme sont les nuës, & non point rondes & spheriques cóme sont les Planettes; par leur couleur & l'inégalité de leur matiere, plus rare ou plus dése en vn endroit qu'en l'autre; par leur diuision d'vne en plusieurs, ou conjonctió de plusieurs en vne; par leur naissance, accroissement & dissipation subite dans le rond du Soleil; & parce qu'elles ne reuiennent plus à paroistre de mesme, & que depuis tres long-téps on n'y en voit point. Il n'y a plus personne qui puisse croire & dire tout de bon que ce soit des Corps permanens dans le Ciel, & de petits Astres ou Planettes dont la rencontre puisse faire les Cometes que nous admirons & dont nous recherchons la cause. Outre qu'il y auroit quantité d'autres objections à faire sur le mouuement de ces petits Corps, qui ne pourroient pas demeurer ensemble des quatre & cinq mois entiers en mesme figure & situation, chacun deuant continuer sa route differente: sans parler de la quantité innombrable qu'il en faudroit pour former aussi leur grande queuë, qui sans cela ne pourroit estre apperceuë ny par reflexion ny par refraction de la lumiere, s'il n'y auoit quelque Corps pour la receuoir, comme beaucoup de gens auancent sans penser qu'elle n'est visible que lors qu'elle est terminée & receuë dans quelque matiere; outre que l'alligne-

Qui puissent former les Cometes non plus qu'vn amas d'Estoiles.

ment de la queüe ayant touſiours changé en noſtre Comete, & d'Occidental qu'il eſtoit, c'eſt à dire allant au couchant & marchant le premier, eſtant deuenu aſſez ſubitement Oriental qui eſt tout le contraire (ce qui a fait croire à pluſieurs que c'en eſtoit vne autre, outre qu'elle eſtoit montée fort viſte) comment pourroit-on accorder dans ces petites Eſtoiles qui la compoſent, des mouuemens diuers à celles de la teſte, qu'elles ſuiuent maintenant apres les auoir deuancées ? Deplus ſi l'on a veu quelquefois dans les Cometes, cõme ils diſent, de petites Eſtoiles diſtinctes les vnes des autres, pourquoy ne les verroit-on pas ſeparées, au moins quelques vnes de leurs plus groſſes, quand chacune a repris ſa route apres leur viſite aſſez longue ? On ne peut pas dire que c'eſt à cauſe de leur petiteſſe, puis qu'on les voit bien auec des lunettes quand elles ſont enſemble, & que leur diuiſion ne diminuë rien de leur grandeur ny de la clarté du Soleil qui les peut rendre ſuffiſamment viſibles, ſans cette petite reflexion qu'elles ſe font les vnes aux autres. Et puis ſi les macules y ont quelque part, & qu'elles ſoient de ces petits Aſtres dont ils diſent que les Cometes peuuent auſſi eſtre formées, il eſt certain qu'il y en a de beaucoup plus grandes que Mercure & que Venus meſme, qui nous éblouïſſent, ainſi rien ne nous empeſcheroit de les voir apres leur ſeparation en vn temps ou en l'autre, & nous obſeruerions vn nombre infiny de Planetes visibles ce que l'on n'a pas fait. Enfin c'est l'opinion à mon sens la moins soûtenable de toutes celles qu'on peut raisonnablement suiure, contre laquelle on peut dire qu'il y a des demonstrations Physiques & Mathematiques dont on pourroit faire des Liures.

Q'uon pourroit croire que ces macules pourront engendrer des Cometes

Mais des mesmes principes de ces taches Solaires, & autres certitudes que nous auons des changemens & alterations qui arriuent dans les Cieux: Les premiers jours que ie vis la Comete, & sur la description qu'on a fait de plusieurs autres du temps passé, ie formay vne opinion toute differente. Pourquoy, disois-je, ne pouuons nous pas croire que celle-cy & toutes les autres qui ont paru dans les Cieux n'y sont pas engendrées de nouueau, puisque nous sommes asseurez qu'ils ne sont pas exempts d'alteration & de changement? N'y voyons-nous pas ces macules qui le prouuent sans contredit, & qui sont selon la pensée de ceux qui les ont le plus estudiées, des nuages, vapeurs, fumées, broüillards, escumes, ou ce qu'il vous plaira, sortant du corps du Soleil, comme du Mont Ethna ou Vesuue il en sort tous les jours? N'y voit on pas aussi des endroits plus clairs & plus lumineux les vns que les autres changer de place & occuper souuent celle des macules, qui ont quelquefois esté si larges si opaques & en si grand nombre, que le Soleil en a paru plusieurs mois palle & sombre ce que les Historiens qui en ignoroient la cause ont rapporté, comme de grands Prodiges, aux euene-

Qu'il arriue des mutations dans les Cieux.

mens ſinguliers de leurs temps, dont on ne s'eſtonne plus à preſent qu'on à découuert ces taches & noirceurs, de l'origine deſquelles pourtant i'ay vne opinion toute differente. Mais comme elle eſt particuliere, nouuelle & d'aſſez longue diſcuſſion, ie la referueray pour quelque autre occaſion. Enfin ſi l'on voit ce grand Aſtre que les Payens ont appellé le Dieu de la Nature ſouffrir des changemens & des alterations, qui le font bien connoiſtre pour ce qu'il eſt creé materiel & corruptible: ne peut on pas croire qu'il en arriue de meſme dans tous les autres Corps? Et qui peut douter que la Lune que nous voyons certainement eſtre comme la Terre, remplie de Montagnes & de valées (ie ne dis point s'il y a des Mers, des Iſles, des Foreſts, des Villes & le reſte, ce ſeroit temerairement ne pouuant eſtre apperceu) ne ſoit auſſi ſujette à quelques alterations qui nous ſont inuiſibles comme celles de la Terre le ſeroient aux habitans lunaires s'il y en auoit. Sans doute le Soleil qui les éclaire & les échauffe comme la terre y doit cauſer quelques chāgemens, & ſur tout l'on peut croire que cette moitié que nous ne voyons jamais & qui ſe trouue directement opposée & proche du Soleil plusieurs jours pendant qu'elle eſt nouuelle, eſt bien fort échauffée, & partant qu'il en peut ſortir quantité de vapeurs & d'exhalaiſons lunaires, n'ayant point d'autres termes pour m'expliquer, leſquelles eſtant rarefiées & attirées par le So-

Que le Soleil en ſoufre.

Que la Lune en doit auoir.

leil peuuent former des Meteores celestes comme sont nos Elementaires? Qui peut nier aussi sans temerité, que des autres Planettes, Mercure, Venus, Mars, Iupiter, Saturne & leurs satellites, il ne sorte rien? & que le Soleil agisse continuellement sur eux par sa lumiere & par sa chaleur sans produire quelques nouueautez? Ces Corps ne sont pas d'vne autre nature que le Soleil mesme & la Terre, il y doit aussi bien arriuer du changement qu'au reste du Monde. Il en arriue bien aux Estoilles qui sont plus esloignées & qui ne sont pas mesmes sous la jurisdiction du Soleil; N'en a t'on pas veu les siecles passez de nouuelles qui ont disparu? & sans en chercher d'autres, En Nouembre 1572. n'en vit-on pas vne fort grande & extraordinaire, dans la constellation de la Cassiopée qui donna sujet à tant de Princes de s'instruire de ces grandes choses? Ce qui leur fut d'autant plus aisé qu'il n'y a rien de si facile aux Souuerains que de se rendre fort habiles, mesmes sans peine & sans estude. Ils n'ont qu'à le vouloir & cela se fait: vn galant homme & qui a quelque talent pour se bien expliquer leur peut dire agreablement en demy-heure dans les temps qu'ils perdent, ce qu'il aura estudié plusieurs jours dans son cabinet, & digeré dans son esprit pour en oster toutes les espines de la Pedanterie & n'en presenter que les roses. Enfin cette nouuelle Estoile parut plusieurs mois plus grande & plus luisante que toutes celles qu'on nomme de

Et les autres Planettes aussi.

La nouuelle Estoile de 1572. fit estudier des Souuerains.

la

de la premiere Grandeur & puis disparut en Mars 1574. sans qu'ō l'aye veuë depuis. Et en l'ā 1600. on en vit vne dans le Cygne, en 1603. 4. 5. 7. & 12. d'autres en d'autres constellations. Mais ce qui est plus estonnant, c'est qu'en 1638. on en découurit vne dans la Baleine qui a paru & disparu plusieurs fois depuis, iusques en *1661.* & qui se pourra faire voir encore à l'aduenir; tant il est certain que les Cieux souffrent du changement & de l'alteration à nostre égard suiuant l'opinion communémēt receuë à present. S'il est donc ainsi pourquoy craindra-t'on de dire que les Cometes sont des nouuelles Generations dans les Cieux, & pour parler plus clairement, des Meteores Celestes formez de toutes les exhalaisons & éuaporations qui peuuent sortir de tous ces grands Corps & du Soleil mesme, lesquelles apres auoir esté long-temps agitées & meües par l'impression & par le mouuement du Soleil & des Planettes, dans ces grands espaces viennent à s'amonceler & faire vn Corps toutes ensemble; qui receuant les Rayons du Soleil se fait voir à nos yeux, comme de toutes nos vapeurs & petites nuées ramassées par l'agitation de l'air, il s'en fait de grandes, que nous voyons rouges ou blanches suiuant leur Matiere ou le lieu du Soleil : Car de croire que les Cometes soient enflammées & bruslantes en vne Matiere combustible qui se meuue, & dont par consequent la flamme suiue le mouuement; ou que cette

Nouuel. les Estoilles qui ont paru.

Les Cometes semblent pouuoir estre des nouuelles Generatiōs.

Illuminées & non enflammées.

Matiere grasse & ensouffrée soit fixe & immobile, mais fort étenduë en ligne droite ou courbe, au bout de laquelle le feu s'estant pris il continuë de suiure jusques à l'autre bout; comme on peut croire qu'il arriue à ces feux ardens & Estoiles tombantes, & comme nous voyons effectiuement qu'il suit vne longue traisnée de poudre, qui par là semble se mouuoir & changer de place, quoy que c'en soit toûjours vn autre pour ainsi dire, puis qu'il consume tousiours vne autre nouuelle matiere. C'est vn erreur à mon aduis comme i'ay dé-ja dit, tant parce que ces exhalaisons chaudes & seiches ne pourroient pas estre si justement placées, & disposées si regulierement en vne ligne droitte ou courbe, pour pouuoir faire vn mouuement reglé tel que celuy des Cometes, au moins de la nostre qui l'est parfaitement; que parce que cette Matiere qui doit seruir d'aliment à la flamme ne pourroit pas resister si long-temps, & conseruer deux ou trois mois son feu, principalement estant rare & subtile comme on la suppose. Car de dire que cela se peut, puis que les Anciens auoiẽt bien le secret d'vne huile incombustible qu'ils mettoient dans les lampes de leurs Sepulchres, & qu'on en a trouué en foüillant des tombeaux qui auoient duré quinze & seize cens ans allumées; c'est ce qui n'est pas bien certain, & que ceux qui ne croyent que ce qu'on leur fait voir par les yeux

La matiere n'y pourroit pas resister.

N'y en ayant point d'incombustible.

du Corps ou de l'eſprit nient abſolument; on dit & l'on eſcrit tous les jours tant de choſes fauſſes que c'eſt pitié de les entendre. Mais pour reuenir à nos Cometes, il n'eſt pas neceſſaire pour eſtre veuës qu'elles ſoient enflammées, il ſuffit qu'elles ſoient illuminées, c'eſt à dire compoſées d'vne Matiere qui puiſſe arreſter les Rayons du Soleil & les terminer par quelque Opacité pour eſtre apperceuë; car ſi elle eſtoit tout à fait tranſparente & auſſi ſubtile que l'air, ils paſſeroient tout à trauers & nous ne les verrions non plus que l'air meſme.

Pour la queuë il eſt bien facile d'en rendre la raiſon, il ne faut que ſçauoir, que tous les rayons du Soleil qui tombent ſur vn Corps tranſparant comme le verre & l'eau ne le trauerſent pas. Il y en a beaucoup qui ſont refléchis audehors, d'autres audedans, & ſuiuant l'épaiſſeur des Corps il y en a meſmes qui n'en ſortent point; cela ſe voit par les plongeurs qui aſſeurent que à douze & quinze braſſes d'eau on peut voir encore aſſez clair, mais qu'à trente & quarante on ne diſtingue plus; & ie ne doute nullement, en ayant l'experience, que ſi les murailles du Louure eſtoient de verre le plus rafiné, on n'y verroit pas dauantage à trauers que l'on fait à trauers la pierre. Ainſi quand le Soleil iette ſes rayons ſur ces Meteores Celeſtes dont nous parlons, la teſte qui en eſt eſclairée la premiere comme la plus proche & oppoſée au

La queuë vne lumiere affoiblie.

Soleil en est fort brillante : mais comme elle arreste vne partie de ces Rayons, il n'en peut passer assez dans le reste du Corps pour l'éclairer de mesme, ainsi la lumiere allant tousiours en diminuant par la resistance de la matiere il ne se faut pas estonner si les queuës des Cometes vont aussi tousiours en diminuant de clarté à proportion de leur longueur. Et comme la teste regarde tousiours le Soleil, il est necessaire aussi que la queuë luy soit opposée & qu'elle se tourne en mesme ligne droitte auec ses Rayons; ce qui est bien verifié par celle d'à-present qui a tourné sa queuë d'Occident en Orient, suiuant qu'elle s'est trouuée, regarder le Soleil, ainsi que je diray dans les Obseruations que j'en ay faites. Si bien que pour rendre raison de la naissance & de la fin des Cometes, des apparences de leurs testes, queuës, barbes & cheueleures, & mesmes des Estoiles qui semblent-y paroistre, & encore de leur mouuement tout particulier d'Occident en Orient, du Midy au Septentrion, ou tel autre quel qu'il puisse estre regulier ou non, il semble que cette opinion peut satisfaire à tout. La disposition de la Matiere plus dense & plus opaque en quelques endroits qu'en d'autres vous y fera paroistre des Estoiles, parce que la reflexion en sera plus forte, comme dans nos Meteores, le carreau de la foudre se forme dans la nuée des parties les plus solides. Les figures des

Pourquoy.

En droite ligne auec la teste & le Soleil.

Cõment on peut rendre raison de toutes les apparences des Cometes

barbes, queuës & autres seront des effets du hazard & de la rencontre des parties; comme celles de nos nuages, colomnes, poutres de feu & autres Meteores. Leur fin ou disparition sera la dissipation de leur matiere, qui s'en retournera d'où elle est venuë, comme font nos nuages qui de vapeurs reuiennent en eau. Quāt à leur mouuement propre & particulier, qui est celuy par lequel elles vont d'vn signe à vn autre (car ie ne parle pas de celuy des vingt-quatre heures qu'on attribuë à la chymere du premier mobile) on dira qu'il n'est autre que celuy du Meteore mesme, & de la vapeur qui est transportée d'vn lieu à vn autre par sa propre nature, ou par l'agitation ou mouuement de l'air Celeste où elle est, ou par l'impulsion de quelque Planete ou du Soleil mesme. Pour la grande estenduë qu'elles ont, & la grande place qu'elles occupent, on dira que les exhalaisons ou euaporations planetaires se peuuent rarefier infiniment, & deuenir d'vne grandeur immense, puis que nous voyons deux ou trois gouttes d'eau reduites en vapeur ou vn peu de pastille en fumée occuper vn fort grand espace, & qu'vn grain de poudre s'étend sans mesure; ainsi que ces exhalaisons ou vapeurs celestes se peuuent étendre encore plus. *De leur grãdeur.*

Pour ceux qui croyent le mouuement de la terre, cette opinion est si fauorable que ie m'étone que personne ne s'en soit encore seruy pour *De leur mouuement qui prouueroit.*

De leurs mouuements qui prouueroit.

l'authoriser, ou pour impugner du moins le sentiment de ceux qui admettent l'vne & traittent l'autre de folie. Ie veux dire que si les Cometes sont d'vne matiere fluide, vaporeuse, subtile & rarefiée, soit Elementaire dans l'opinion commune, soit celeste dans celle-cy : il s'ensuit de leur mouuement diurne apparent de vingt-quatre heures, que c'est la terre qui se tourne & non pas la Comete. La preuue ce me semble en est fort euidente par plusieurs raisons confirmées par l'experience. En premier lieu nous voyons tous les corps mobiles s'arrondir par le mouuement, vn cube de neige qui roule, les pierres mesmes les plus dures que la Mer jette sur les bords deuiennent aussi rōdes: & tous les Corps celestes le sont par cette mesme necessité. Si donc les Cometes tournoient allentour de la terre pendant deux ou trois mois, estant d'vne matiere flexible cōme ils disent, elles s'arrondiroient, & toutes les parties s'vniroient pour leur conseruation, & pour resister à cette grande agitation, ce que nous ne voyons pas arriuer, au contraire elles gardent toûjours leur grande queuë, ce qui montre bien que ce n'est pas elles qui tournent autour de nous, mais que c'est nous qui tournōs par le mouuement journalier de la terre. En second lieu, il est tres-certain & l'experience le démontre, que tous mobiles & particulierement ceux qui ont la figure longue estants agitez, se meuuent ensorte que le plus pesant va toû-

Celuy de la terre.

Par leur deffaut de rondeur.

iours le premier & deuant. Nous le voyons par ce qui s'enfonce dans l'eau, & par ce que nous pouſſons en l'air. Iettez dans l'eau quelque baſton qui ſe puiſſe enfoncer plus peſant d'vn bout que d'vn autre, ou quelque boule qui aye vn coſté plus lourd, vous verrez le plus peſant & le plus ſolide deſcendre le premier en bas & aller deuant. Laiſſez tomber de quelque lieu bien haut les meſmes choſes, elles ſe tourneront de meſme : tirez vne fléche auec vn arc ou vne Arbaleſte & pouſſez meſme le plus leger deuant, la fléche ſe tournera dans l'air, & le bout plus peſant où eſt le fer gagnera le deuant, & frappera le premier au but comme i'en ay fait l'experience. Partant ſi les Cometes n'eſtoient que des exhalaiſons dont la teſte fut le plus groſſier, & la queuë le plus ſubtil comme il faut de neceſſité, il s'enſuiuroit que dans leur mouuement journalier la teſte deuroit aller touſiours le premier, & fendre les airs comme la plus forte afin de faire ſuiure ſa queuë, comme font meſmes tous les Oyſeaux en particulier, & les Gruës en Corps chacune à ſon tour. Cependant nous auons veu le contraire à la noſtre, car la queuë a marché la premiere d'Orient en Occident iuſques enuiron la fin de Decembre où elle s'eſt tournée apres auoir eſté oppoſée au Soleil & maintenant la teſte va deuant. De plus il y a eu quelques jours que la teſte & la queuë alloient directement enſemble, c'eſt à

Parce qu'elles ſont longues.

Parce que la queuë eſt allée deuant.

dire, aussi auancées l'vne que l'autre ; ce qui ne se peut faire en vn mobile de diuerses parties rares & fluides, sans que les plus foibles plient & se mettent en rond, estant necessaire qu'elles obeïssent au mouuement; ou à la resistance du Corps, dans lequel elles se meuuent quelque subtil qu'il soit, car je ne croy pas qu'on voulust dire pour se sauuer que c'est dans le vuide, ils n'en seroient pas quittes pour cela. Donc il est vray-semblable que ce n'est pas la Comete qui a roulé deux mois entiers autour de la terre : car la queuë n'auroit jamais esté la premiere ny le reste comme i'ay dit; il faut donc que ce soit la terre qui aye tourné deuant la Comete. De plus comment vne matiere rare & subtile étenduë en long ne se seroit-elle pas dissipée en peu de temps, si elle auoit fait de si grands cercles & d'vn mouuement si rapide autour de la terre qu'õ ne le sçauroit exprimer que par des millions de lieuës ? Sans doute cela ne se pourroit faire autrement, & il seroit naturellement impossible qu'vne Comete subsistât si longtemps qu'elle fait dans vn mouuement si violent & si contraire à la tenuité de sa matiere. Il semble donc bien plus raisonnable pour sauuer ce mouuement apparent de vingt-quatre heures de dire, que c'est la terre qui a tourné au deuant d'elle, & que cependant elle a continué doucement & à pas égaux & mesurez son chemin & sa route propre, allant d'vn lieu à vn autre, du leuant

Parce qu'elles ne se dissipent point.

uant au couchant, biaisant du Midy au Septentrion, comme i'ay dé-ja dit. Et il y a lieu de s'estonner que personne ne se soit encore aduisé de combattre l'opinion de ceux qui croyent les Cometes des Meteores terrestres ou celestes & qui ne croyent pas le mouuement de la terre: car on peut ce me semble par ces raisons jointes à d'autres ou le leur faire aduoüer necessairement, ou les faire démordre de leur opinion des Cometes; mais c'est que veritablement l'occasion d'obseruer tous ces mouuemens ne se presente pas fort souuent: comme ce sont des choses rares & qui ne se voyent que de loin à loin, il ne se faut pas estonner qu'on n'en aye point encore parlé. Et pour reuenir à cette opinion que i'auois premierement conceuë de la Nature de nostre Comete & de ses semblables; que c'estoient des exhalaisons celestes meuës sur quelque ligne droite ou courbe, il n'y a rien ce me semble dont on ne pût rendre des raisons pertinentes, & soustenir cette hypothese en admettant aussi la terre mobile.

L'vne de ces opinions détruit l'autre.

Neantmoins apres auoir bien consideré toutes les apparences & démarches de nostre Comete comme ie diray à part, ie ne suis pas demeuré satisfait de cette premiere pensée: & i'ay veu tant de difficultez d'accorder son mouuement regulier en effet, puis qu'on le peut reduire aux regles de la Geometrie & du calcul comme tous les autres mouuemens celestes (ainsi

Les Cometes ne peuuent estre de nouuelles Generatiõs.

qu'on a dé-ja fait de la nostre & comme on avoit fait de celles de 1618. & 1652.) quoy qu'en apparence elle semble fort irreguliere. I'ay veu dis-je son mouuement si reglé, & suiuant vne route si égale dans le Globe y décriuant ce qu'on nomme vn grand cercle, ce que ne pourroient faire des exhalaisons etherées ou des Corps engendrez de nouueau & meus par accident; que j'ay creu trouuer moins d'obstacles, à penser que ces sortes de Corps qui nous paroissent de la sorte en Estoiles nouuelles, ou Cometes semblables à celle cy; sont des Corps Eternels comme a dé-ja dit Seneque, ou aussi vieils que la terre le Soleil les Estoiles & tous les autres qui composent le total du monde, c'est à dire en parlant Chrestien de mesme datte que la Creation. Et que dans cette grande immensité de l'Vniuers que l'imagination ne sçauroit borner, il y a vne infinité de Corps se mouuans, si fort éloignez les vns des autres, qu'ils ne sont apperceus que quand ils s'approchent de nous, comme il y a vn nombre innombrable d'Estoiles inuisibles à nos yeux; mais que nous découurons par les longues Lunettes, & que par consequent nous verrions si elles s'approchoient d'elles mesmes assez prés pour paroistre grosses comme les autres, ou que la Lune mesme qui est plus petite qu'elles, bien qu'elle nous paroisse aussi grande que le Soleil à cause de sa proximité. Supposé donc que le monde

Mais des Corps Eternels ou creez auec les autres,

Æterna opera naturæ. Sen.

Inuisibles par leur éloignemēt,

ſoit d'vne auſſi vaſte eſtenduë cent & cent fois par delà les plus petites Eſtoiles que nous voyons auec nos plus grandes Lunettes, comme elles ſont éloignées de nous (en quoy conſiſte la Grandeur, la Puiſſance & la Majeſté du Maiſtre qui la fait comme ſon Palais.) Il eſt facile de conceuoir qu'il y a par tout de grands Corps lumineux comme noſtre Soleil & les Eſtoiles, qui vray-ſemblablement ſont autant d'autres Soleils & de lampes allumées pour éclairer toute cette magnifique demeure de leur Autheur incomprehenſible; & qu'il y a auſſi d'autres Corps opaques meſlez parmy, comme les Planettes & la Terre qui reçoiuent de ces Soleils ce qu'ils monstrent auoir de lumiere chacun dans ſon petit canton: & qu'il y en a vray-ſemblablement encore d'autres à demy lumineux, c'eſt à dire ayant quelque lumiere plus foible que le Soleil & les Eſtoiles, parmy leſquelles auſſi nous en voyōs de differētes viuacitez, clartez & couleurs, Cette diuiſion meſme eſt ſi conforme à tous les ouurages de la Nature, c'eſt à dire de Dieu, qu'il n'y a quaſi pas lieu d'en douter: elle ne paſſe jamais d'vne extremité à l'autre ſans qu'il y aye quelque milieu, le dénombrement en ſeroit trop long ſi ie le voulois faire. Mais ie dis ſeulement qu'entre les Corps brillants de lumiere comme le Soleil ou les Eſtoiles, & les opaques comme la Terre & les Planetes, il y en peut auoir qui tiennent le milieu, ayant quelque

L'Vniuers plein de Corps lumineux & opaques.

clarté foible & moderée. Il est aussi hors de doute puis que nous le voyons, que tous ces diuers Corps faisans partie de l'Vniuers ont tous leur mouuement à part, les vns en vn iour ou 2. ou 3. ou 5. ou 16. d'autres en vn mois, d'autres en 8. & d'autres en trois, d'autres en 1. 2. 7. ou 30. années, comme font tous nos Planettes visibles (iusques à present au nombre de 12. tres-certainement, & qui ne sont que dãs vne petite partie du Monde, au dessous des Estoiles) Et qu'il y en peut auoir aussi d'autres que nous ne voyons pas, qui se meuuent en 40. 50. & 60 années, comme on en a découuert de petites autour de Saturne & de Iupiter inconnuës aux Anciens. Et que de plus il y en a vray-semblablement encore dans l'étenduë de tout le grand Monde, qui n'acheuent leur tour qu'en plusieurs centaines & milliers d'années, comme le mouuement mesme du Firmament à nostre égard ne s'acheuera qu'en 28. mille ou enuiron, suiuant ce qu'il a déja fait de chemin depuis deux mille ans. Et comme ces diuers Corps sont fort esloignez du nostre, ils n'en sont aucunement apperceus non plus que les plus petites Estoiles de la voye de lait qui nous sont inuisibles: mais quand ils s'en approchent suiuant les loix de leur mouuement & qu'ils entrent dans nostre petit Monde, alors ils paroissent à nos yeux plus ou moins long temps, & plus ou moins grands suiuant la proportion de leur Grandeur & de leur approchement, soit que

Qui ont leur mouuement differët.

Et s'approchent de nous.

ce soit par la reflexion des Rayons du Soleil, en cas qu'ils soient des Corps opaques & sans lumiere propre comme nos Planetes ; soit qu'ils soient du nombre des lumineux, plus ou moins brillants comme les Estoiles, ou des moyens entre les opaques & les éclatants comme i'ay déja dit. Et cela est tellement conforme à ce que nous voyons par effet arriuer souuent dans nostre petit Monde, qui est audessous du Firmament, qu'il n'y a quasi point d'apparence d'en douter ; ne sçauons nous pas que la Planete de Mars est quelque fois si petite qu'a peine la voit-on ? Et quelque fois si grande qu'elle est méconnoissable ? & qu'on la prendroit sans sa couleur pour Venus ou pour Iupiter ? comme en l'année 1672 au mois de Sept. elle sera si proche de la terre, qu'on la verra plus grosse qu'elle n'a parû depuis tres long-temps ; au contraire en Aoust 1671. elle ne sera presque pas visible parce qu'elle en sera fort esloignée. De mesme en conceuant qu'il y aye quelques Corps dans ce grand espace de tout l'Vniuers (qu'il ne faut pas craindre de faire trop vaste cõme i'ay déja dit) qui ayent leur ordre comme tous les autres, de faire leur ronde, on aduoüera qu'ils peuuent s'approcher de nous en suiuant leur route, & disparoistre en la continuant auec toutes les circonstances de leurs mouuemens diurnes regulierement inégaux & de leurs figures ; soit qu'elles soient simplement rondes & lumineuses, & lors ils nous paroissent

Comme Mars qui paroist grand & petit.

D'où viennent les Cometes & nouuelles Estoiles.

en Estoiles ou auec leurs barbes, queuës & cheueleures dont nous les voyons quelquefois accompagnés, & lors nous les appellons des Cometes. La preuue en est toute euidente pour le regard des nouuelles Estoiles. Et depuis celle qui parut en 1572. on en a veu assez d'autres, comme i'ay dé-ja dit, pour ne douter plus de cette verité, que ce ne sont point de nouuelles Generations : mais de vrais Corps celestes comme les autres Estoiles, qui par leur mouuement se sont abaissées & approchées de nous, pendant le temps qu'on les a veuës en vne mesme place ce semble, à cause de leur grande distance, quoy qu'en effet elles en changeassent. Ce que leur diminution nous fait encore voir, estant certain, qu'en s'éloignant elles doiuent paroistre moindres iusques à ce que nous les perdions tout à fait de veuë : car elles ne cessent pas pour cela d'estre, mais de nous paroistre ; comme des Oyseaux qui prennent l'essort dans le Ciel, ou comme des poissons qui se precipitent dans le plus profond de la Mer & qui s'échappent à nostre veuë.

Elles s'approchent de nous seulement.

Cela estant il me semble qu'il n'y a plus lieu de se mettre en peine de la nature des Cometes; leurs aisnées qui sont ces Estoiles nous montrent leur Generation & que leur Origine est toute Celeste; mais d'vn ordre inferieur & d'vn mouuement different. Celles là semblent s'approcher de nous comme en descendant vers nostre Firmament, ainsi que deux cercles qui s'approcheroient l'vn de l'autre par dehors pour se toucher seulement, & nous qui deuons estre comme au centre de l'vn, ne pouuons voir que le point fixe de leur attouchement, c'est à dire l'Estoile presque en mesme lieu sans changement notable. Mais pour les Cometes il me semble qu'on peut les expliquer d'vne autre maniere, en disant qu'elles décriuent vne autre ligne soit en dehors soit en dedans de nostre petit Monde pour en estre aperceuës changer de place. Supposant par exemple qu'elles le trauersent & le coupét comme vn grand Cercle qui entre dans vn moindre par quelque endroit de sa circonference & sort par vn autre, ou qui l'entoure seulement ; il faut qu'il s'en ensuiue ce que nous voyons faire aux Cometes, que tant qu'elles demeureront dans l'enceinte de ce qui nous appartient, & dans la portée de nostre veuë nous les apperceuions; & à mesure qu'elles s'en esloignét, qu'elles nous paroissent plus petites, iusqu'à ce qu'enfin nous les perdions tout à fait de veuë sans qu'elles soient esteintes pour cela, sauf à reuenir dans quelque temps d'icy. Et que de plus elles nous semblent faire moins de chemin dans le commencement, & dans la fin de leur apparition que dans le milieu, lors qu'elles sont plus proches de nous, encore qu'en effet elles aillent tousiours également & de mesme vitesse dans le grand tour qu'elles ont à faire. La preuue de ce

Ce qui les fait paroistre immobiles.

Les Cometes semblent nous trauerser.

Et se mouuoir inegalement.

que i'auance passera pour indubitable à ceux qui sont Geometres, & par le mouuement qu'elles font, & par le chemin qu'elles tiennent. Mais comme pour la rendre exacte, il faudroit employer des Angles & des lignes qui ne sont pas du langage de Cour; ie tascheray de la reduire icy dans les termes du sens commun, en disant que si nous voyons quelque Corps se mouuoir au tour d'vn grand cercle dans l'enceinte duquel nous fussions mais hors du centre, & beaucoup plus prés de la circonference comme dans la Figure cy-apres.

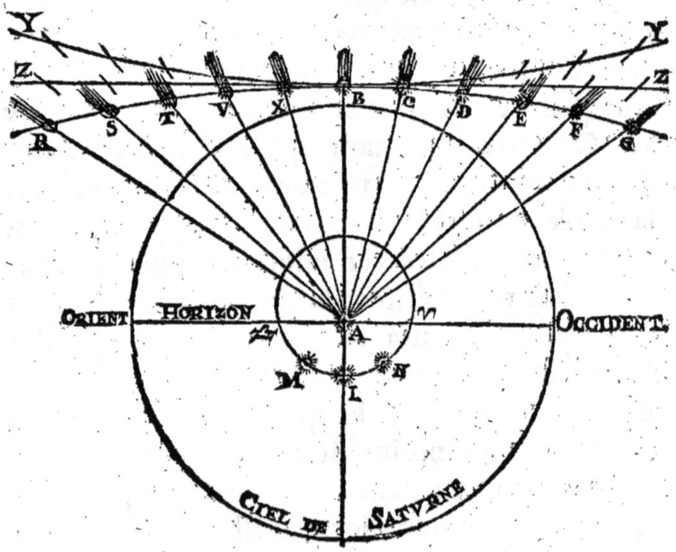

Si nous estions au point A representãt la Terre, & que le Corps se meut sur le Cercle RSTBEFG enſorte que nous ne puſſions rien apperceuoir diſtinctement que ce qui ſe preſenteroit dans la partie la plus proche de nous, & dans la portée de noſtre veuë comme en G. Il eſt certain que quand ce Corps en approcheroit, nous commencerions à le découurir ; & à meſure qu'il continueroit ſon chemin, comme il s'auanceroit dauantage nous le verrions encore mieux, & il nous sembleroit meſme aller beaucoup plus viſte, augmentant toûjours ſa groſſeur & ſa viteſſe par la grandeur des Angles viſuels, iuſqu'à ce qu'il fuſt dans le point de ſon Cercle le plus proche de nous comme B. Mais quand il l'outrepaſſeroit en continuant ſa route vers VTSR, nous le verrions auſſi diminuer de Grandeur & de mouuement apparent, qui eſt le contraire de ce qu'il faiſoit en venant, iuſques à ce qu'enfin il nous paruſt en R ou par delà comme immobile & fixe en meſme place, auant que de s'en aller tout à fait; quoy que reellement il marchât touſiours d'vne meſme viteſſe & d'vn meſme pas égal & reglé ſur la ligne G B R, dont toutes les meſures ſont égales. La raiſon eſt que n'eſtans point placez dans le centre de ſon mouuement qui eſt le cercle, nous ne pouuons pas auſſi meſurer ſes alleures égales par nos Angles, qui ſont plus petits ou plus grands ſelon l'éloignement du mobile : & c'eſt ce que nous voyons tous les jours arriuer au Soleil, qui fait plus ou moins de

Ce qui les fait voir plus groſſes & aller plus viſte.

Et pourquoy.

Le Soleil en fait de meſme.

minutes vn iour que l'autre à nostre égard ; d'où vient qu'il employe plus de huict jours à marcher sur les six Signes d'Esté que sous ceux de l'hyuer, à cause que nous ne sommes pas au centre de sō Cercle MIN, quoy qu'en effet ses démarches soient toûjours égales. Et voila ce qui arriue justement au mouuement propre des veritables Cometes & de la Nostre en particulier, d'aller d'vn signe à l'autre à pas inégaux selon l'apparence, & de faire neantmoins des parties égales GFEDBVTSR chaque jour dans son cercle:

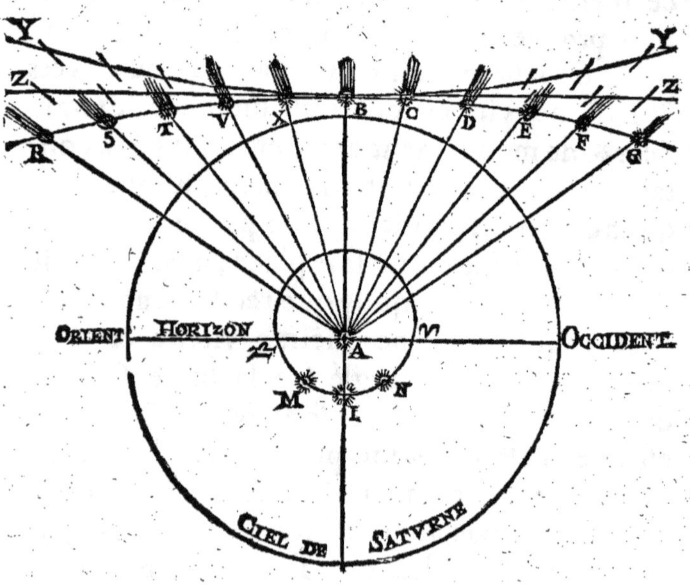

Car pour son mouuement iournalier par lequel nous la voyons leuer & coucher, comme tout le reste du Ciel; Il ne faut que s'imaginer qu'en la place où nous estions tout à l'heure, pour voir auancer le Corps cy-dessus, c'est à dire au point A representant la terre, nous nous tournions nous mesmes en vingt-quatre heures (sans bouger pourtant d'vn endroit) Car alors nous verrions leuer & coucher ce mobile & ne le trouuerions plus à la mesme place où nous l'aurions laissé, par ce qu'il auroit auancé de sa part. De mesme en est il du Soleil & des autres Astres que nous voyons aller du leuant au couchant par la mesme raison, & c'est ce qu'on peut dire le vray premier mobile, par lequel joint au mouuement particulier de chaque Planete, on peut facilement comprendre le mouuement des Cieux, & rendre raison d'vne infinité d'embarras en l'Astronomie, & dans tout le Systeme & fabrique du monde sans craindre toutes les Objections qu'on peut faire allencontre; ny apprehender aucun accident de ceux qu'on allegue ordinairement contre le mouuement de la terre, & moins encore les passages de la Sainte Escriture, ausquels on a tant de fois & si bien répondu.

Que les Cometes n'ont aucun mouuement du premier mobile.

Qu'il n'y a point d'autre premier Mobile que la terre pour celuy de 24. heures.

Mais ie m'apperçoy d'auoir fait vn aussi grand chemin que ma guide extraordinaire, qui ne sera pourtant pas comme ie crois inutile, puis qu'il m'a donné lieu de la mieux expliquer, & faire connoistre. I'ay donc montré que les Cometes & partant la nostre estoient vray sembla-

Que les Cometes sont dōc des Corps Celestes.

blement des Corps Celestes Eternels, comme le Soleil, les Planetes, la Terre & les Estoiles, qui se mouuoient regulierement au deuant & alentour de nous (ce qu'on pourra determiner par le calcul & les obseruations) & qui nous paroissoient alors qu'ils s'approchoient assez pour en estre apperceus. Il ne reste qu'vne difficulté à resoudre touchant ce mouuement, qui est que si les Cometes estoient des Corps reglez comme les autres de l'Vniuers, & que la generation temporelle n'y eut point de part, il faudroit de necessité que de temps en temps, elles vinssent à paroistre sur nostre horizon, & qu'elles eussent quelque periode reguliere, ce qui n'a jamais esté obserué par personne. Cela est vray & i'en demeure d'accord, mais qui peut aussi prouuer le contraire & montrer qu'elles n'y sont jamais reuenuës? ont elles quelques marques pour les distinguer les vnes des autres? n'ont-elles pas toutes des barbes, des queuës & des cheueleures? & quand nous en voyons de semblables à celles de nos Anciens, qui nous empéche de dire que ce sont les mesmes? Verrions nous de la difference aux Estoiles & les connoistrions nous si elles estoient solitaires, ou changeoient de place entrans les vnes dans les autres? Non certes elles se ressemblent par trop, on ne sçauroit connoistre les danseurs d'vn balet qui sont vestus de mesme, tant qu'ils sont dans le mouuement & qu'ils composent

Réglez en leurs mouuemens.

Les mesmes qui ont paru autresfois.

leurs Figures; mais ceux qui font leurs entrées à part peuuent eſtre remarquez auec le temps par quelques circonſtances : Il en eſt ainſi des Cometes, & l'on peut auancer ſans eſtre raiſonnablement contredit que ce ſont les meſmes qui paroiſſent de temps en temps. Et comme elles ſont veuës rarement & par diuers hommes, on n'a pas eû le loiſir de les bien eſtudier encore, comme on a fait les Planetes qu'on ne perd point de veuë, & qu'vn ſiecle acheue d'y obſeruer ce qu'vn autre auoit commencé. Mais il faut croire ce qu'a dit Seneque, *qu'a l'aduenir on découurira leurs Mouuemens, en quelles parties ils errent, ce qu'ils ſont & le reſte.* Si i'eſtois ce qu'elqu'vn dont il parle, ie ſerois trop heureux; & ie pourrois dire ſans vanité que ce diſcours ne mourroit iamais, & qu'il porteroit auſſi auant dans les ſiecles aduenir le Nom glorieux de Voſtre Maieſté, que quelque ouurage que ce puiſſe eſtre. Les Inuenteurs ne ſçauroient perir ny tout ce qui les accompagne. Ie vay donc ſur cette eſperance rompre la glace, & dire que les Cometes peuuent eſtre des corps opaques ou peu lumineux, qui font leurs mouuemens ſuiuant les Loix de leur Autheur & cauſe premiere comme les autres, entre Saturne & le Firmament; qui eſt vn eſpace de ſi grande eſtenduë, que ſuiuant les meſures des meilleurs Aſtronomes il eſt inconceuable, & ſurpaſſe de pluſieurs milliers de fois le Diametre de toute la Terre; dans lequel elles peuuent par

Mais qu'on ne reconnoiſt pas

Erit qui demonſtret, &c.

Sen. li. 7. nat. quæſt.

Quelles ſortes de Corps celeſtes ſont les Cometes.

En quel eſpace du Ciel elles ſe meuuent.

consequent faire d'assez grands tours & retours, pour nous estre quelquefois visibles, & au contraire, en s'approchant ou reculant de nous, comme i'ay dé ja dit que faisoit Mars, qui nous estoit fort proche en cōparaison & qui n'auoit pas tant d'espace pour se promener. Ou si l'on craint qu'il n'y en aye pas assez entre Saturne & le Firmament, ou mesmes par dessus les Estoiles; rien n'empesche qu'elles ne s'approchent dauantage de nous, & qu'elles ne s'abbaissent audessous de Saturne, pour satisfaire mesmes ceux qui ne les voudroient pas croire si hautes; pourueu qu'il leur soit libre apres qu'elles auront paru au dessous de luy de s'esleuer beaucoup au dessus, sans crainte de le choquer par leur rencontre, non plus que Mars choque le Soleil quand il descend plus bas que luy vers la terre, & qu'il s'esleue apres beaucoup audessus sans le rencontrer iamais en son chemin. D'où l'on a encore conclu necessairement (aussi-bien que du mouuement & des apparitions de Venus en Croissant, comme i'ay dit cy-dessus) que les Cieux n'estoient point solides, mais fluides & penetrables comme l'air & l'eau. Les Cometes à mon aduis sont donc des Astres qui se meuuent regulierement comme les autres, autour du Soleil & de nous dans ces grands espaces, mais que nous ne voyons que lors qu'elles en sont proches. Quant à la periode & au temps prefix de leurs reuolutions entieres, elle peut estre differēte suiuant leur nature & la place qu'elles occupent dans ce grand vaste. Et comme nous voyons qu'à mesure que les corps Celestes sont esloignez de nous, ils ont leur mouuement plus lent, la Lune faisant son tour propre en vn mois, Venus en sept & demy, Mercure en trois; le Soleil en vn An, Mars en deux, Iupiter en 12 & Saturne en 30. ou enuiron, il faudroit donc aussi que ces Globes qui sont au dessus le fissét encore plus lẽtement; & c'est ce qui en empesche les Obseruatiõs, outre qu'ils disparoissõt trop-tost à nos yeux. I'en demeure d'accord & ce n'est pas ce qui me détourne de mon sentimẽt, au contraire cela m'y cõfirme. Et pourquoy ne peut-on pas croire que nostre presente Comete est la mesme que la grande de 1618. puisque nous apperceuons par les Obseruations de son cours qu'elle tint presque le mesme chemin, commença par les mesmes Signes de la Balance & de la Vierge, parcourut le Lyon & l'Escreuisse & parut dans les mesmes mois de Nouembre, Decembre & Ianuier ou elle finit: & que comme elle a paru il y a 46 ans, elle peut reuenir de mesme ou enuiron, n'estant pas encore bien facile de determiner cette periode au iuste. Mais on seroit bien estonné si i'appuyois cette conjecture de beaucoup d'Obseruations de Cometes qui marquent cette periode d'années de 46 en 46. ans, Ie le puis pourtant faire, & afin de hazarder quelque chose qui n'aye iamais esté auancé, plustost que de ne parler qu'apres d'autres en écho,

Qu'elle est la periode de leur mouuement.

comme la plus part de nos Escriuains Modernes qui font de vieux & de gros Liures, de ce que les Anciens en ont fait dans leurs temps de petits & nouueaux. Ie diray qu'en remontant de 46. en 46 ans, depuis nostre presente Comete, iusques à Charlémagne seulement, i'en trouue prés de 20. qui ne manquent pas d'vne ou de deux années; ce qui est tres peu de chose; veu le petit nombre que nous en auons, & eu égard à leur mouuement qui a peut-estre cette inégalité; puisque la regularité mesme de ceux des Planetes que nous auons tant & tant obseruez, ne nous empesche pas d'en manquer quelques-vns de plusieurs degrez, & les Eclipses de quelques heures. Et ie ne doute point qu'en bien recherchant la Chronologie de toutes les Cometes qui ont paru depuis Iesus-Christ & auparauant, quoy que nous en ayons tres peu dans vn si grand nombre d'années: & qu'il y en aye eu beaucoup d'obmises par la faute des Escriuains, ou pendant des siecles d'ignorance ou quand elles estoient auec le Soleil & partant inuisibles; on ne trouuast que tous les 46. ans ou enuiron, il en aye esté veu quelqu'vne. Ie ne dis pas que dans cette espace de 46. ans il en aye paru, car cela ne prouueroit rien, mais que dans chaque 45 ou quarante-sixiesme année courante on a veu vne Comete. Apres cela ne pourroit-on pas croire, sans heresie au moins, que c'est la mesme qui nous paroist encore, & qui continuera de

Il en paroist vne tous les 46. ans ou enuiron.

de ſe faire voir à l'aduenir tous les quarante-ſix ans ou enuiron. Cela ſemblera fort hardy à ceux que les nouueautez eſpouuentent: de predire le temps de l'apparition des Cometes ; ce que jamais perſonne n'a encore entrepris, & qu'on a creu iuſques icy eſtre du hazard & ſans regle. Mais ſi Chriſtofle Colomb a bien découuert le premier l'Amerique, cette quatriéme partie du Monde qui en fait la moitié, ſous l'authorité d'vn grand Roy en l'an 1492. apres auoir eſté comme prophetiſé par Seneque, *que le temps viendroit qu'on découuriroit par Mer vn nouueau monde.* Pourquoy ne peuſt on pas ſous le Regne d'vn plus grand Prince qui peut porter ſa Renommée plus loin, marquer auſſi le cours des Cometes, ſuiuant les Prognoſtiques du meſme Philoſophe, dans les ſentimens duquel ie me troue? *Pourquoy nous eſmerueillons nous*, dit-il, *ſi les Cometes que le monde voit fort peu ſouuent ne ſont point connuës par aucune Regle certaine, & que leur naiſſance & leur fin ne ſont point encore marquées, parce qu'elles ne reuiennent qu'apres pluſieurs années, &c. Mais le temps viendra que toutes ces choſes qui nous ſont maintenant cachées, ſeront miſes en euidence, & la Poſterité s'eſmerueillera que nous ayons ignoré des choſes qui leur ſeront entierement connües.* Et puis encore, *Il viendra vn iour quelqu'vn, qui nous montrera en quels endroits les Cometes errent pourquoy elles vont eſcartées des autres, quelles & de quelle grandeur elles ſont, &c.* Puis qu'il eſt donc

On a découuert vn nouueau Monde.

Quæſt. Nat. l. 7. cap. 25.

On peut sçauoir plus que les Anciens.

certain que nous pouuons adjouster quelque chose à la science des plus grands hommes; & qu'encore que nous ne fussions que des Nains aupres d'eux, estans montez sur leurs espaules nous deuenons des Geants & deuons voir plus loin qu'ils n'ont fait: il nous faut hazarder à découurir quelque nouueauté, puisque la tentatiue n'en peut estre que diuertissante: & si elle n'engendre point de science demonstratiue, elle peut du moins faire naistre quelque vraysemblance, & donner lieu à d'autres qui auront plus de loisir que moy de rafiner sur mes conjectures & découurir tout à fait le cours des Cometes appuyez de nouuelles Obseruations. On sçait bien qu'on n'a pas trouué d'abord celuy des Planetes qui nous sont familieres, on cherche encore tous les jours celuy de Mercure qui est de nos proches voisins. Il ne se faudra donc pas plus estonner si ie ne rencontre pas precisement du premier coup celuy des Cometes, qui sont comme des Topinambours à nostre égard & infiniment plus esloignez de nous que Mercure. Ie diray donc que l'on peut croire auec quelque sorte d'aparéce & de probabilité que nostre presente Comete ne nous est pas venuë visiter cette année pour la premiere fois, & qu'elle y estoit déja venuë il y a 46. ans en l'année 1618. où elle auoit paru auec sa mesme queuë dans les mesmes mois, passé par les mesmes Signes & monté comme à present du Midy au Septentrion,

Et découurir le cours des Cometes.

La nostre peut estre celle de 1618.

non pas à la verité par les mesmes constellations, car son chemin est trop long pour estre tousiours exactement le mesme, & elle le fait trop peu souuent pour ne le manquer pas de quelques lignes dans ce grand espace. La Lune & les autres Planetes ont bien d'aussi grandes declinaisons de leur route, & ne sont pas si regulieres que'elles ne s'écartent autant à proportion de leur chemin d'vn mois, ou d'vne periode à l'autre, que nostre Comete a fait de 1618. à 1664. si bien que ma conjecture peut passer que c'est la mesme qui a paru ces deux années, sans estre raisonnablement contredite. Mais voyons si 46. ans, par de là les 1618. nous la pouuons encore trouuer dans quelques Liures, parce qu'il y a peu de témoins viuans de ce temps là. L'année 1572. est justement la quarante sixiesme par de là 1618. Mais ie suis trop équitable pour vouloir faire passer la nouuelle Estoile qui parut cette année là, comme i'ay dit, en la Cassiopée, pour nostre presente Comete. Elle n'auoit point de queuë comme elle & ne se remuoit pas si fort, car elle ne bougeoit d'vne place; au lieu que la nostre a fait vn grand chemin. I'ayme donc mieux dire que cette année là on ne la voyoit point, ou parce qu'elle se peut rencontrer auec le Soleil dont les rayons l'offusquerent, & empescherent qu'on ne l'apperceut (aussi bien estoit-on assez empesché a l'autre Estoile) ou parce que elle ne s'approcha pas assez de nous, pour y paroistre long temps

Pour-quoy en 1572. elle pût n'estre point ap-perceuë.

grosse, & que pendant ce temps-là encore, elle estoit proche du Soleil, n'estant pas vn extraordinaire que le point de son perigée (pour parler en termes de l'Art) c'est à dire l'endroit qu'elle approche le plus prés de la terre ne soit pas tousiours le mesme; comme celuy des autres Planetes ne l'est pas aussi, ayant déja dit que Mars s'aprocheroit beaucoup plus prés de la terre dans sept ans, qu'il n'a fait depuis plus de dix reuolutions. Par ces raisons donc & par d'autres qui nous sont inconnuës, il se peut faire que nostre Comete n'aura pas esté veuë ponctuellement toutes les quarante-six années, ou que si elle l'a esté c'est par peu de personnes qui n'en ont pas fait bruit; comme les fort petites Eclipses de Soleil n'en font point & qu'on ne parle que des grandes & totales. Mais voyons si elle se trouuera en quelques autres années par delà les 1572. Ouy certes ie la trouue precisement auoir paru aux mois d'Aoust & de Septembre de l'année mil cinq cens vingt-six, au rapport de ceux qui en ont fait les Histoires, qui sont iustement les 46 ans, auant l'année 1572. Poursuiuons encore & voyons en l'année 1480. qui est aussi la quarante-sixiesme auant la precedente 1526. si elle nous paroistra. Ie ne la trouue point qu'en l'année 1477. qui sont 2 années plustost qu'elle n'eust deu: ainsi ie croirois bien qu'elle auroit esté cachée par les rayons du Soleil cette année là. comme cela peut souuent arriuer, & comme on

46. ans audessus elle parut en l'année 1526.

la veu pareſſe lors d'vne Eclipſe totale de Soleil, qui fit paroiſtre aupres de luy vne Comete. Continuons encore & voyons ſi en l'année 1434. qui ſont 46 ans au deſſus, elle n'a point paru? Ouy ie trouue qu'en cette meſme année preciſement elle ſe fit voir, & donna lieu de croire pour lors qu'elle pronoſtiquoit les aduantages que les Turcs eurent en ce temps-là ſur la Chreſtienté. 46. ans audelà qui eſtoit l'année 1388. ie ne la trouue point mais bien en l'année 1390. vne ou deux années apres (enquoy il ne faudroit pas eſtre trop rigoureux) ny me chicanner pour quelque peu de temps deuant ou apres comme i'ay dé-ja dit, puis que les lunaiſons meſmes, les Eclipſes & les periodes des autres Planetes ne s'adiuſtent pas preciſement à vn nombre prefix, & que le Soleil qui regle tout n'eſt pas luy-meſme ſi reglé que de reuenir au meſme point tous les 365. ny 365. vn quart, ny 366. iours pour faire l'année iuſte. Enfin il eſt conſtant qu'il ny a point de nombre rond ny qu'on puiſſe compter par ſes doigts, qui s'acorde au mouuement des Aſtres, & que l'Epacte qu'on a tant cherché lors de la reformation du Calendrier, pour trouuer les nouuelles Lunes, les manque ſouuét d'vn & de deux iours. Pourquoy en trouueroit-on donc vn ſi precis, & du premier coup qui s'acordaſt parfaitement aux Cometes, qui ont droit d'irregularité? le tranſport de leurs Neuds & de leurs Apogées, pour parler en termes de l'Art, peut cauſer

Comme auſſi en l'année 1434.

Et 1390

Il ne faut pas chicaner pour vne ou deux années & pourquoy.

cette diuersion & les faire paroistre plus ou

Ny quād elle mā-que à estre veuë quelque 46 années.

moins tard, & plus ou moins proches & passer par des constellations differentes. Partant si nous pouuons trouuer à quelque année prés, de 46. en 46 ans l'apparition de nostre Comete, nous ne serons pas trop mal fondez en conjecture pour sonpçonner que ce sera la mesme. Ie trouue donc qu'enuiron l'année 1388. il en parut vne, mais 45. ans auparauant qui estoit l'année

On la vit encore l'an 1341. 1298.

1341. iustement on la vit. Et l'année 1296. on ne la vit point : mais deux ans apres on en vit vne accompagnée de tremblemens de terre en diuers endroits; ie ne veux pas croire que ce soit la nostre pour le mal, car elle ne nous en fera point, mais elle le peut estre pour l'apparition. Les années 1250. 1204. 1158. ie n'en trouue aucune dans les Liures, soit par la faute ou la rareté des Escriuains, soit par le manqnement des apparences, & que nostre Comete fut auec le Soleil & ne parut que le jour, ou qu'elle n'approchast pas assez de nous pour estre apperceuë, par les raisons que i'ay dé ja dites. Mais en reuāche aussi pour ces trois fois qu'elle a manqué de se produire, ie trouue qu'elle s'est montrée les

1112. 1066.

2 fois precedentes de 46. en 46 ans precisement, sçauoir est en l'année 1112. & 1068. Ensorte que remontant ainsi dans l'estenduë & l'eschelle des temps de 46. en 46. ans, i'en trouue encore

882. 837. 745.

ponctuellemēt vne en l'année 882. vne en l'année 837. au lieu de 836. vne en l'année 745. au lieu de 744. Et plus auant encore nonobstant la bar-

barie de ces ſiecles, deſtituez de gens de Lettres, i'en trouue trois ou quatre iuſques à Ieſus-Chriſt: & par delà encore quatre ou cinq iuſques en l'an 450. auant l'Aire commune ou les années de Grace ; le tout à vne ou deux années prés, qui eſt vne choſe bien particuliere dans le peu qu'on en voit & que les Eſcriuains en ont rapporté; eſtant certain qu'il en a paru dauantage qu'on n'en a obſerué à cauſe de leur petiteſſe, ou du mauuais temps, ou du peu de durée, comme il y en a qu'on n'a veu que trois heures. Apres cela qu'on iuge s'il n'y a pas quelque apparence de croire que noſtre preſente Comete eſt la meſme qui a paru en toutes ces années, & qui paroiſtra à l'aduenir tous les 46. ans ou enuiron, dont la poſterité pourra iuger, & ie ſouhaite que ſur ce compte Voſtre Majeſté la puiſſe faire obſeruer encore trois ou quatre fois.

Quant aux autres de meſme nature, ie penſe qu'elles ont auſſi leurs periodes reglées, & que ſi on auoit toutes les relations au vray, de celles qui ont paru, on trouueroit leur cours de quelque autre nombre d'années, comme de 40. 50. ou 60 ans plus ou moins : Mais à mon aduis touſiours au deſſus de 30. puiſque ſuiuant l'harmonie & la proportion de la viteſſe du mouuement des Corps Celeſtes, les plus eſloignez du Soleil employent plus de temps à faire leurs cours que les plus proches comme i'ay dé-ja dit.

Les autres Cometes peuuent auoir d'autres periodes.

Mais de plus de 30. ans.

Et puis que Saturne qui nous paroist le plus esloigné, en employe bien 30. il est croyable que les Cometes qui vray-semblablement sont au-dessus, du consentement de tous les intelligens y en mettent bien dauantage : la preuue de cét esloignement me semble auoir esté suffisamment déduite cy deuant, & leur mouuement mesme le confirme assez. Mais de sçauoir precisement si c'est entre Iupiter ou Saturne & le Firmament qu'elles se meuuent, sans entourer la terre & le Soleil comme sur le Cercle Y Y. ou si l'on ne peut

Le lieu de leur mouuemẽt entre Iupiter, Saturne & les Estoiles mesmes au-dessus.

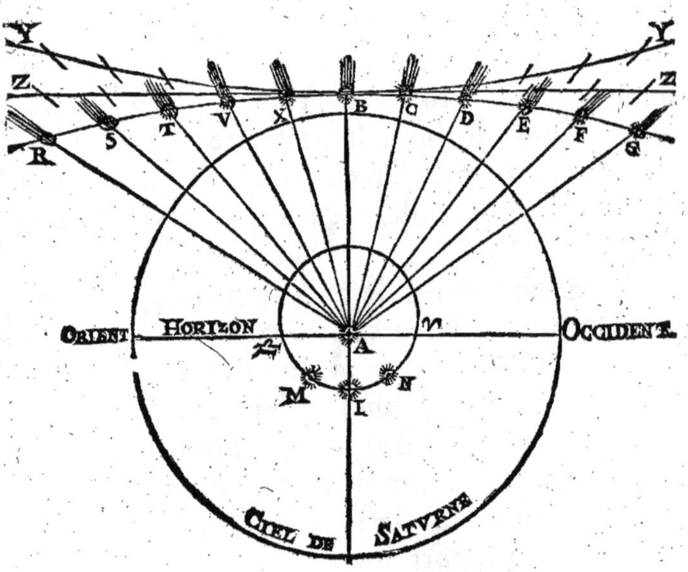

pas mesme esleuer ce cercle tant qu'on voudra par dessus les Estoiles fixes pour faire mou-

uoir

uoir les Cometes allentour de quelqu'vne comme font nos Planettes autour du Soleil; ou bien ſi c'eſt en tournant ſeulement alentour de nous & de luy ſur le cercle *R* G, dans cet eſpace qui eſt entre les Eſtoiles & nous: ou ſur la ligne droite ZZ, c'eſt ce que la conference de toutes les Obſeruations plus exactes, nous pourra donner, n'oſant pas encore aſſeurer vne choſe ſi delicate & qui dépend de la iuſteſſe des Obſeruateurs & de leurs inſtrumens, dont le nombre des bons eſt fort rare, & à quoy les particuliers ſans quelque ſecours peuuent difficilement atteindre. Ma penſée pourtant eſt que les Cometes tournent allentour de la terre & du Soleil comme nos Planetes, mais dans vn cercle fort Excentrique, c'eſt à dire dont le centre ſoit fort eſloigné de celuy de la terre. Les principales raiſons que i'en ay, c'eſt que le calcul que i'ay fait du mouuement journal de la noſtre (la ſuppoſant marcher ſeulement ſur vne ligne droite ZZ, ou touchante de noſtre cercle, comme ont fait cy-deuant pluſieurs Aſtronomes, croyans que c'eſtoit le veritable mouuement de celles qui parurent en 1618. & 1652) ſe rapporte preſque à celuy qu'elle a fait ſelon mes Obſeruations auſſi exactes que me l'ont pû permettre deux Globes que i'ay, dont l'vn a eſté dreſſé par le Gendre de Kepler, & l'autre en cuiure tracé par moy-meſme, auec vn Aſtrolabe de laton de deux pieds de diametre du poids de plus de 30 liures, ou

Ou bien au tour de la terre & du Soleil.

Kepler. Longomenta Frieſtad. Gaſſend. Bouillaud. Langré. Vardus &c. Bartſchius.

Mais nõ point sur une ligne droite.

Ny sur une courbe endehors vray-semblablement.

l'on peut distinctement iuger des minutes. Mais parce qu'il me semble impossible qu'vn Astre tel que ie croy la Comete fasse vn mouuement droit sur la ligne droite ZBZ, à cause qu'il n'auroit point de fin ny de retour il me semble plus à propos de dire qu'il est Circulaire ou Ouale. Or de croire que ce soit en dehors de toutes les Planetes & hors du centre du Soleil comme sur la ligne YBY, il n'y a pas beaucoup d'apparence pour plusieurs raisons. L'vne que cela est contraire à tous les mouuemens des Corps de nostre

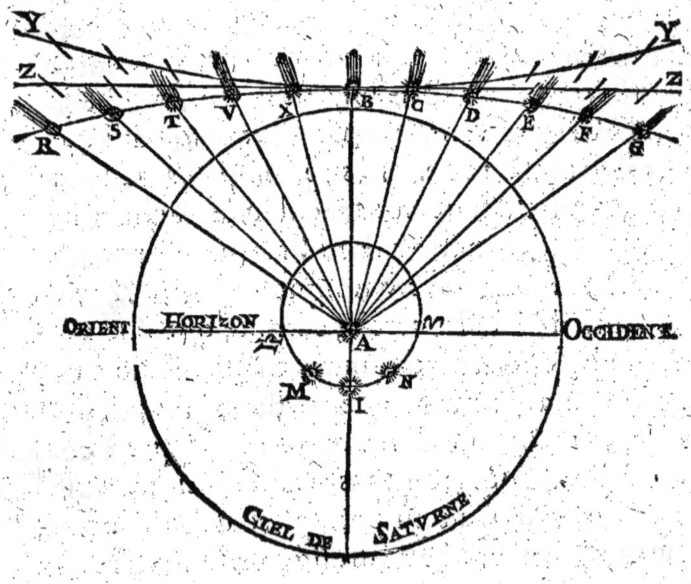

Monde qui tournent tous allentour du Soleil, l'autre que si la Comete tournoit ainsi en s'enfuyant de nous, elle ne nous paroiſtroit pas ſi facilement pouuoir parcourir la moitié du Zodiaque comme elle a fait: ou bien il luy faudroit donner vn eſpace au delà de toute eſtenduë & la faire tourner comme i'ay dit allentour de quelque Eſtoile fixe: & la troiſiéme qu'elle s'échapperoit inégalement de noſtre veuë & feroit ſes mouuemens diurnes plus petits en auançant & en reculant de nous qu'elle ne paroiſt pas auoir fait par les plus ſeures Obſeruations; au lieu que la ſuppoſant ſe mouuoir ſur vne ligne courbe interieure & au deſſous de la ligne droitte comme ſur la ligne RBG, les parties égales qu'elle a deſcrit chaque jour ſur cette ligne (ſi elle nous eſtoit bien connuë) auroient peut-eſtre plus de rapport auec les Angles de nos Obſerſeruations que ceux qui ont procedé de la ligne ſuppoſée doite ZZ, par le calcul que i'en ay fait qui les diminuë encore plus que n'ont trouué nos inſtrumens; & par conſequent, que la ligne courbe en dehors qui eſt YBY, qui les diminuë daantage (cõme les traits de la Figure le peuuent montrer ſans qu'il ſoit beſoin de le prouuer Geometriquement) ne ſemble pas deuoir eſtre celle ſur laquelle noſtre Comete a marché. Mais parce qu'il faut eſtre bien aſſeuré de toutes les diminutions, ou differences du mouuement iournalier qu'elle a fait, auant que de determiner cette ligne & la grandeur de ſa circonference & de ſon diametre, pour ſçauoir ſon eſloignement

Mais en dedans

Ce qu'il determinera apres les Obſeruations concertées.

à la terre en toutes ses apparitions. I'estime que c'est temps perdu de le faire, iusques à ce que tous les curieux intelligens soient d'accord de son mouuement exact iour par iour, encore sera ce beaucoup de le faire pour lors seurement.

Difficile d'expliquer la queuë.

Voila pour ce qui est de sa Nature, de son Lieu, de son Mouuement & de sa Periode, il ne me reste plus que deux choses, l'vne de parler de ses Significations & Pronostiques : l'autre de rendre raison de sa queuë. La premiere m'est fort aisée quoy qu'elle semble la plus difficile, & ie la garde aussi pour la derniere, afin de me delasser en l'escriuant. Mais celle d'expliquer cette queuë & de rendre de bonnes raisons de toutes ses apparences, n'est pas si facile à mon sens, que beaucoup de Gens se persuadent. Si on ne vouloit dire que de beaux mots, & parler de Reflexions & Refractions de la lumiere premiere ou seconde du Soleil ou de la Comete, des gros & petits Globules du second Element, du concours de plusieurs Estoiles, des parties du Ciel rares & denses, de la rencontre des rayons des Estoiles, & faire des Galimatias specieux de termes obscurs empoulez & extraordinaires, comme font ordinairement les Soustenants aux disputes Classiques de toutes Sciences, pour se tirer par quelques distinctions que personne n'entend, & qu'ils n'entendent pas eux-mesmes, des mauuais pas où ils sont embourbez par les objections qu'on leur fait ; il me seroit aussi facile de m'en desmesler comme à tous les autres qui expliquent la queuë des Cometes. Mais à dire le vray ie la tiens de la nature de celles des Scorpions & de ces bestes malignes qui portent leur plus grand venin en cette partie: & comme i'ay plus de peine à me contenter sur ce sujet, ie crains aussi d'en auoir plus à contenter les autres: non pas à dire pourquoy elle est courte ou longue, large ou estroite, & pourquoy elle va tantost deuant & tantost derriere, cela me sera bien facile quand i'auray trouué ce qu'elle est; mais à descouurir premierement ce qui la peut former & la faire paroistre. Et quelque effort pourtant que ie fasse en cela ie ne pretens pas debiter des veritez incontestables, ny donner autre chose que des coniectures vray-semblables, & proposer des hypotheses nouuelles & soustenables comme ie pense, auec moins de difficultez que les autres dont i'ay connoissance. Lors que i'ay dit cy-deuant qu'on pouuoit supposer auec apparence qu'il y auoit quelques Corps Celestes qui eussent plus de lumiere propre que les Planetes, & moins que le Soleil & les Estoiles; c'estoit afin d'essayer de rendre raison de l'apparition des Cometes auec leurs queuës, & cheueleures: & comme il n'y a pas d'inconuenient d'admettre de petits luminaires & flambeaux, où la force des Grands ne peut atteindre, afin que tous les lieux & tous les Corps de cét Vniuers participent de la lumiere qui est la plus belle representation de la Diuini-

Autrement que par coniecture.

Pourquoy il y a des Corps à demy lumineux.

té dont ils tirent leur estre & leur existence; on aduoüera bien qu'en supposant les Cometes au-dessus de Saturne, & leur donnant vn circuit à faire incomparablement plus grand, on peut leur accorder quelque lumiere propre, puisque Saturne mesme en reçoit si peu du Soleil comme ie diray cy-apres, qu'il nous paroist liuide & plombé. Ce qu'estant lors que ces Cometes ou Estoiles sombres, en faisant leur rôde s'approchêt de nous, il n'est pas estrange que nous les voyons auec leur petite lumiere passe & foible, qui n'a pas la force de s'estendre beaucoup au-dela de sa source, & qui demeure aussi allentour de la teste comme vne cheueleure; parce que le Soleil qui luy est opposé est encore plus vif que ses foibles rayons. Et comme vne plus grande lumiere en offusque vne moindre, il nous empesche de les apperceuoir pour peu qu'ils s'esloignent de leur origine, qui est l'Estoile que nous voyons au milieu de la teste & cheueleure de la Comete.

Plus esloignez que Saturne.

Que les Cometes peuuent estre de ces Corps là.

Pour la queuë on pourroit dire aussi que ce sont les mesmes rayons de l'Estoile, qui n'estans pas empeschez de paroistre par le Soleil comme ceux de deuant, à cause qu'ils sont comme dans l'ombre & à l'abry de la teste, ils peuuent estre apperceus dans toute l'estenduë & Sphere de leur actiuité, sur l'air propre ou la matiere opaque qui les reçoit & les enuironne : de mesme qu'vn petit flambeau mis dans les extremitez ou diminution de la lumiere d'vn plus grand, iette quelques rayons particuliers autour de ſoy & vers la partie qui ſe trouue eſloignée du plus grand. Ainſi ie croy que par cette hypotheſe auſſi vray-ſemblable, que mille autres que noſtre foibleſſe & noſtre curioſité nous font imaginer pour rendre raiſon de ce que nous ignorons, eſtant bien recherchée & tournée de tous ſens, on pourroit ſatisfaire aux apparences des Cometes, auſſi bien que par beaucoup d'autres dont la pluſpart des hommes ſe contentent.

Et qu'on peut expliquer par là toutes leurs apparences.

Neantmoins pour ne demeurer pas court en vn ſi beau ſuiet de faire des deuinations, il en faut hazarder encore d'autres, qui trouueront peut-eſtre autant d'approbateurs, comme les eſprits d'ordinaire ſont auſſi differẽs que les gouſts.

Dans la premiere penſée que i'eus, que les Cometes eſtoient des Meteores celeſtes, il n'y auoit rien de plus facile que de rendre raiſon de tout, à leur mouuement pres, en diſant que c'eſtoit la diſpoſition & la figure naturelle de l'exhalaiſon etherée ſur laquelle le Soleil donnant il eſclairoit plus fortement la teſte comme le plus groſſier, & penetroit apres plus foiblement le reſte qui paroiſſoit en forme de queuë: & ſuiuant que le Soleil la regardoit d'vn coſté ou d'autre, il la pouſſoit vers la partie oppoſée & derriere ſon corps, & comme vne choſe mobile & obeïſſante derriere celle qui reſiſte le plus: en ſorte que le Soleil la teſte & la queuë de la Comete

On les explique facilement les ſuppoſãt Meteores Celeſtes.

fussent tousiours en mesme ligne. Mais comme i'ay renoncé en partie à cette opinion, ie veux dire pour la Generation du corps de la Comete,

L'Estoile du milieu n'est pas un meteore.

qui est ce point milieu qui paroist en forme d'Estoile plus dense que le reste (qui est en effet si rare & deslié que i'ay veu plusieurs fois de tres-petites Estoiles à trauers) ie n'y renonce pas en tout. Et croy que comme la teste, l'Estoile, ou la Comete (car toutes ces appellations ne me signifient que la mesme chose) est vn Astre Eternel, c'est à dire fabriqué le mesme jour & de la mesme main que les autres, par les raisons precedentes de son mouuement reglé. Ce qui l'enuironne & qui le suit, qui sont ses cheueux & sa queuë, peuuent estre des exhalaisons ou vapeurs etherées & celestes, sorties comme i'ay déja dit des Planetes & du Soleil mesme: lesquelles se trouuant respenduës ça & la dans ce vaste immense, s'attachent à ce nouueau Corps qui émeut cét espace, & agite par son mouuement quelques-vnes de ces exhalaisons, qui sont suiuies par d'autres & celles-cy encore par d'autres comme elles peuuent estre contigues: & comme il arriue que tous les petits corps legers & mobiles accourent ou il y a quelque mouuement excité, pour occuper aussi-tost la place & s'attacher au Gros, ou comme les petits festus, s'acrochent à vn grand bois qui flote sur l'eau, dont ils suiuent par apres le courant. Ie croy donc que nostre Comete roulant & fendant l'air celeste est entourée

Mais bien sa queuë & cheuelure.

Qui sont des exhalaisons & vapeurs.

rée & ſuiuie de toutes les exhalaiſons & parties groſſieres qui s'y rencontrent, ſur leſquelles amoncelées, le Soleil venant à donner il les eſclaire & nous les rend par conſequent viſibles, comme il fait nos nuages ſublunaires ainſi que i'ay dit cy-deuant. Et parce qu'il pouſſe & chaſſe par ſes rayons & par ſon mouuement, ces exhalaiſons autant qu'il peut d'alentour de cette Comete; elles s'y tiennent auſſi attachées autant qu'elles peuuent, & forment autour de l'Eſtoile cette cheueleure ou blancheur toute ronde qui l'enuironne, & le reſte ſe met à couuert derriere cette teſte comme à l'abry de l'actiuité & impulſion du Soleil; ainſi que feroit de la fumée ou des vapeurs terreſtres derriere quelque Corps à l'abry du vent; ou comme i'ay dit que faiſoient des buchettes autour d'vn bois flottant qu'elles ne quittent qu'à l'extremité demeurant liées enſemble file à file ſuiuant le cours de l'eau. Et comme ces exhalaiſons celeſtes ſont auſſi illuminées par le meſme Soleil, eſtant plus larges que le corps de l'Aſtre de la Comete; elles ſont veuës en forme de queuës tantoſt plus longues tantoſt plus courtes, ſuiuant la quantité de la matiere qui ſe rencontre accumulée: laquelle venant à ſe reſoudre & diſſiper ſoit par le mouuement ſoit par la chaleur & l'impulſion des rayons du Soleil, la queuë s'accourcit auſſi & ſe diminuë, & puis par la rencontre de quelque autre nouuelle matiere

S'attachant & ſuiuant l'Eſtoile.

Formãt la teſte & la queuë.

De diuerſes grandeurs.

elle s'augmente encore, & change ainsi assez souuent de forme & de figure paroissant mesmes quelquefoispointue, ou en queuë d'hirondelle & souuent courbée: dont la raison a donné tant de peine à trouuer, que la plusspart de ceux qui en ont parlé n'en sont point venus à leur honneur, & se sont embarrassez dans les reflexions & rompus & brisez eux mesmes dãs des refractions;

Raison de la courbeure de la queue.

disãt tousiours que cette courbeure n'estoit qu'vne apparence qu'ils ne peuuent bien expliquer: Au lieu que dans cette opinion elle demeure reelle & veritable, & pour en rendre la raison il n'y a qu'à dire que c'est la pesanteur de la matiere estenduë en long qui la fait ainsi plier & se mettre en arc; comme nous voyons en vn rouleau de paste ou au verre fondu qui tient au bout de la cane, ou mesme en vne pique ou bois long, & generalement en tout ce qui est materiel & flexible: que quand il est fort estendu le bout qui n'est point soustenu s'abbaisse par sa pesanteur, & le milieu qui n'a point de resistance obeït plie & fait vn arc: Aussi n'auons nous pas veu la queuë de la Comete en faire vn que quand elle a esté fort grande; mais quand elle a

De leurs diuerses couleurs.

esté courte elle nous a paru assez droitte, à cause que ces exhalaisons ont pû maintenir leur droiture n'estans point chargées par le bout. De plus il se peut faire que changeant ainsi souuent de matiere en passant d'vn lieu à vn autre, il s'en rencontre de diuerſe Nature, l'vne plus peſante que l'autre ce qui cauſeroit la courbeure, & qui feroit auſſi paroiſtre les Cometes de diuerſes couleurs comme on dit l'auoir veu. Et pour ce qui eſt des brillants & des eſtincelles qu'ō rapporte auſſi auoir quelquefois paru dans ces queuës, on peut croire que c'eſt la ſeparation & diſſipation de quelques Matieres plus denſes qui s'écartoient des autres. Enfin il n'y a point d'apparitions qu'on voye dans ces queuës, barbes & cheueleures, que l'on n'explique facilement en admettant que l'Aſtre, Planete ou Eſtoile qui en fait la teſte, ramaſſe autour de ſoy, par quelque proprieté ou fabrique particuliere de ſon Corps les vapeurs & exhalaiſons Celeſtes qui ſe rencontrent en ſon chemin, dont on ne peut pas croire que le Ciel ſoit exempt, apres les preuues que nous auons des taches du Soleil & de ſon action continuelle ſur les Planetes comme ſur la terre; & qu'a meſure qu'elles ſe diſſipent par les rayons du Soleil, il en ſuruient d'autres : Et qu'ainſi la Comete meſme facilite l'amas, & la diſſipation de toutes ces immondices du Ciel pour ainſi dire. *Que la fin des Cometes peut eſtre de ramaſſer ces vapeurs.*

Quand les Affineurs veulent ſeparer la limaille de tous les Metaux qui ſont dans les baleyeures de la boutique d'vn Orfevre; ils roulent vne pierre d'Aymā par deſſus, à laquelle tout le fer s'attache, ensuitte ils y coulent du Mercure ou vif argent, auquel s'vnit auſſi toute la limaille de l'or: Et *Pour nettoyer le Ciel.*

pourquoy ne peut on pas croire que les Estoiles des Cometes en roulant dans le Ciel, ramassent autour d'elles toutes les éuaporations Solaires & Planetaires qui s'y rencontrent, & que mesmes elles ayent estre crées pour cela? sans doute ceux qui cherchent les causes Finales de tous les effets de la Nature, & qui ne seroient pas contens d'auoir trouué la Materielle, la Formelle & l'Efficiente pour parler comme eux, s'ils n'a-uoient aussi la quatriesme, & la raison du Pourquoy chaque chose est faite, ne rejetteront pas celle-là: ils en admettent bien de moins apparentes pour rendre raison de beaucoup de choses. Mais pour les fortifier encore dans cette conjecture que ces Estoiles Cometes peuuent auoir esté creées pour ramasser autour d'elles ces vapeurs & exhalaisons Celestes afin d'en purger le Ciel & les donner à resoudre au Soleil; il me vient vne autre pensée assez probable, que c'est peut estre pour vne autre fin qui leur est vtile en particulier. Personne ne peut douter que le Soleil ayant esté creé pour illuminer la terre & les autres Planetes jusques au Firmament, n'illumine plus puissamment celles qui luy sont les plus proches; & que c'est pour cela que Mercure est plus brillant que Venus, Venus plus que la Lune & que Iupiter, & celuy-cy plus que Saturne que nous voyons auec nos grandes Lunettes a-uoir peu de lumiere, en comparaison de Venus

Le Soleil esclaire moins ce qui est loin de luy que ce qui en est pres.

qui nous ébloüit de telle ſorte, que nous n'en pouuons ſouffrir l'eſclat quand elle eſt plus que demy pleine ſans mettre vn verre obſcurcy par quelque couleur au deuant de nos yeux. Cela eſtant ne peut-on pas croire que ces Eſtoiles Cometes ſont fort peu illuminées, eſtans encore plus eſloignées du Soleil que Saturne : ce que nos meſmes Lunettes outre les raiſons precedentes nous ont bien iuſtifié en celle-cy, comme l'on verra dans le journal de mes Obſeruations, puiſque nous ne l'auons quaſi point veuë multipliée de groſſeur comme nous voyons la Lune Iupiter & Saturne : mais au contraire elle a paru preſque de la meſme grandeur aux yeux qu'à la Lunette comme font les Eſtoiles fixes, qui eſt vne grande preuue de ſon eſloignement par delà Saturne : car quelque petite qu'elle put eſtre elle deuroit au moins groſſir de quelque choſe ſenſible, ſi elle n'auoit eſté fort eſloignée de nous. Suppoſé donc que les Cometes ſoient plus eſloignées du Soleil que Saturne, n'eſt-il pas certain qu'elles doiuent eſtre moins illuminées que luy? & que pour ſuppléer à ce manquement & faire en ſorte qu'elles ſoient compenſées par quelque autre lumiere ſeconde : il eſt à propos qu'elles ſoient entourées de ces vapeurs & exhalaiſons Celeſtes, ou meſmes qu'elles en ayent de propres & particulieres qui les enuironent & qui les ſuiuent ; ſur leſquelles le Soleil venant à donner il

La Comete eſt par delà Saturne par le Teleſcope.

Partant elle eſt peu illuminée.

Et a beſoin de vapeurs eſtrangeres.

Ou qui luy soiët peutestre propres.

les illumine dauantage, & leur conserue plus long-temps sa clarté ; comme il fait sur les nostres de la terre pour l'éclairer auant son leuer par l'aube du iour, ou pour la laisser esclairée apres son coucher par le crepuscule, qui est cette lumiere qui sert de iour pendant la nuit en plusieurs païs par la prouidence de la Nature. Ces Estoiles Cometes : peuuët donc pour cette fin là estre entourées de ces vapeurs pour suppléer au deffaut de la viuacité des rayons du Soleil, dont elles sont fort esloignées ; ce que ne sont pas Iupiter ny Saturne qui n'en ont pas aussi. Pour Mars il en est si voisin qu'il s'approche quelquefois plus de la terre que le Soleil mesme (par où on a conuaincu encore de faux la solidité & impenetrabilité pretenduë des Cieux comme i'ay dé ja dit.) Mais qui sçait si les quatre satellites ou Estoiles qui sont autour de Iupiter comme autant de Lunes ne luy sont pas données pour compenser son esloignement du Soleil ; au lieu que la terre n'en a qu'vne, parce qu'elle en est beaucoup plus proche ? Et pourquoy cette autre Lune & ce grand Anneau ou cercle illuminé qu'on a découuert [a] autour de Saturne, ne peut il pas auoir esté formé à mesme dessein ? pour receuoir vne grande quantité de rayons du Soleil, afin d'éclairer cét Astre par leur reflexion, & suppléer à l'actiuité des rayons directs affoiblis par le grand esloignement de leur Origine ? Sans doute il n'y

Iupiter & Saturne ont peut-estre vn autre secours & quel.

[a] Christ. Huggē.

a rien en cela d'aduancé qu'on ne puiſſe raiſonnablement croire, comme toutes les autres choſes que nous receuons pour cauſes finales.

Cela eſtant nous pouuons donc penſer que les Eſtoiles Cometes ont à cette fin la leur Atmoſphere pour parler en termes de l'Art, ou leurs vapeurs & exhalaiſons propres qui les entourẽt & les accompagnent cõme la terre eſt entourée des ſiénes; ou qu'elles en ramaſſent autour d'elles qui ſe rencontrent ſur leur chemin eſparſes ça & là dans le Ciel; ſurquoy le Soleil venant à donner il les illumine & nous les rend viſibles, eſtant amoncelées & faiſant vn Gros, ce qu'il ne faiſoit pas eſtant ſeparées. Et parce que ſes rayons pouſſent comme i'ay dé ja dit, ce qui eſt au deuant de l'Eſtoile & le chaſſent derrierre, il arriue qu'il n'y a que ce qui enuironne la teſte ou l'Eſtoile (qui ne s'en veut point détacher) qui en ſoit illuminé : & que nous le voyons autour d'elle en forme de cheueleure, ou d'vn cercle de lumiere de meſme qu'il en paroiſt quelquefois autour de la Lune & de Venus (par vne autre raiſon) c'eſt à dire vne lumiere paſle alentour d'vne plus brillante qui eſt l'Eſtoile de la Comete. Et comme les rayons du Soleil paſſent à trauers ces vapeurs ſubtiles, ils vont iuſques au bout & penetrent autant qu'ils peuuent dans leur profondeur; formant par là vne eſtenduë ou longueur de lumiere que nous appellons Queuë, d'autant plus courte ou plus longue que la Ma-

Les Cometes ont donc vne Atmoſphere.

Qui leur fait la teſte & la queuë.

tiere l'est, ou qu'elle permet de passage à l'actiuité des rayons.

Dont les diuersitez sont expliquées.

Pour ce qui est de la largeur plus grande ou plus petite vne fois que l'autre, & mesme au bout de la queuë plus que vers la teste; la raison en est bien facile à ceux qui sçauent pourquoy le Soleil entrant par vn trou dans quelque chambre, eslargit sa figure & ses rayons, à mesure qu'ils s'en esloignent. Et ie serois trop lóg ce me semble si i'en voulois faire vne plus ample demonstration. Pour la courbeure & rondeur qu'on y voit quelquefois, i'en ay dit cy-dessus ma pensée.

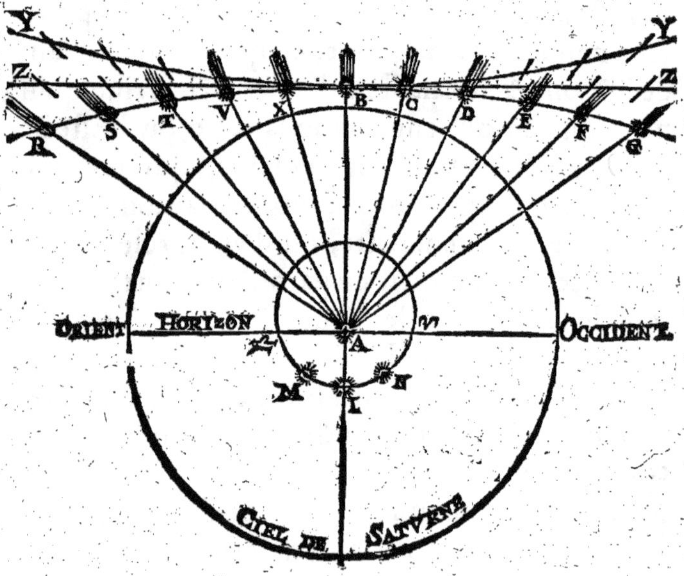

Quant

Quant à ce que nous la voyons touſiours oppoſée au Soleil, & qu'elle va tantoſt deuant & tantoſt derriere la teſte: ie croy l'auoir aſſez ſouuét expliqué. Et la Figure fera voir à Voſtre Majeſté, qu'au commencement de Decembre que la Comete parut en G, le Soleil eſtant en M. Sa queuë, qui luy eſtoit oppoſée, eſtoit tournée vers le couchant & marchoit la premiere. Lors qu'elle fut plus proche de nous le 28. ou 29. Decembre que le Soleil eſtoit en I. & la Comete en B. nous ne luy viſmes point de queuë; parce qu'elle eſtoit en haut & en ligne droitte couuerte par ſa teſte qui eſtoit oppoſée au Soleil: & lors qu'il fut en N. vers le 12. & 13. Ianuier & la Comete en S. R. continuant touſiours ſon chemin en ſe retirant & s'eſloignant de nous, ſa queuë ſe trouua tournée vers l'Orient; parce que c'eſt le Soleil meſme qui la forme en chaſſant deuant luy toutes ces exhalaiſons, & les pouſſant derriere le Corps ou la teſte de la Comete comme le repreſente aſſez la Figure.

Raiſons pourquoy elle eſt touſiours oppoſée au Soleil.

Voila ce que ie croy qu'on peut dire de plus vray-ſemblable ſur toutes les Apparences de la teſte & de la queuë, du Mouuement prompt & tardif, veritable & apparent, iournalier & propre de la Comete que nous auons veuë; & par vne conſequence bien probable de toutes celles qui ont paru iuſques icy, ſi elles auoient eſté bien obſeruées, Mais nous pouuons bien aſſeurer que les Hiſtoires & les Relations qui en ont esté faites; ne sont pas si iustes qu'il n'y aye force choses à nier, encore plus à douter, & en toutes presque à desirer vne plus grande exactitude: Celle-cy nous le montre bien puis qu'on en a fait tant de rapports de diuers endroits & si differens, que mesmes il y en a qui ont asseuré que c'en est vne autre qui a paru au commencement & vne autre à la fin de Decembre; & qu'il y a des personnes qui les auoient veuës toutes deux. Mais ie mets tous ces témoignages & beaucoup d'autres Obseruations qui courent auec celles des Cometes passées, qui leur font faire quelquefois 60 degrez par iour, ou aller par bonds & par sauts inégalement, plus viste au commencement & à la fin qu'au milieu de leur course, demeurer plusieurs iours en vn mesme estat proche de la terre, & autres choses semblables touchant leur mouuement qui ne sont aucunement croyables, veu la regularité qu'on a remarqué en la nostre, & en toutes celles qui ont esté bien obseruées.

Que les Relatiõs des Cometes sõt soit suspectes.

Pour ceux qui disent auoir veu plusieurs Estoiles à leur teste paroistre & disparoistre, ils peuuent auoir dit vray: mais ie ne doute point aussi que ce ne soit de celles du Firmament, comme i'en ay veu plusieurs fois dans la nostre & sur tout le 17. Ianuier enuiron les six heures, où ie vis son Estoile entre deux autres, dont l'vne estoit fort brillante; qui ne sont point dessus les Globes ny du Catalogue des obseruées: mais de celles que les grandes Lunettes descouurent dans

Parce que les obseruations sõt incertaines.

le Firmament éparses çà & là. Ainsi par quelques Obseruations particulieres & bigearres qui seront rapportées par toutes sortes d'Autheurs indifferamment, il n'y a aucune apparence de se determiner à quelque opinion quand elle se trouue combatuë par beaucoup de fortes raisons, comme celle qui forme les Cometes du concours de ces petites Estoiles, ce que ie crois auoir suffisamment refuté. Mais i'y adjousteray encore vne consideration qui m'estoit eschappée, que si c'estoit par l'amas & par la rencontre de ces Estoiles que se fit la Comete, comme elles ne s'assemblent pas tout à coup, mais successiuement; & qu'elles se separent de mesme; on la verroit quelque fois Triangulaire ou Quarrée ou d'autre figure irreguliere, suiuant qu'elles iroient ou viendroient les vnes d'vn costé & les autres d'vn autre: au lieu qu'on la voit tousiours auec vne teste ronde & des queuës plus longues ou plus courtes, sans y apperceuoir aucunes Estoiles (cóme on fait bien dans la Voye lactée) si ce n'est lors qu'il s'en rencontre du Firmament qu'on voit à trauers. Et pour preuue indubitable qu'elles n'appartiennent point à la Comete, c'est que le lendemain on ne les voit plus. Il ne faut donc pas s'arrester indifferamment à toutes sortes d'Obseruations pour prendre vn party, changer d'opinion, & quitter ce qu'on trouue de plus raisonnable par d'autres qu'on estime bien

Les Cometes ne peuuent estre vn amas d'Estoiles.

faites. Il faut voir ceux qui ont plus de talens & de commoditez d'obseruer, par le lieu & par les instrumens, & qui les sçauent encore bien manier & iuger de leur fabrique & iustesse; puis les croire plus que les autres dont on n'a pas ces connoissances. Et qui doute que les Obseruations qui nous viendront de Dantzic par les instrumens, d'Heuelius, ou de Boulogne ou de Rome par ceux de Cassini, ou du deffunt Marquis Maluasia, ou du P. Riccioli ne soient incomparablement meilleures que toutes les nostres? & qu'on ne doiue leur adiouster plus de foy pour les hauteurs & distances des Estoiles à la Comete, qu'à celles qui ne sont faites qu'auec de petits instrumens en comparaison des leurs? De plus comme chacun s'en mesle (& qu'il luy est permis de le faire n'eust il qu'vn meschant Astrolabe de papier imprimé.) Et qu'il y en a mesme qui croyent y estre obligez, ou qu'on y oblige par leurs emplois, & qu'aussi les mains leurs demangent d'écrire & de se mettre en lice: il ne se faut pas estõner que nous ayons vne infinité de Relations & d'Histoires du temps passé & du present, suspectes & contraires les vnes aux autres, qui empeschent l'establissement de la verité; & qui au lieu de la mettre en euidence l'offusquent dauantage, & ostent toute la creance qu'on pourroit donner sans cela aux bonnes Obseruations. Mais quoy, le Monde a tousious esté & sera de mesme, trompeur & trompé menteur, & credule.

Et que tout le Monde en écrit.

DES PRONOSTIQVES
DES
COMETES
ET DES ASTRES,
SECONDE PARTIE.

ME voila donc enfin tombé parmy les trompeurs & les trompez : Ie veux dire dans le dernier point que i'ay à traitter touchant la signification des Cometes ; où i'espere montrer clairement qu'il n'y a rien à craindre de tout ce que nous veut faire croire l'ignorance & l'imposture des Anciens, & de ceux qui les suiuent touchant leurs Pronostiques. Ie m'estonnerois fort comme l'homme qui se dit estre vn animal si raisonnable, & qui par effet est sublime en beaucoup d'operations de son entendement; est si foible & si miserable en d'autres, que de prendre des sottises pour de bonnes raisons &

L'hõme est naturellemẽt curieux & credule.

de croire des Fables comme des Veritez: ſi ie ne ſçauois que ce deffaut eſt vn effet de ſa nature corrompuë, & vne des principales punitions du peché Originel, qui me ſeroit par là ſuffiſamment prouué ſi la Foy ne m'en aſſeuroit d'ailleurs. Mais quand ie cõſidere que celuy qui deuoit eſtre le plus ſage de tous les hommes, & la plus habile de toutes les femmes, ont eſté ſi ridiculement abuſez qu'on ne ſçauroit dire dauantage, & par le motif ou deſir de ſçauoir tout le bien & tout le mal à venir, & d'eſtre comme Dieu (qui s'eſt reſerué à luy ſeul cét auantage apres les auoir fait à ſon image & reſſemblance, & leur auoir donné quelque participation de tous ſes autres Attributs.) Ie ne m'en eſtonne plus tant. Peut on douter qu'Adam & Eue créez immediatement de Dieu n'euſſent autant d'eſprit & de raiſon, que leur poſterité qui n'eſt engendrée qu'apres leur faute? Neantmoins ie vois incontinent apres qu'ils ont receu le Commandement de leur Createur, de s'abſtenir d'vn fruit ſur peine de la mort; qu'ils ſe laiſſent tromper. Mais par qui puis qu'ils eſtoient ſeuls? L'homme par ſa femme, & la femme par vne beſte qui l'entretient & raiſonne auec elle: Mais quoy ne ſçauoit-elle pas que les beſtes ne parloient point encore? Comment fuſt elle donc trompée? Parce qu'elle fut trop curieuſe, & voulut ſçauoir l'aduenir pour eſtre plus ſemblable à Dieu. a Ce qui luy en arriua pourtant ne fut que de la confuſion pour elle &

Trompée par vne beſte la premiere fois.

a Annunciate nobis futura & ſciemus quia dii eſtis. *Ierem.*

pour nous, qui participans de sa nature faisons tous les iours la mesme faute : Et croyons que si les brutes ont bien quelque instinct pour se souuenir du passé, & preuoir quelque chose de l'auenir; nous pouuons bien tirer d'eux quelque science d'vne façon ou d'autre, qui nous rende present ce qui n'est pas encore arriué, comme nous l'auons, ce qui est déja passé. Le desir de sçauoir ce qui arriuera nous fait donc écouter des bestes qui parlent, & quoy qu'elles parlent sans raison nous approuuons ce qu'elles disent. Il y a plus encore, c'est que quand elles ont parlé, pour se mieux faire croire elles en prennent pour tesmoins d'autres encore plus bestes qu'elles ; & les hommes le sont encore dauantage d'adiouster foy & se laisser tromper aux vnes & aux autres. La preuue de ce que i'aduance sans aucune exageration est fort euidente, en disant qu'il n'y a quasi point de sorte de bestes qui n'aye seruy à tromper les hómes par les imposteurs. Les Histoires Grecques & Romaines, & les Relations de mille Peuples ne nous disent elles pas qu'on tiroit des Augures & des Pronostiques du vol & du chant des Oyseaux, du marcher & mãger des poulets & des coqs ; des Cheuaux, des Loups, des Renards, des Chiens des Cheures, des Bœufs & autres animaux, dont les entrailles mesmes quand ils les auoient tuez, & si ie l'ose dire, vne teste d'Asne rotie, seruoit à leurs diuinations. Toute l'Astrologie encore a-t-elle autre chose auiourd'huy

A continué de mesme à se laisser tromper.

qu'vn Belier, vn Taureau, vn Lyon, vn Cancer, vn Scorpion, des Poissons, des Hydres, des Chiens & autres bestes, pour tesmoins, causes, ou signes de ses Predictions? tant il est veritable que l'homme est semblable à la beste quand il veut sçauoir l'aduenir, & qu'il se reconnoist inferieur à elle quand il la croit, apres l'auoir ainsi consultée. Neantmoins tous ces grands Hommes de l'Antiquité soit qu'ils le fissent par ignorãce, ce que i'ay peine à croire, encore qu'ils fussent à dire vray plus Capitaines que Philosophes; soit que ce fust par Politique ou par Religion populaire; n'eussent pas entrepris vne Guerre, vn Embarquement, ou quelque affaire de consequence sans consulter leurs Sacrificateurs & deuins, & auoir leur témoignage & celuy des bestes pour le succez de leurs grands desseins. Il ne se faut donc pas estonner si le Monde, qui a tousiours esté trompé ou par les fausses Religions, ou par la Politique adroite, ou par la mauuaise Philosophie, ou par la charlatanerie des deuins & des Astrologues, l'est encore auiourd'huy sur le suiet dont nous parlons qui est celuy des Cometes. Ie craindrois d'ennuyer Vostre Majesté & ie serois trop long si ie voulois faire le dénombrement de toutes les sortes de Diuinatiõs dont les hommes se sont seruis, & ce qui est pitoyable se seruent encore pour sçauoir l'aduenir s'ils pouuoient; & ce que la fourberie ou l'ignorance des vns, persuade ou tâche de le faire à la foiblesse & credulité

Le veut estre encore auiourd'huy.

credulité des autres, ce qui me feroit croire que l'homme seroit presque aussi-bien deffiny vn Animal menteur & credule par son propre & ses defauts, comme il l'est d'ordinaire par le Genre & par la difference *Animal Raisonnable*. Il n'y a traits dans la main, sur le visage, sous la plante des pieds & sur les ongles mesmes dont ils n'ayent fait vne Science; il n'y a point d'Elemens dont ils n'en ayent fait vne autre; la Geomance, la Pyromance &c. Les Vegetaux & les Mineraux leur seruoient aussi & seruent encores, la racine de Mandragore, la graine de Fougere, les Oignons, les Pailles, les fueilles de Sauge, de Figuier, de Laurier, la Cendre, la Cire, le plomb fondu, le Fer chaud sont mis en vsage. Des choses mesmes artificielles comme des Clefs, des Ciseaux, des Tamis, des Verres, des Cribles, des Chauderõs, des Bagues, des Miroirs, des Haches, des Scies & de beaucoup d'autres vstẽsiles, ils en font des instrumens de Pronostiques. Il n'y a pas mesmes iusques aux choses qui n'ont aucune realité comme les Nombres, les Figures, & les Lettres qui n'existent que par la volonté & le caprice des hommes, à quoy ils n'attribuent des Vertus, & qu'ils n'employent, pour decider la bonne ou mauuaise fortune, sur les noms des vns & des autres, le tout pour satisfaire au desir qu'ils ont de sçauoir l'aduenir. Ce n'est donc pas vne nouueauté, que cette passion qui leur est comme naturelle, les excite encore à sçauoir ce que si-

Par toutes sortes de deuinations.

gnifient les Cometes : parce qu'ils ne les voyent pas souuent ; ils ne peuuent croire qu'elles paroissent en vain. Ce ne sont que les choses rares qui se font admirer, le leuer du Soleil & des Astres ne les touche point parce qu'il leur est ordinaire : ils ne s'émerueillent pas que la terre demeure au milieu de l'air suspenduë sans aucun appuy ny fondement : la nuict qui est pour eux vne Eclipse de Soleil de 8. ou 10. heures ne les effraye pas, dautant qu'ils y sont accoustumez. Mais si-tost qu'on parle de quelqu'vne de deux ou de trois heures, & qu'on y mesle vn peu de Predictions, chacun s'en effraye, le craint & le croit : tesmoin ce que nous auons veu en celle de 1654. où toute l'Europe fut consternée de peur ; Ie parle du Peuple ignorant ; iusques à croire la fin du monde & se preparer à la mort, ou se terrasser dans des caues pour éuiter ses mauuaises influences : tant il est vray que l'ignorance regne parce qu'on le veut bien. Mais ie vay tascher en ce point icy de la combatre & de la destruire, pourueu qu'on se veuille laisser détromper, & qu'on ne se plaigne pas à la fin de moy, comme celuy qui auoit la folie de croire estre Roy, se plaignit des Medecins qui l'auoient guery d'vne maladie si agreable.

On s'effroye sãs raison des Cometes & des Eclipses.

Les Premiers qui ont donné cours aux Pronostiques des Cometes, sont les mesmes sans doute qui ont commancé de les donner aux Astres. Les Chaldeens Inuenteurs de l'vne & de l'autre Science l'Astronomie & l'Astrologie, celle là qui

Premiers inuenteurs des Predictions.

conſidere le mouuement des Cieux, celle-cy les effets ; ont introduit mille fauſſetez dans cette ſeconde (qu'on nomme auſſi la Iudiciaire.) Soit pour abuſer les peuples & ſe rendre recommandables par leurs Pronoſtiques, promettant aux vns des proſperitez, menaçant les autres d'infortunes, s'ils ne les conſultoient pour les euiter & vaincre le pouuoir de l'influence maligne ; ſoit pour en tirer du profit, & ſubuenir aux neceſſitez, que l'eſtude ſublime & ſpeculatiue, telle que l'Aſtronomie engendre d'ordinaire (faiſant ſeruir à cét effet ſa folle fille la Iudiciaire pour nourrir vne ſage mere :) ſoit pour tenir les peuples en crainte de leurs Magiſtrats & dans le reſpect de leur fauſſe Religion. Ce ſont donc eux qui ont eſtably cette ſotte & ſuperſtitieuſe Aſtrologie, qui ſubſiſte encore à mon grand eſtonnement, & qui meſme n'eſt jamais mieux fondée que quand elle ſe peut fortifier de quelque paſſage de ces Autheurs Chaldeens, rapportez par quelques Grecs ou Arabes. Ces Inuenteurs donc de folies ayant fait vn Art où ils auoient auſſi compris les Cometes cõme des Aſtres, & cõme choſes extraordinaires qui arriuoiẽt dãs les Cieux: leur doctrine ſe reſpandit par ſucceſſion de temps en Egypte, en Grece & par tout : & fut d'autant plus agreablement receuë, qu'elle ſe trouua au gouſt de l'homme corrompu comme i'ay dé ja dit. Les habiles Princes y trouuerent leur compte pour la Politique, les faux Preſtres pour leurs impies

Ceux qui les ont authoriſez & creus par intereſt.

Religions, beaucoup de mauuais Physiciens & pauures Astronomes pour vn secours à leurs necessitez, qui leur estoit fourny par les riches, les Poëtes pour de beaux suiets d'exercer leur Enthousiasme Poëtique, & les Historiens pour escrire au goust & dans le sentiment du Vulgaire. Et c'est d'où principalement est venu tout le mal, & beaucoup plus que des Astrologues mesmes, la preuue en est toute euidente : puis que ceux-cy s'en seruent & n'en ont point d'autres pour confirmer leurs Prognostiques & fausses sciences, que de citer les Historiens qui ont rapporté tels & tels malheurs, arriuez apres telles & telles Predictions. S'ils n'auoient ces preuues en main, on leur pourroit tout nier ne pouuant pas estre Iuges & tesmoins en leur propre cause, & n'en pouuans pas faire d'experiences certaines. Mais quand ils rapportent les tesmoignages des Grands Historiens, on est contraint ou de les rejetter, & de les accuser en mesme temps d'auoir esté trop credules & superstitieux, pour ne pas dire tout à fait ignorās: ou de deferer aux consequences qu'en tirent les deuins & les Astrologues; ou d'auoir recours pour s'en deffendre à la pure magie (qui est vn estrange refuge) & dire que ce sont les Demons qui ont operé eux-mesmes ces choses extraordinaires. Pour moy quand ie vois Tite-Liue, Plutarque, Iustin Dion, Suetone & les autres qu'on estime grands Hommes, estre tousiours dans les prodiges &

Les Historiens fort coupables en cela.

& dans les presages de toutes leurs plus grandes affaires, des morts de leurs Empereurs, Rois & Magistrats, de leurs batailles gagnées ou perduës, de leurs seditions, pestes ou famines; & qu'ils farcissent leurs Histoires de Miracles faux en toutes façons; d'vne Vestale qui porte de l'eau dans vn crible, d'vne autre qui tire auec sa ceinture vn Nauire chargé, d'vne qui marche à pieds nuds sur des charbons ardens, d'vn Augure qui couppe la pierre auec vn rasoir, d'Esculape qui se conuertit en serpent, & mille autres fadaises. Ie ne puis auoir pour eux toute l'estime & la veneration que i'aurois s'ils auoient esté moins credules & plus Philosophes: aussi ostez leur quelque bon sens commun, la Morale & la Politique; vous n'y trouuerrez rien à profiter des sciences des choses naturelles, & si Tite Liue viuoit encore ie ne passerois iamais les monts comme d'autres firent, pour l'aller voir & apprendre quelque chose de luy si ce n'estoit à bien parler Latin. Ces Messieurs donc qui ont fait les Histoires Grecques & Latines, ceux qui les ont suiuis & fait les nostres & celles des autres Natiós, & qui les ont réplies de mille accidens extraordinaires arriuez apres les Cometes, qu'ils en ont fait les Causes ou les Signes; sont eux-mesmes la cause de toute cette vanité Astrologique. Leur vnique témoignage authorise les Pronostiques, & entretient les Peuples dans l'erreur; au lieu que s'ils auoient esté plus esclairez dans les Matieres

Trop credules, rapportent des Fables.

Peu Philosophes.

Physiques, & moins credules & plus instruits de l'art de bien raisonner (que Bacon deffere à la Mathematique:) Ils auroiẽt fort bien démeslé ces choses douteuses, & en les rapportant les auroient en deux mots refutées. Mais quoy ils ont tousiours fait le contraire, & ont appuyé le bruit commun & le mensonge; sans preuoir les mauuaises consequences qu'on en pouuoit tirer. Combien le premier Autheur de la Fable de la Papesse Ieanne a t'il fait de tort à la verité de l'Histoire, en rapportant cét erreur populaire ou cette vieille médisance long-temps apres qu'on la disoit estre arriuée; & combien sont coupables ceux qui l'ont suiuy dans leurs Histoires? puisque tous ont esté citez pour tesmoins par ceux qui ont voulu maintenir la Fable: mais conuaincus de faux par le dernier a qui l'a dignement refutée, quoy que de party bien contraire tant la verité a de force sur les esprits esclairez & raisonnables. Quel tort n'a point fait aux vrais Miracles le Conte du Chanoine de Paris amy pretendu de saint Bruno, qui respondit trois fois de sa biere au *Responde mihi* de l'Office des Morts, qu'on chantoit pour luy dans l'Eglise, ce qui fut cause de la Conuersiõ de ce Saint si on en vouloit croire quelques liures. Mais sans sortir de mon suiet Astrologique, ne sont-ce pas les Historiens qui ont rapporté (tousiours long-temps apres que les choses sont arriuées) tout ce qui sert de preuue aux Pronostiques des Cometes &

Fable de la Papesse Ieanne.

a Blondel.

aux faiſeurs d'Horoſcopes? N'ôt-ils pas écrit qu'vn certain Nigidius ayant ſceu l'heure de la naiſſance d'Auguſte, dit que c'eſtoit celle d'vn homme qui deuoit eſtre vn iour le Monarque du Monde. Que Theagenes ayant veu la meſme Horoſcope ſe proſterna aux pieds d'Auguſte encore ieune & l'adora. Que Tibere voyant Traſille qui luy prediſoit la ſucceſſion de l'Empire, voulant eſprouuer s'il deuineroit auſſi ſa fortune propre, luy commanda de dire ſur le champ ce qui luy deuoit arriuer, ſurquoy l'Aſtrologue ayant dreſſé vne Figure Celeſte, luy dit en tremblant qu'il eſtoit dans le plus grand danger de ſa vie qu'il euſt jamais eſté. A quoy Tibere reconnut la verité de ſa ſcience, par ce qu'il auoit reſolu de le precipiter du haut d'vne tour ſur laquelle ils eſtoient, pour le punir de toutes ſes flatteries & des eſperances qu'il luy auoit donné de l'Empire, s'il n'eut pas trouué pour luy-meſme ſa mauuaiſe fortune; enſuite dequoy Tibere le recompenſa, l'affectionna, le creut & s'en ſeruit comme d'vn Oracle en toutes ſes grandes affaires. N'y a-t'il pas encore tant d'autres Hiſtoriens qui rapportent de ſemblables Predictions? & ne diſent-ils pas que le meſme Tibere dit à Cajus Caligula qu'il tueroit ſon frere, & qu'vn autre luy en feroit autant. Qu'vn certain Appollonius luy auoit dit la meſme choſe; qu'vn autre auoit predit à Neron l'Empire & la mort de ſa Mere, & d'autres à elle meſme que ſon fils ſeroit Empereur: mais

Predictions Aſtrologiques rapportées par les Hiſtoriens.

Tacite Suetone.

Sur Auguſte.

Sur Tibere.

Caligule.

qu'il la feroit mourir, sur quoy l'Ambitieuse auoit respondu, qu'il me tuë pourueu qu'il regne. Que la mort de Vitellius auoit esté predite, celle de Domitian aussi par Asclctarius, à qui l'Empereur disant, & toy comment dois tu finir, ie dois, répondit il, estre bien-tost mangé par les chiens; surquoy Domitian pour eluder la Prediction de sa mort par celle de l'Astrologue, ordonna qu'on le fit tout à l'heure mourir & brusler; ce qui ne pût estre executé de la sorte, quelque diligence qu'on y apportast, parce qu'vn orage arriué soudainement empécha que le corps ne fut tout bruslé, en sorte que les chiens le mangerent à demy rosty. Ainsi son Pronostique preceda celuy de l'Empereur qui arriua comme il l'auoit dit; mais cette Prediction est si particuliere, que ie ne la puis taire sans faire tort au Roman de ces Historiens. Ils disent donc que cét Empereur se tenoit tellement asseuré du iour & de l'heure qu'il deuoit mourir, que la veille qu'il fut assasiné, comme on luy presentoit des truffes, il dit qu'on les luy gardast iusques au lendemain; pourueu toutefois adjousta-t'il qu'il me soit permis d'en manger, parce que la Lune sera dans le Verseau, ou il arriuera vne chose de laquelle on parlera par toute la Terre. Le iour venu & l'heure enuiron du midy, les conjurez entrerent dans sa chambre où il s'estoir retiré, & le tuerent; ils rapportent encore qu'au mesme temps vn Astrologue qui l'auoit predite en Allemagne, & qui auoit esté

Neron. Domitiã Xiphilin. Dion.

eſté pour cela condamné à la mort differée pourtant iuſqu'à ce que ce iour fut paſſé, eut ſon abolition & meſme vne recompenſe de quatre mille eſcus par l'Empereur Nerua, qui luy ſucceda. On marque auſſi qu'à la meſme heure dans Epheſe Apollonius Thianeen au milieu de la Place publique, & en preſence de quantité de Peuple auoit crié courage Eſtienne, frappe le Tyran : & puis, tu l'as bleſſé, tu l'as tué, il eſt mort.

Les Hiſtoriens tres-credules nō croyables.

Mais quoy toutes ces Relations ne doiuent-elles pas eſtre ſuſpectes à ceux qui en découurent tant d'autres euidemment fauſſes, pueriles & impertinentes dans les Liures ; que ie pourrois moy ſeul faire vn gros Volume de celles que i'ay remarqué, & les refuter demonſtratiuement, à moins que d'aduoüer qu'il y a de la ſorcellerie: ce qui eſt vne plus grande extremité que de les reuoquer en doute, tant il eſt vray que la pluſpart des Hiſtoriens ſont credules & menteurs, & que par là ils confirment touſiours la credulité & le menſonge des Pronoſtiques, quand ils rapportent ces comptes ſans les refuter. Mais ſans aller plus loin, pourquoy les Anciens ne l'auroient-ils pas fait, puis que nous le voyons ſouuent faire de noſtre temps ? Vn de nos Hiſtoriens parlant de la Mort de noſtre Grand Henry IV. n'a-t'il pas dit qu'en ayāt eſté auerty par vn Prince encore viuāt (qu'il n'eſt pas neceſſaire de nōmer) la veille que ce malheureux coup arriua. Sa Majeſté mépriſant cét aduis luy auoit répondu que la Broſſe

Eſcriuāt des deuinations ſans en eſtre bien aſſeurés.

M

estoit vn vieil fol d'Astrologue, & le reste. Ce qu'ayant moy-mesme voulu apprendre par la bouche de ce Prince, il y a plus de 30. ans en presence d'vne Princesse [a] de grand merite, il me fit l'honneur de me dire que cela estoit faux. Et depuis deux iours en ça seulement, pour m'en éclaircir d'auantage, & ne rien publier par escrit de cette consequence sans en estre bien asseuré: i'ay eu l'honneur de luy [b] en reparler en presence de plusieurs Personnes de sa Maison, & il m'a confirmé la mesme chose, adjoustant de plus que l'Historien [c] auoit confondu les temps & les choses: & que la Brosse luy auoit bien dit apres ce mal heureux accident qu'il l'auoit preueu par l'Horoscope de sa Maiesté (comme font tousiours les Astrologues quand les choses sont arriuées, mais nõ pas qu'il l'en eust auerty la veille pour le dire à Sa Majesté. Cela est pourtãt écrit par vn Auteur François & du mesme temps, qui ne le croira donc pas à l'aduenir? Pensera-t'on qu'vn homme destiné & payé pour faire l'Histoire ose dire vne chose de cette consequence? & citer mesme vn Prince viuant qui en pouuoit rendre témoignage si elle n'estoit pas vraye? Il est pourtant comme ie le dis & si on en doute on s'en peut éclaircir, & ie ne suis pas marry que l'occasion se presente icy de le rapporter, tant afin d'en desabuser la Posterité, que pour faire voir qu'il y a beaucoup de choses escrites de cette nature ausquelles on ne doit adiouster aucune creance.

a M. de Vandosme.

b M. de Cheureuse.

c Mathieu.

Les Historiens ne rapportent pas tousiours les choses de leur connoissance, c'est sur les bruits communs ou sur la foy d'autruy, ou sur leur propre souuenir qui les trompe; n'ayans pas la memoire fresche quand ils escriuent, de toutes les circonstances d'vne chose qu'on leur aura dit plusieurs années auparauant. Et c'est par là sans doute que le nostre a manqué, outre qu'il paroist en tous ses liures aussi superstitieux qu'aucun des Anciens, dont la lecture l'auoit rendu sans doute imitateur: puis qu'il ramasse aussi bien que Plutarque & tous les autres, tout ce qu'il peut d'Augures, de Visions, de Propheties, de Songes & autres Predictions pour seruir d'auancoureurs & de Pronostiques à cét excecrable attentat. Neantmoins par nostre foiblesse & credulité nous voulons que toutes les Relations de ces choses extraordinaires soient vrayes; & receuons toutes ces Fables & Romans bien souuent mieux que les Vies des Saints, parce que ces aduentures arriuées ensuitte des Predictions flattent nostre curiosité & entretiennẽt nostre vieille erreur de sçauoir l'auenir; au lieu que les miracles nous preschẽt la pieté & nous pressent de quitter ce vieil Adam & de renoncer à nous-mesmes.

Pourquoy elles sont creües plus que les Miracles.

Ie dis donc que ce qui a fait inueterer l'erreur des Pronostiques des Cometes, ce sont les Relations vrayes ou fausses des Historiens, & les mauuaises consequences que les Astrologues & autres personnes credules en ont tiré. Voyons en

Grandes choses arriuées apres les Cometes.

les preuues : mais en petit nombre ; car ie serois trop long & ie craindrois d'ennuyer Vostre Majesté, si i'en faisois vn Traitté entier comme la matiere le souffriroit bien.

L'Histoire Grecque dit que quand Xerxes entra en Grece auec vn million d'hommes, vne Comete parut en forme d'Arc qui luy presagea la deffaite de son armée en la iournée de Salamine, & sa honteuse fuitte. [a] Auant la guerre du Poloponese qui dura 28. ans, où toute la Grece estoit interessée, il en parut vne autre & la Ville d'Athenes fut depeuplée par la contagion. [b] Vne autre du temps d'Aristote qui preceda vn tremblement de terre & l'engloutissement de deux Villes. [c] Au commencement du regne d'Alexandre il en parut deux, qui presageoient disent-ils la deffaite de Darius, la fin de l'Empire des Perses, & la ruïne de Thebes où il y eust 90 mille hommes deffaits & 30. mille de captifs. [d] Dans l'Histoire Romaine [e] on lit qu'auant la naissance de Iules Cesar il en parut vne ; apres sa mort vne autre dont Auguste & ses amis se seruirent pour le faire deifier, & dire que les Dieux par là monstroient l'auoir receu en leur compagnie ; & mesmes on en fit des Medailles que nous auons encore auiourd'huy, où il a vne Comete sur son front, à laquelle encore on dressa vn Temple à Rome. [f] Par où l'on voit que les interests de Cour ont fait croire ce qu'on a voulu de bien ou de mal ; aussi quelques autres ont ils creu qu'elle

Cometes estimées heureuses & malheureuses.

[a] Plin. liu. 2.

[b] Thucidid.

[c] Arist.

[d] Iustin

[e] Tacit. Sueton.

[f] Plin.

presageoit les guerres Ciuiles & tant de meurtres & d'assassins qui suiuirent cette mort de Iules. Auant celle de l'Empereur Claude par empoisonnement, il en parut vne autre; De mesme auant les cruautez de Neron : Comme aussi auant la prise de Hierusalem par Vespasian, six ans apres encore vne autre, sur laquelle ce mesme Empereur dit agreablement qu'elle menaçoit les Persiens, parce qu'elle auoit comme eux vne grande cheueleure, & que les Romains n'en portoient pas. Si ces raisons auoient lieu nous aurions à souffrir de mauuaises influences de la nostre; qui n'auroit paru en ce temps-cy que pour reformer l'excez des perruques. L'année 340. que Constantius fils du grand Cõstantin fut tué il en parut encore vne. L'année 392. auant qu'on eust estranglé Vatinian de mesme. L'année 400. vne autre auant la trahison & la tyrannie de Gaynas sur Constantinople. La Mort de Theodose & l'irruption d'Attila en Italie fut aussi precedée par vne Comete. Celle de l'Empereur Maurice & de ses trois Filles de mesme. Celle de Charlemagne & de Pepin de mesme : comme aussi celle d'Othon II. à laquelle succederent la peste & la famine. L'année 1066. il en parut vne auant la mort de S. Edoüard Roy d'Angleterre. En 1106. auãt celle de l'Empereur Henry IV. En 1214. auant celle de Guillaume le Saint Roy d'Escosse. En 1264 auant celle du Pape Vrbain IV. & que Charles Roy de France conquist le Royaume de Naples.

Cometes contre les cheueleures.

Cometes precedens la mort de plusieurs.

En 1301 auãt la mort des Rois de Naples & de Hongrie. En 1314 auant celle de Philippe le Bel, arriuée par vn cheual à la chasse. En 1402 auant celle de Tamberlan & de Galeace Duc de Milan. En 1450 auant celle d'Amurat grand Turc pour auoir trop beu. En 1456 Ladislas Roy de Boheme en prison 1457. Alphonse Roy de Naples & Charles de Bourgogne. En 1505 & 1506 Philipe Pere de Charles Quint & Alexandre Roy de Pologne. En 1512 la Mort du Pape Iules II. & de Baiazet. En 1521 celle de Leon X En 1530 quantité de païs submergez en Hollande, sousleuement des Suisses, tremblement de Terre en Portugal & plus de mille maisons renuersées à Lisbonne, l'irruption des Turcs en Austriche & la prison de Christierne Roy de Dannemarc. En 1533 la Mort de Clement VII. d'Alfonse Duc de Ferrare & de Milan. En 1558 celles de Charles-Quint & des Reines de Pologne, d'Angleterre & de Hongrie. En 1559 celles de Henry II. Roy de France, des Rois d'Angleterre, de Portugal & de Danemarc, des Ducs de Venise & de Ferrare, du Pape Paul 4. & de 15. Cardinaux, celle-là fit vne grande moisson auec vne petite queuë. En 1577 auant la Mort de Sebastien Roy de Portugal. En 1585 auant celle d'Osman grand Turc & d'Estienne Roy de Pologne. En 1590 auant celle d'Vrbain VII. & de l'Archiduc Charles. En 1607 auant celle de Charles Duc de Lorraine. En 1618 auant celle de l'Empereur Mathias & toutes les guerres d'Allemagne qui ont duré si long-temps.

Et plusieurs autres Malheurs.

Celle de 1652. n'aura-t'elle point auſſi deuancé quelque Mortilluſtre? il n'y aura rien de plus facile que de le trouuer ſi l'on s'en veut donner la peine. Il y a tant de Teſtes Courõnées dans l'Aſie, quand on n'en trouueroit pas dans l'Europe pour ſacrifier à cette Comete, qu'il ſeroit bien aiſe de luy en dõner quelqu'vne pour victime, puis qu'ils luy ſont auſſi ſuiets que nous paſſant ſur les païs des vns & des autres. Mais pour celle de 1661. qui n'a pas fait grãd bruit, quoy qu'elle aye eſté obſeruée à Baſle. Ie n'ay rien à dire ſinon que le Docteur qui en a eſcrit n'a pas bien rencontré à l'auantage de la Chreſtienté : car il aſſeuroit qu'à cauſe qu'elle auoit paſſé dans la conſtellation de l'Aigle, & qu'elle eſtoit venuë mourir à ſes pieds, l'Empire Turc ſeroit entierement deſtruit par celuy d'Allemagne. Nous en auons veu les effets en la priſe de Neuf-hauſel & aux pertes du terrein, que les Turcs ont fait en Hongrie ; & en celles qu'ils feront contre les Venitiens, ſi tous les Princes Chreſtiens par leur intereſt & celuy de Dieu ne s'y oppoſent.

On ne manque point d'en trouuer quand on veut.

Megerlinus.

Le contraire arriue ſouuent.

Si c'eſt ſans mentir ou non ie ne ſçay, mais i'ay bien rapporté cy deſſus des choſes ſur la foy d'autruy à l'auantage des Cometes, & ie ne croy pas qu'on me puiſſe reprocher d'auoir trahy leur cauſe. I'aduanceray plus & diray, que ſi nous en auions vn Catalogue deux fois plus grand que celuy que nous en auõs, & qu'il en eut paru dix fois plus ſouuent qu'il n'a fait, on ne manqueroit pas

Pour preceder les maux elles n'õ sont pas la cause ny les signes.

de trouuer des Morts illustres, des Guerres, des Pestes, des Famines, des innondations, des tremblemens de Terre, des incendies, & tout ce qui nous arriue de plus fascheux, qui suiuroit de prés ces Cometes. Pour cela faudroit-il conclure parce qu'elles l'auroient precedé, qu'elles en fussent les causes ou les Signes? Quoy de deux euenemens qui s'entresuiuent, dont l'vn mesme est ordinaire & naturel, l'autre extraordinaire; le premier sera-t'il la cause ou le signe de l'autre? ie ne sçay pas en quelle Logique cela se peut conclure; mais ie sçay bien que les Pronostiqueurs des Cometes, n'õt point de meilleures raisons pour authoriser leurs Predictiõs: comme les Astrologues ne iugent iamais plus certainement de la vie & de la mort de ceux dont ils ont fait l'Horoscope que par cette Inductiõ, Pierre, Iean, Paul & beaucoup d'autres qui auoient le mesme ascendant, ont esté noyez ou sont morts de mort violente, donc celuy-cy mourra de mesme. Les meilleurs Aphorismes qu'ils ayent pour leurs Prognostiques, sont ceux-là, qu'ils appellent mesmes des experiences, & pour preuue ils en citent les cas arriuez. De mesme en est-il des Cometes, qui n'ont iamais paru disent-ils, que ces morts & ces malheurs ne les ayent suiuies comme rapportent toutes les Histoires: comme les Poëtes en ont fait de belles Sentences, & tout le Monde generalement, vn dire commun. Que iamais il n'y eust de Comete qui n'apportast du mal,

Les Inductions ne prouuent riẽ en cela.

ὅδεῖς

οὐδεὶς κομήτης ὅστις οὐ κακὸν φέρει. Suidas.
Nunquam viſus terris impune Cometes. Claudian.
Terris mutantem regna Cometem, Lucan.
Regnorum euerſor rubuit lethale Cometes. Sil.
A Ioue fatales in regna iniuſta Cometæ, Val. Flac.
Belli mala ſigna Cometes, Tibull.
Illi etiam belli motus, & funera regum &c. Pontan.

Que quelque Royaume ne fut renuerſé. Qu'il n'y eut des Guerres, des maladies, des famines, & tout le reſte. Et parce qu'vne partie de ces euenemens ſemble par les Hiſtoires meſmes, proceder des Cometes comme de leurs cauſes prochaines & immediates, pour parler en termes de l'Eſcole, ils veulent generalement l'eſtendre ſur toutes, & ſur tout ce qu'il leur plaiſt d'en predire.

Ce qui a donc donné lieu indifferemment aux Pronoſtiques des Cometes ſur les actions libres des hommes, & ſur les contingentes comme ſont les Guerres, les ſeditions, les changemens de Loix, de Religions, de Princes & autres: c'eſt la vray-ſemblance des raiſons qui ſeruoient à prouuer les effets, qui procedent apparemment de certaines Cometes cõme de leurs cauſes Phyſiques, aſſauoir de celles que i'ay remarqué cy-deuant, qui eſtoient de vrais Meteores Elementaires, & qu'on a confonduës auec les Celeſtes dont nous parlons principalement. Il faut donc demeurer d'accord qu'il en a paru quelquefois de cette premiere eſpece, formées des exhalaiſons & va-

Effets naturels des Cometes ſublunaires.

N

peurs de la terre; dont la matiere chaude, seiche, nitreuse, puante, & ensouffrée, a pû en se consumant par le feu qui l'embrasoit, infecter & desseicher l'air dont nous viuons, autant ou plus que de toute autre chose: ou mesme en ne s'y consumant pas tout à fait, y laisser des qualitez malignes qui sont la source & le leuain de ces maladies contagieuses, communes à toutes sortes de personnes sans attache ou respect de leurs conditions ny difference d'aage & de sexe. Et comme ces Cometes ont esté quelquefois si grandes qu'elles ont couuert tout l'horizon, ou que leurs queuës ont traisné iusqu'en terre où elles sont tombées, a ou par fois seulement des pierres de souffre puantes; elles ont pû par cette inflammation causer de si grandes seicheresses que la famine s'en est ensuiuie par la sterilité de la terre, qui ne demande que l'humidité moderée pour estre fertile; comme aussi des foudres, des tempestes, des incendies, des tremblemens de terre, & tout ce qui peut prouenir d'vn air extremement eschauffé; qui doit aussi tellement brusler le sang & les esprits des hommes, que tout leur tempe-rammment en soit alteré. Et comme les mouuemens de l'ame suiuent ceux des humeurs, il se peut faire que la bile, qui est tres facile à s'enflammer, precipite la pluspart des hommes qui respirent cét air embrasé, dans les querelles, meurtres, violences, rapines, seditions, & dans toutes les autres furies d'Enfer qu'on impute aux Cometes

Causez par leur embrasement.

a Nicephore.

en general; ſans faire diſtinction des Elementaires dont ie viens de parler, auec les Celeſtes; qui ne peuuent eſtre les cauſes Phyſiques de ce qui nous arriue icy bas, à cauſe de leur grand eſloignement; qui ne permet pas que la matiere deſcende iuſques à nous, ſans eſtre tout à fait diſſipée; Neantmoins comme on a veu quelques Predictions s'accorder aſſez bien quelquefois auec les euenemens, & les effets auec les raiſons apparentes que l'on apportoit: cela a dóné lieu à l'audace deuinereſſe & à l'ignorãce de paſſer plus auant, & d'en dire encore dauantage; comme font les vendeurs de Theriaque, qui pour vne cure ou deux qu'aura fait leur petite drogue par hazard ou autrement, font retentir le Theatre des Vertus admirables de leur baulme. Mais parce qu'ils ont bien reconnu ne pouuoir appuyer de raiſons pertinentes & Phyſiques tous leurs Pronoſtiques, particulierement les Guerres qui ne deſpendent pas du caprice des peuples, ny de la bile émeuë des Princes & des Miniſtres; non plus que leur mort en particulier, pour eſtre plus ſuſceptibles du mal que les autres par la delicateſſe de leur temperament, qui ſont de fort mauuaiſes raiſons. Ils ont eu recours aux cauſes occultes, & ont attribué indifferemment aux Cometes, les meſmes influences & vertus qu'ils donnent aux Aſtres, & les ont traitées de la meſme ſorte, quoy qu'ils les creuſſent d'vne matiere toute differente, & dans vne region bien eſloignée. Et en ſe diſpenſant de

Ce que ne peuuét faire les Celeſtes par raiſons.

Que l'experience ne prouue rien en cela.

rendre compte de leurs iugemens non plus que les Cours Souueraines, ils se sont contentez de dire qu'on leur a montré à iuger de mesme, & qu'il n'y a point de meilleure raison ny de regle plus asseurée que celle de l'Experience, dont les Historiens rendent témoignage. Et que si dans la Politique, la Medecine, & la vie ciuile on reçoit bien cette sorte de preuue, on ne la doit pas reietter en l'Astrologie & aux Predictions des Cometes.

Qu'il n'ont pourtant point d'autre raison.

Bon Dieu peut-on si mal ouyr raisonner sans en auoir pitié? c'est pourtant la meilleure preuue & la plus forte raison de la Iudiciairie & des Pronostiques, car on sçait bien qu'il n'y en a pas de primitiue, & par quelle cause antecedente pourroit-on montrer par exemple, que Mercure retrograde fait les bons Musiciens, que le Cancre est froid, le Sagitaire chaud, que la huictiesme maison est plutost celle de la mort qu'vne autre, & le reste? Ce ne sont donc que les euenemens qui iustifient leur science, & qui persuadent l'aduenir par les exemples du passé.

Mais quoy toutes ces choses sinistres qui sont arriuées apres les Cometes n'arriuent-elles point deuant? Et n'arriueroient-elles point sans elles? n'y en a t-il pas vn plus grand nombre & de plus extraordinaires qui n'ont point esté precedées par aucunes Cometes? Combien de Papes, d'Empereurs, de Roys, de Princes, de Cardinaux, massacrez, tuez, empoisonnez, executez ou morts subitement ? Combien de tremblemens & d'innondations de terres, de tempeſtes & deſbordemens de Mer; combien de Guerres, de peſtes, de famines; de ſouſleuemens de Peuples, de reuolutions d'Eſtats en Portugal, en Catalogne, à Naples, en Angleterre, en Danemarc, en Pologne, à la Chine & ailleurs ſans aucunes Cometes? Et parce qu'on ne peut pas tourner la medaille & renuerſer la propoſition (comme on dit) en monstrant qu'il n'y a point de Cometes ſans tous ces malheurs; s'enſuit-il pour cela qu'elles en ſoient les cauſes ou les ſignes ? non certes & c'eſt mal raiſonner : car il ne s'en peut enſuiure autre choſe, ſinon que le nombre de nos maux eſt ſi grand & ſi frequent, depuis le ſiecle d'or & l'ouuerture de cette maudite boëſte de Pandore, qu'il excede beaucoup celuy des Cometes : & qu'en quelque temps qu'elles puiſſent arriuer, elles ſuiuront, accompagneront & precederont touſiours, toutes ces miſeres, alterations & changemens, qui ſont inſeparables de noſtre Nature & de celle des Elemens.

Que mille morts, & maux ſont arriués ſans elles.

Que il y en a plus que de Cometes.

La Terre, encore qu'elle ne ſoit qu'vn petit point à l'égard du reſte du monde (ce qui faiſoit dire à Seneque que les hommes eſtoient bien ridicules d'en diſputer la diuiſion par le fer & le feu) * ne laiſſe pas d'eſtre le Theatre continuel d'vne infinité de Generations & de corruptions

* *Hoc eſt punctum quod inter tot gentes ferro & igni diuiditur, ô quam ridiculi ſunt mortalium termini!*

à nostre égard. Les tempestes, les tremblemens, les incendies, les innondations, les naufrages, les guerres, les pestes, les famines, n'y ioüent elles pas incessamment leurs rolles ? L'homme mesme n'y fait-il pas continuellement son personnage en bien ou en mal, l'vn entrant sur la Scene en Roy, quand l'autre en sort en miserable ? Et partant se faut-il estonner si les maux s'entresuiuent de prés, ou pour mieux dire s'il y en a tousiours beaucoup ensemble : il y a plus de Tragedies que de Comedies en toutes nos representations. Ce n'est donc pas faire vne prediction, de dire que l'année prochaine il arriuera tout ce que vous voudrez de mal, ensuitte de nostre Comete ; mais ce seroit en faire vne belle de dire qu'il n'en arriuera point du tout, parce qu'en effet ce seroit vn miracle. Il est de necessité que le monde aille tousiours comme il a esté, c'est à dire qu'il y arriue continuellement en vn lieu ou en l'autre quelqu'vn des maux que nous auons dit ; & que mesme il meure tous les ans, plus d'vne teste couronnée, au lieu qu'il ne paroist pas tous les ans vne Comete pour en estre le signe ou la cause. Voulez vous voir la demonstration de cette verité, qu'il faut necessairement qu'il meure tous les ans plus d'vn Commandant & plus d'vne Personne illustre. C'est que quand il n'y auroit sur toute la terre que 200. Principautez, Royaumes, Estats, ou ce qu'il vous plaira, & que chaque Souuerain vesquît & regnât

Et pourquoy.

Ce seroit vn Miracle s'il n'en arriuoit point.

Il meurt tous les ans plus d'vn Souuerain.

ſoixante ans, n'eſt-il pas vray qu'il y en auroit aparément quelqu'vn qui mourroit toutes les années pour ſe renouueller, ne commençant pas tous à viure & regner en meſme temps. Or eſt-il que le nombre des Eſtats & Principautez, & des hommes ou femmes illuſtres qui les commandent eſt encore plus grand, & partant ſe faut-il eſtonner s'il en meurt tous les ans quelqu'vn. Pourquoy donc en quelque année que puiſſe arriuer la Comete ne trouuerra on pas la Mort de quelque Grand? & comme elle roulle par deſſus toute la Terre & y verſe indifferemment ce qu'elle a de mauuais & de venin dans ſa queuë : elle peut & doit auſſi bien eſtre la cauſe, ou la ſignification de la Mort d'vn Indien ou d'vn Iroquois Commandant; comme d'vn Empereur ou d'vn Pape. C'eſt donc vne grande folie de dire que parce qu'on voit par les Hiſtoires que dans la meſme année ou celles d'apres, qu'a paru la Comete, il eſt mort quelque Prince en vn lieu ou en vn autre, elle en aye eſté la cauſe ou le ſigne, & qu'elles menacent par conſequent en particulier les Teſtes couronnées. L'Argument ſeroit bien plus fort, s'ils auoient eu l'eſprit d'y comprendre celles des Cardinaux, Eueſques & Abbez qui ſont auſſi des Teſtes couronnées, par ce qu'il en meurt encore plus que de Papes & de Rois; quoy que ce ne ſoit pourtant pas aſſez pour contenter tous les aſpirants à leurs Benefices & Dignitez, car ils en ſouhaitteroient bien dauantage.

Et plus d'vne Teſte courronnée.

Il y a plus encore, c'est que de peur de manquer en leurs Pronostiques, ils disent que tout ce qui arriue dans l'espace de huict ou dix ans apres la Comete; luy doit estre imputé, par des raisons friuoles tirées de la Figure ou de l'Horoscope qu'ils en ont dressé quand elle a commencé de paroistre: & pour lors il ne se faut pas estonner si leurs Predictions se trouuent veritables en vn païs ou en l'autre, telles qui leur plaira de les faire; puisque cela mesme arriue toutes les années sans Cometes & sans Predictions. Mais pour entrer en raisonnement auec eux; qui leur a donné le point de la Naissance, pour ainsi dire, ou de la premiere apparition de la Comete pour en faire son Horoscope? On le prend diront-ils quand on commence de la voir paroistre dans tel, ou dans tel signe, auec telle ou telle Estoile fixe, dans telle ou telle Maison, en tel ou tel aspect du Soleil, de la Lune ou autres Planetes: bref on en iuge suiuant les regles de l'Art, & la doctrine des Anciens. Pauures abusez que vous estes: en tout ce que vous dites il n'y a pas vn mot de bon sens: & ie vous le vay demonstrer. Premierement pour l'heure que vous deuez prendre de sa premiere apparition, sur laquelle vous voulez dresser la Figure & fonder vostre iugement; il est tout certain que vous vous trompez & qu'il y aura autant de Themes ou Figures comme il y aura eu de spectateurs à diuerses heures: & chaque Astrologue par ce moyen fera la sienne

On fait l'Horoscope des Cometes

Mais qui doiuent estre differentes.

ſienne differente, & deura iuger differemment des autres quand ils auroient tous vne meſme regle, & qu'elle ſeroit encore fort bonne, parce qu'ils ont tous diuers points à conduire leurs lignes. Ils ſe rencontreront pourtant, nonobſtant cela, ie vous en aſſeure; comme firent autrefois deux de ces Meſſieurs en Allemagne, qui en faiſant l'Horoſcope de Luther né le 10. Nouembre 1483. trouuerent tous les accidens de ſa vie & ſes qualitez perſonnelles, quoy qu'ils fuſſent differens l'vn de l'autre pour ſon aage d'vne année entiere; tant il eſt certain qu'on trouue touſiours ce qui eſt arriué par cette belle Science. Mais il y a plus, c'eſt que quand la Comete a commencé de leur paroiſtre naiſſante, elle eſtoit dé-ja vieille pour d'autres, ou le pouuoit eſtre: ceux qui l'ont veuë des premiers à Paris ne l'ont veuë que le 10. ou 12. Decembre, cependant en Holande on l'auoit veuë & obſeruée le deuxieſme, & ſi l'on eut bien regardé au Ciel on l'auroit pû voir dés le 20. Nouembre (quarente iours auant le milieu de ſa courſe qui fut le 29 Decembre) puis que nous l'auons encore veuë fort diſtinctement le 7 & 8 Feurier, qui ſont 40 jours apres; ſans les broüillards nous la pourrions voir dauantage : Elle a donc parû au Ciel ou du moins elle s'y eſt preſentée, long-temps auparauant qu'elle y aye eſté apperceuë à cauſe de ſa petiteſſe. Et comme on ne s'en deffie pas & qu'on ne va pas prendre le rume pour viſiter toutes les

Et prediront tous la meſme choſe.

Comme fit l'Horoſcope de Luther.

Les Cometes paroiſſent long-temps auant qu'on les obſerue.

nuicts le Ciel & les Estoiles; il n'y a que les Matelots & les Soldats qui sont pour lors en faction qui s'en puissent apperceuoir les premiers, mais encore ce n'est que quand elle est dé-ja grande & remarquable parmy les autres Estoiles, mesme auec quelque queuë. Et pour lors le bruit s'en répand, chacun la veut voir & pour cét effet mōte sur les tours & sur les Clochers sans necessité, les Dames mesmes les plus Sages deuiennent pour cela coureuses de Rampars & de Pont-neuf. Ainsi Monsieur l'Astrologue ne sçauroit dire ny déterminer precisement le temps qu'il faut prendre pour faire son Horoscope, puis qu'il y peut manquer non pas de quelques heures seulement, mais de plusieurs iours & de plusieurs semaines. Supposant neantmoins qu'il l'aye faite & qu'il aye dressé vne Figure en laquelle il aye mis la Comete où il aura voulu, & dans quelqu'vn des Signes où il l'aura veuë; quelles consequences particulieres en tirera-t'il? puis qu'elle a passé par tant de signes de differente nature, sexe, & proprietez (car il y en a de Terrestres, d'Aqueux, de masculins, de feminins, de chauds, de froids, &c.) Que si elle doit signifier quelque chose dans l'vn, elle en signifiera vne differente en quelqu'autre, où la mettra vn autre Astrologue suiuant qu'il l'aura découuerte: puis qu'effectiuement elle a parcouru la moitié du Zodiaque, ayant commencé dans la Balance, passé par la Vierge, le Lyon, le Cancre, les Ge-

On n'en peut dōc point faire vne bōne Figure.

Le chemin de nostre Comete.

meaux, le Taureau, le Belier, ayant couru dans les constellations du Corbeau, de l'Hydre, de la Nauire, du grand Chien, du Lieure, du Fleuue, de la Baleine, du Belier, & s'estant conjointe auec beaucoup d'Estoiles remarquables: Ainsi pour pouuoir trop predire de choses, ie croy qu'on n'en peut predire aucune par science, comme on dit en bonne Logique, qui prouue trop ne prouue rien du tout. Mais quoy seroit-il bien possible que celuy pour le moins qui auroit bien dressé la vraye Figure du Ciel, conuenable à quelque Comete dont il auroit bien obserué le commencement, ne peût rien predire de ses effets suiuant les Regles de l'Astrologie? Non sans doute quand on les leur accorderoit toutes, & que l'on conuiendroit auec eux de tous leurs Aphorismes. La preuue la voicy. C'est que toutes ces Regles n'estans fondées que sur les Obseruations & les experiences qu'on a fait, des influences des Planettes seulement & des Estoiles fixes sur nos Corps & sur les Elemens, elles ne peuuent estre appliquées auec raison aux Cometes, dans l'opinion qu'ils ont que ce ne sont que des corps sublunaires qui ne paroissent pas tousiours, mais seulement quand ils sont formez des exhalaisons de la terre, par le Soleil qui en est la cause principale; & par consequent les experiences n'y ont aucune part & on n'en peut faire aucunes sur elles; puis que ce ne sont iamais les mesmes Cometes, & que c'en est tousiours de nouuelles & de matiere

On n'en peut rien predire par aucunes Obseruations

differente suiuant leur opinion: on ne peut donc pas dire que celle-cy ou celle-là doit causer ou signifier telle & telle chose, comme on dit que telle Planete le doit faire à cause qu'elle l'a souuent fait, & qu'elle est tousiours la mesme. Mais supposé qu'on leur voulut attribuer des vertus comme aux Planetes, parce que celles-cy contribuent, disent-ils, auec le Soleil à leur Generation & qu'ils les appellent mesmes des Enfans de Mars & de Mercure; en pourroit-on tirer Astrologiquement quelque Pronostique? soit en considerant les Figures & les lieux par où elles passent, soit en les plaçant dans telle ou dans telle maison, soit en rapportant leurs aspects, leurs couleurs & leurs conuenances aux Planetes? Non certes, si on veut écouter la raison comme ie feray voir, mais si on veut croire leur iargon sans l'examiner, on trouuerra les plus belles choses du monde; voicy donc ce qu'ils disent.

On ne peut riē predire par aucunes Oseruations.

Ny par le rapport aux signes.

Que les Chaldeens premierement, puis Ptolomée & plusieurs Arabes ont laissé par escrit: Que pour bien iuger des effets d'vne Comete, apres auoir dressé la Figure Celeste au temps de son apparition & l'auoir placée auec les Signes, les Planetes & les principales Estoiles fixes chacune en son lieu, comme elles sont pour lors dans le Ciel, il faut considerer quatre choses. Le lieu pour lequel on predit, parce qu'on doit iuger autrement pour vn endroit de la terre, que pour vn autre, secondement le temps auquel doiuent

Ce qu'il faut faire pour iuger des Cometes.

commencer les effets & combien ils doiuent durer. En troisiéme lieu sur quelles choses ils doiuent agir comme si c'est sur les hommes ou sur les bestes & de quelle espece; & finalement si les choses pronostiquées sont bonnes ou mauuaises.

Quant au lieu il en faut iuger disent-ils par la partie du Ciel Orientale, Occidentale ou autre; en laquelle se trouue la Comete ou du costé que sa queuë est tournée, comme aussi en quel signe elle est & auec quelle Planete dominãte sur telle ou telle partie de la Terre, Prouince, Ville ou Peuple: & pout cét effet ils ont départy comme bon leur a semblé toute la terre, de la maniere la plus extrauagante qu'on puisse imaginer. Ils assujettissent à Saturne la Bauiere, la Saxe, l'Espagne, vne partie de l'Italie, les Iuifs, les Maures, Constance, Rauenne, Ingolstad & autres Villes, Peuples & Prouinces. A Iupiter la Perse, la Hongrie, partie de la France, Babylone, Cologne, &c. à Mars tout le Nord, vne partie de l'Italie, l'Allemagne, l'Angleterre, la Lombardie, Padoüe, Ferrare, Cracouie, &c. A Venus l'Arabie, l'Austriche, la Pologne, les Suisses &c. A Mercure la Grece, l'Egypte, la Flandre, Paris, &c. Pour le Soleil & la Lune, parce qu'ils sont les principaux significateurs, ils president aux autres chacun en son departement, c'est pourquoy on ne leur en attribuë point de particulier. De sorte que quand la Comete est auec quelques-vnes de ces Planetes ou que sa queuë les regarde, les effets s'en doiuent

Sur quel pays dominent les Planetes.

rapporter aux lieux suiets ausdites Planetes. Pour les Signes ils ont aussi leurs départemens, le Belier auec son hosteMars, a ce qui luy est assigné cy dessus, & de plus la Palestine, l'Armenie, la Mer rouge, la Silesie, la Bourgogne, Naples, Florence, Frioul, Capoüe, Marseille, Metz, &c. Le Taureau & Venus ont encore la Perse, la Medie, l'Archipel, la France, la Suisse, la Lorraine, l'Irlande, Constãtinople, Boulogne, Sienne, &c. Mais quoy si ie voulois faire le dénombrement entier des Prouinces & des Villes, qu'ils assuiettissent aux douze Signes du Zodiaque & à leurs Planetes dominantes, ce seroit vn Liure complet de Geographie, n'ayans pas oublié vne place qu'ils n'ayent compris dans ce Catalogue, & dans le departement qu'ils ont fait de tous les quartiers de la terre à toute la milice du Ciel comme s'ils en estoient Mareschaux des Logis; aussi chaque Astologue y a-t'il adjousté ce qu'il a voulu, & la Ville mesme de sa naissance pour luy faire honneur, cõme celuy [a] qui mit sous la domination du Verseau Montluçon apres Montferat sans autre raison que par la conuenance du Nom & pour honorer sa patrie: sans mentir il faut bien estre blessé par la teste pour escrire ces choses, & biẽ simple pour y adjouster foy. Car auec quelle connoissance & de qu'elle authorité l'ont ils fait? de qui en ont ils eu la reuelation, l'ordre & la Cõmission? Les premiers seront assez fols pour dire que c'est de Dieu mesme, qui montra l'Astrologie à Adam

Et les 12 Signes.

a Mizaud.

Vanité de ce département.

pendant qu'il dormoit: qu'Adam la montra aux Enfans de Seth, ceux-cy à Abraham, celuy-cy aux Chaldeens puis aux Egyptiens: ceux-cy à Moyſe: & que ſucceſſiuement les Grecs & les Arabes en ont eu la ſcience & puis eux. Mais quand ce qu'on dit des Enfans de Seth & d'Abraham ſeroit vray [a] qu'ils auroient eu quelque connoiſſance des Aſtres & des Predictions, s'enſuit-il que toutes les folies des Aſtrologues & des Prediſeurs leur doiuent eſtre imputées? ont-ils laiſſé quelques eſcrits dont ils ſoient garands? Ne pouuoient-ils pas eſtre Aſtronomes & ſçauoir predire les lunaiſons, les Eclypſes, le cours des Aſtres, & le montrer aux Chaldeens & Egyptiens ſans leur parler des Predictions de la Iudiciaire? & moins encore de tous ces païs qui eſtoient lors inconnus, & de toutes ces Villes qui n'eſtoient pas baſties? Pourquoy en veulent-ils dire dauantage que tous les vieux Autheurs qu'ils citent fauſſement? qui ne diſent autre choſe d'Abraham, ſinon qu'il entendoit le cours des Aſtres & qu'il eſtoit ſage, eloquent & iudicieux à bien preuoir les choſes. Cependant ils veulent faire paſſer cette preuoyance pour l'Aſtrologie Iudiciaire, & authoriſer cette vanité par vn Illuſtre Profeſſeur, auquel ils puiſſent attribuer par apres autát de ſottiſes qu'il leur plaira dire en eſtre venuës, par tradition ou par liures qui ſont ſuppoſez en

On impute fauſſement la iudiciaire à Abrahã.

[a] *Ioſeph. Ant. li. 1. c. ſynderalem ſcientiam ac cœleſtium rerum cognitionem excogitauerunt filij Seth. cap. 8. Abraham vir ſapiens, eloquens & in coniectando ſagax, &c.*

quelque Langue qu'ils puissent estre. Comme font les soufleurs d'Alchimie, chercheurs de Pierre Philosophale & faiseurs d'Elixir ou Or potable, en imputent autant à Moyse, Aaron, Salomon & à tous les grands hommes de l'Antiquité qui n'y ont iamais pensé. Mais quoy ? le monde prend plaisir à se tromper soy-mesme, & il se deffera encore moins de ces trois folies que de beaucoup d'autres ; parce qu'il aime par dessus toutes choses la Santé, & l'Argent, & qu'il voudroit bien sçauoir l'Aduenir.

C'est sans raison qu'on assuiettit aux Signes un pay plus qu'en autre.

Pour reuenir donc à nos Predictions des Astres & des Cometes, il n'y a iamais rien eu à mon auis de plus mal pensé, que d'attribuer aux Signes & aux Planetes, certaines Villes & Cantons de terre sans aucun fondement ; car si ce n'estoit que ceux encore sur le Zenith desquels passent ces Signes en faisant leur tour journalier, il y auroit quelque chose à dire ; & l'on n'auroit plus qu'à disputer sur la vertu de leurs influences. Mais d'attribuer comme ils font, par exemple, à des Signes Meridionaux tel que le Capricorne, des terres Septentrionales comme la Moscouie, la Noruegue, les Isles Orcades, sur l'horison desquelles à peine monte-t'il ; aussi-bien comme on luy attribuë le milieu de l'Affrique où il est presque perpendiculaire, c'est où il n'y a aucune apparence. Et ie m'estonne comme il s'est trouué des personnes si peu raisonnables, que de cultiuer de siecle en siecle cette extrauagance sans rougir de honte ;

te; car ſi le papier qui ſouffre tout, comme on dit, auoit du ſentimẽt, ie croy qu'il refuſeroit l'Eſcriture de toutes ces ſottiſes, que les hommes pourtant veulent bien lire, & qui pis eſt les croire. La connoiſſance que i'en ay comme d'vne choſe publique me donne lieu preſentement d'en eſcrire, ce qui me ſeroit vne grande coruée par l'indignation que i'en ay, ſi l'honneur des Commandemens de VoſtreMaieſté, & le deſir de la diuertir, & de remettre peut eſtre dans le bon ſens quelque eſprit égaré; & d'empeſcher que d'autres n'en ſoient infectez ne m'en addouciſſoient la peine.

Il faut donc continuer à combattre cette Hydre à pluſieurs teſtes, & ce phantoſme renaiſſant qui ne deuroit pourtant faire peur qu'aux femmes ſimples & aux petits Enfans. Mais quoy ſi l'Eclipſe du 12. Aouſt 1654. qui eſtoit vne choſe plus ordinaire que les Cometes, & qui ne deuoit durer qu'enuiron deux heures & demie, fit tant de peur à tout le monde, comme i'ay dé ja dit; qu'vn Curé de Campagne ne pouuant ſuffire à Confeſſer tous ſes Paroiſſiens qui en croyoient mourir, fut contraint de leur dire au Proſne qu'ils ne ſe preſſaſſent pas tant, & que l'Eclipſe auoit eſté remiſe à quinzaine: on ne ſe doit pas eſtonner que le mot ſeul de Comete eſpouuente beaucoup de perſonnes. Ie vay donc eſſayer encore de les guerir de cette peur, comme ie taſchay de leur oſter celle de l'Eclipſe, par vn petit diſcours

Les Cometes ne doiuent point faire peur.

Non plus que les Eclypses.

que i'en fis à la persuasion de feu Monsieur de Marca lors Archeuesque de Tholose.

Ayant cy-deuant rapporté le pouuoir imaginaire qu'on attribuë aux Cometes sur certains lieux de la terre, selon qu'elles se trouuent placées dans quelque Signe du Zodiaque auec les Estoiles & Planetes ; & l'ayant suffisamment refuté ce me semble ; il ne sera pas hors de propos de dire ensuite vne partie de ce que les mesmes Cometes pronostiquent à tous ces lieux-là suiuant le Signe où elles sont. Ce qu'elles font en compagnie & par aspect ou en distance de quelqu'vn de ces Signes ou Planetes ; & finalement ce qu'elles produisent selon qu'elles se trouuent diuersement placées dans quelques-vnes des douze Maisons comme ils les appellent : Car de dire amplement & par le menu toutes les proprietez & vertus qu'on attribuë à chacune desdites Maisons du Ciel, ce seroit faire vn journal des resueries de plus de vingt ans, des petites Maisons de la Terre.

Pour les Signes, ils auancent donc que les Cometes dans le Belier signifient de grandes Guerres, effusions de sang, mortalité & abbaissement des Grands, esleuations de Personnes basses, maladies, secheresses, &c. Au Taureau de mesme auec grands froids, tremblemens de terre, & renuersemens de Villes. Dans les Gemeaux, tonnerres, famines, morts de ieunes gens, changemens de Religion, incendies. Dans le Cancer force rebellions, contre les Princes & Seigneurs,

Mizauld en sa Cometographie.

grande abondance de vermine pour gaster tous les biens de la terre & famine en suite. Dans le Lyon tous les mesmes maux & de plus encore la rage des Loups, des Chiens, & autres bestes. Dans la Vierge des Concussions, Vexations de gens de bien, emprisonnemens, morts de femmes & auortemens dangereux. Dans la Balance Trahisons, Larcins, Coniurations, pertes dans le Cõmerce, Vents impetueux, desseichemens de Riuieres. Dans le Scorpion tous les maux precedens & de plus quantité de Reptiles & de Sauterelles dangereuses. Dans le Sagitaire nouuelles exactiõs sur les Peuples, oppression & mort des Grands & des Ecclesiastiques. Dans le Capricorne les mesmes choses & la persecution des Gens de bien, grande aspreté de froid, neiges, pluyes, pestes & famines. Dans le Verseau outre ce que dessus grands vents, foudres, tonnerres. Dans les Poissons disputes de Foy & de Religion, crimes horribles, grandes apparitions dans l'air, pestes, guerres, & tousiours la mort des Grands qu'ils n'oublient jamais. *Significations des Cometes dans chaque Signe.*

Si les Signes & les constellations par où passent les Cometes sont de forme humaine, comme les Gemeaux, la Vierge, l'Orion & autres, c'est aux hommes qu'elles en veulent : si c'est par les bestes; comme le Taureau, le Belier & autres, c'est à leur espece : par Pegase c'est aux cheuaux; par le Cygne, l'Aigle, & le Corbeau, c'est aux Oyseaux. Par les poissons, c'est à eux-mesmes. Par le Ser- *Pour quelles especes & sexe d'animaux.*

pent c'est aux reptiles. Si les Signes sont masculins, c'est au sexe des masles, s'ils sont feminins, c'est à celuy des femmes; s'ils sont mobiles les significations sont legeres & courtes, s'ils sont fixes elles seront longues: s'ils sont Terrestres ou Aqueux, Aëriens ou Ignées, elles participeront des qualitez de ces Elemens; bref il n'y a sorte de maux qu'elles ne pronostiquent. Sur ce pied l'on n'a qu'à compter iustement la moitié de tous ceux que i'ay rapportez, & les appliquer à toutes sortes d'animaux des deux sexes, puis que la nostre s'est trouuée dans la moitié de ces 12. Signes & dans des constellations de toutes especes, auec lesquelles elle a roulé par toute la terre, sans s'estre arrestée sur aucun lieu particulier; & par consequent tout le genre humain & toutes les bestes auront bien à souffrir. Mais d'où ont-ils pris tant de bagatelles pour la signification des Signes? & qui leur a donné ces proprietez & ces diffences de masculins & de feminins? de mobiles fixes & le reste? Si c'est à cause de leur Figure humaine où de bestes, Aquatique ou terrestre; tout cela est arbitraire. Et l'on pourroit mettre le Taureau où l'on a mis les Poissons, & les Gemeaux à la place du Lyon, sans changer pour cela la Figure ou la situation des Estoiles, qui ne ressemblent pas plus à l'vn qu'à l'autre, on pourroit aussi bien faire vne Balance du Belier; comme d'vne Vierge vn Capricorne. Vn dessignateur enuelope les constellations de telle Figure qu'il

Les Figures des Signes sõt arbitraires.

luy plaiſt, & pour preuue de cela n'y a-t'il pas vn homme [a] qui les a toutes changées de nom & de portraiture ? faiſant vn ſaint Michel au lieu de la petite Ourſe, vn ſaint Pierre au lieu du Belier, vn ſaint Paul au lieu de Perſée ? & ſanctifiant ainſi toutes les Fables du Ciel des Payens, n'en a-t'il pas fait des conſtellations Chreſtiennes ? Mais comme celles là ſont déja eſtablies auſſi bien que les Mois & les iours de la ſemaine par des noms Payens, on ne ſcauroit troubler leur poſſeſſion ſans faire vn grand vacarme dans les Bibliotheques. Il demeurera donc pour conſtant que la Figure ne ſert de rien pour authoriſer les Pronoſtiques des Conſtellations : voyons ſi ceux des Planetes ſeules ſeront mieux appuyez par leur nom : car de Figure elles n'ont que la leur toute ronde.

a Schiller. a fait vn Ciel Chreſtiẽ

Mon intention n'eſt pas de rapporter icy les bons ou les mauuais effets des Planettes, qu'on attribuë aux Perſonnes & aux choſes dont on fait l'horoſcope : mais ſeulement ce qu'elles operent en celuy de chaque Comette pour ne pas pas ſortir hors de mon ſujet : car ie ſerois trop long ſi ie voulois refuter à plein fonds toute l'Aſtrologie. Mon deſſein n'eſt que de chercher ſi elle peut dire quelque choſe de raiſonnable touchant leurs Pronoſtiques ſur les Cometes. Ils diſent donc que ſi quelque Planete ſeule dans vn horoſcope particulier, cauſe ou ſignifie quelqu'vne de ſes qualitez au temperament de

Ce que ſignifiẽt les Cometes & Planetes enſemble

corps & d'esprit ; à plus forte raison le fera-t'elle à ceux qui naistront pour lors, & sur lesquels elle agira par ses rayons ou par sa presence quand elle sera iointe à la Comete ; ou qu'elle luy enuoyera de ses malignes influences, en la regardant de mauuais œil & de trauers, parce qu'elle ne luy sçauroit faire de bien attendu sa qualité de Comete. Quand elle sera donc Saturnienne par sa situation, ou par sa couleur noirastre & plombée, elle produira tous les effets qu'on attribuë à cette Planete [a] qui sont les plus malins de tous ; les Terreurs, les Melancholies, &c. Quãd elle sera Iouiale & de couleur de pourpre, à cause qu'elle est Comete & qu'elle doit faire du mal, elle en fera à tous ceux qui tiennent de Iupiter, quoy que bien faisant, & elle ne s'abstiendra point de causer des maladies & la mort des Grands & des Ecclesiastiques. Si elle est Martiale, c'est à dire, sous Mars & de couleur de feu, que ne fait-elle point pour les Guerres ? les foudres, les tempestes, la secheresse, & la famine. Les Solaires de couleur d'or, ne laissent pas de faire du mal aux Grands & à ceux qui sont d'humeur & de temperamment Solaire, quoy que le plus excellent de tous. Celles de couleur blanche & argentine appartiennent à Venus. & en veulent au sexe feminin, particulierement aux deuotes, aux fruicts de la terre & au changement des affaires publiques. Si elles sont de couleur bleuë & changeante, elles sont de Mercure, & pour les gens de Lettres &

a. Ptolom. quadrip

Par leur situation & couleurs.

de commerce; ſans oublier non plus que les autres les guerres, peſtes & famines. Si elles ſont claires & blanches comme la Lune, c'eſt au Peuple & au changement de Loix & de Religion, auec guerres, ſterilitez, paralyſies, hydropiſies en vn nõbre infiny de grandes maladies; Enfin il n'y en a pas vne en quelque lieu qu'elle puiſſe eſtre & de quelque Figure & couleur que ce ſoit, qui ne pronoſtique du mal aux hommes; tant ils ſont ingenieux, à ſe le procurer en eſprit, quand ils ne ſont pas aſſez puiſſans pour le faire en effet. Et ce qui eſt encore plus eſtrange, c'eſt qu'il n'y a pas vne de ces Predictions ou terreurs qu'ils n'authoriſent de quelque Hiſtoire, & qu'ils ne marquent eſtre arriuées apres de ſemblables Cometes: ſur quoy ils ont fait par apres leurs regles, comme i'ay dé-ja dit: en ſorte meſme que ce qui arriuera de nouueau en quelque part du monde que ce ſoit la preſente année, ou la prochaine ou celle d'apres (car ils en eſtendent les ſignificatiõs comme ils veulent) ſera imputé à noſtre Comete & l'on en fera en ſuite de nouueaux Aphoriſmes. Sur tout on n'oubliera pas deux rencontres fort particulieres, l'vne qu'il y a eu deux Eclypſes, vne de Soleil & l'autre de Lune dans le meſme mois de Ianuier 1665. auquel a paru noſtre Comete; l'autre qu'elle a paru apres vne grande conjonction: Et partant ils diront que quand vne autre Comete ſera veuë dans quelque mois où il y aye auſſi deux Eclipſes (choſe aſſez remarquable) &

Toûjours du mal.

Confirmé par les experiences.

Deux rencontres fort particulieres de la noſtre.

apres vne grande conionction; elle pronostiquera tous les mesmes maux qui arriueront apres celle-cy; comme si les Eclipses & les conionctions en estoient la cause, ou augmentoient la force mal faisante des Cometes; tant les Astrologues, les Deuins & les donneurs de remedes sont accoustumez à mal conclure de la Cause par les Effets, qui n'en sont pour l'ordinaire aucunement produits. Ce Sophisme ou mauuais raisonnement de fausse Logique, qui préd la Non Cause pour Cause, est luy seul la cause & la source de toutes les credulitez, ignorances, & supositions qui se sont glissées dans les Histoires, dans les Sciences, dans la Medecine, & dans la Politique mesme: mais sur tout dans l'Astrologie, & la Prediction des Cometes dont nous parlons. Car s'ensuit-il que parce que tels & tels accidens arriueront apres nostre Comete, qui a paru dans vn mois où se sont rencontrées deux Eclipses; que les mesmes maux deuroient arriuer apres de semblables rencontres? non certes quand mesmes ils arriueroient: Et que de plus la mesme rencontre des deux Eclipses & des Cometes se soit dé-ja faite en l'année 1556. & 1558. ensuite desquelles la mort de plusieurs Roys & Reines, Empereurs d'Orient, & d'Occident, du Pape, de plusieurs Souuerains, & Cardinaux, & tant de maladies, guerres, & changemens de Religion arriuerent (ce que ie ne veux pas dissimuler.) Par ce qu'vne, deux, ny trois Predictions qui ne sont iamais tout à fait semblables

Dont on tire mal des consequences

La ressemblãce des Cometes & des rencontres, ne prouue riẽ.

estant

ne sõt pas capables de faire tirer vne cõsequence qu'elles doiuent tousiours arriuer; puis que toutes ces choses en gros ne laisseroient pas d'aduenir, quand il n'y auroit eu aucunes Cometes precedentes, comme i'ay dé-ja dit & comme par effet nous l'auons veu en mille rencontres. Ainsi elles n'en peuuent estre les causes ny les Signes. Et quoy que nostre presente Comete paroisse encore vne année apres vne grande conionction de Iupiter & de Saturne, qui arriua le 16. d'Octobre 1663. a (Il ne s'ensuit pas qu'elle presage aussi les mesmes maux que la precedente de 1556, qui arriua encore deux années apres vne semblable conjonction b ce qui est tres-considerable & particulier, de voir apres deux grandes conionctions paroistre deux Cometes, & pendant leur apparition deux Eclipses en vn mois.) Cela viendroit encore bien à propos pour confirmer l'opinion de ceux, c qui croyent qu'elles sont des Enfans de Mercure & de Mars, engendrez apres les grandes conionctions de Saturne & de Iupiter (supposé toutesfois qu'elles fussent Elementaires, & qu'ils ne parlassent que de leurs Generations & apparitions, sans toucher à leurs Pronostiques. Mais de vouloir predire comme ils font par leur situation auec telle Planete, ou tel Signe, & dans telle maison, tels ou tels accidens; c'est ce qui n'a aucun fondement ny cause Physique. Pour les Planetes il n'y a aucune raison qui confirme leurs proprietez. Ce ne sont que des experiences com-

a Obseruées par Maluasia a. 7. He. 34.

b Mizauld.

c Ptolé.

Proprietez des Planetes non fõdées en raison.

me i'ay dé-ja dit, qui ne prouuent rien, parce que la plusspart sont fausses; au lieu que pour estre valables, il faudroit qu'il n'y en eut pas vne qui ne fut vray. Autrement tout ce que rencontrent les Vieilles Bohemiēnes, en disant la bonne auenture aux seruantes, cependant que les ieunes leur coupent la bourse, & tout ce que les fourbes de Deuins & de Pronostiqueurs disent de vray par hazard, seroit donc de bonnes experiences. Ce que personne de bon iugement n'appellera iamais de la sorte, mais bien des rencontres agreables & quelque fois surprenantes. Pour les proprietez & vertus des Signes du premier Mobile, comme on dit, c'est encore pis : car ce n'est rien du tout que ces Figures-là, comme i'ay dé-ja dit. Les Planetes au moins sont de grands corps solides & materiels, qu'on pourroit dire auoir quelques influences & nous les renuoyer icy bas, meslées auec les reflexions des rayons du Soleil qu'ils reçoiuent; Mais pour les Signes du Zodiaque, ce n'est rien de reel, ce ne sont plus que des espaces ou des endroits dans l'air etherée, où ont esté autrefois les vrays Signes ou Cōstellations qu'on nomme encore de mesme, le Belier, le Taureau & le reste, que i'ay dit cy-deuant auoir esté compris sous ces Figures, selon le caprice des Dessignateurs. Et pour expliquer vn peu plus clairement ce mystere, qui est de grande importance pour ce suiet icy. Il faut le prendre vn peu de haut, & sçauoir que les premiers Obseruateurs

Le hazard ne fait point de science.

des Aſtres afin de mieux comprendre le Ciel, & marquer le lieu du Soleil, de la Lune & de certaines Eſtoiles, comme Saturne, Iupiter, Mars, Venus, Mercure & la Lune qu'ils voyoient errantes, & changer de place : au lieu que toutes les autres gardoient vne meſme ſituation & diſtance entre-elles, ſans autre mouuement apparent que celuy des 24. heures : les diuiſerent par Eſcadres & cantons ; autrement ils ne fuſſent iamais venus à bout de les compter toutes. Et comme ils en faiſoient le deſſein & la portraicture conforme à ce qu'ils voyoient dans le Ciel, les plaçant ſur leurs Cartes en meſme proportion & eſloignement les vnes des autres, comme ils les obſeruoient par les inſtrumens, ou comme ils les iugeoient eſtre à leurs yeux ; de la meſme façon que nos Peintres font la repreſentation d'vn payſage, la perſpectiue d'vne Ville ou le portrait d'vne perſonne. Ils en enfermerent vne certaine quantité ſous quelque circonuallation, & pour la diſtinguer des autres & ſçauoir ce qu'ils auoient dé-ja fait ; ils luy donnerent quelque Figure, ſoit humaine ſoit d'animaux, ou telle autre que leur fantaiſie ou la diſpoſition meſme des Eſtoiles pouuoit requerir ; & firent ainſi des Figures qu'on appelle Conſtellations ou Signes, iuſques au nombre de 48. Dansleſquelles ils comprirent toutes les Eſtoiles qu'ils peurent découurir auec leur ſimple veuë, qui ne ſe montent qu'a 1022. parce qu'ils n'auoient pas apper-

L'origine des Signes du Zodiaque.

Nombre des Eſtoiles.

ceu celles qu'on a veu depuis, par de là la ligne Equinoxiale vers le Pole Antarctique au nombre de plus de 550. Sans parler de celles que nous voyons à present par l'artifice de nos Lunettes, qui vont à vn nombre innombrable: mais ie ne parle que de celles que les yeux naturels peuuent découurir qui vont bien iusques à 1700. Les Chaldeens ou Egyptiens ayant donc ainsi partagé le Ciel par Escadres & Constellations, qu'ils appellerent Signes; en ayant remarqué quelques vns comme le Belier, le Taureau, les Gemeaux & le reste, sous lesquels ils voyoient tousiours marcher le Soleil, la Lune & les autres Planettes; ils les nõmerent les 12. Signes du Zodiaque. Et parce qu'au temps de leurs Obseruations, & de la description qu'ils firent de ces Figures & de ces Signes enuiron 400. ans auant la naissance de Iesus-Christ: le commencement du signe du Belier, se trouua dans l'Equinoxe du Printemps, qui est le milieu du Ciel également esloigné des deux Poles, dans lequel se rencontre le Soleil 2. fois l'année & fait ce iour là par tout égal à la nuit: Le commencement du Cancre se trouua aussi au plus haut point, où le Soleil monte pour nous faire l'Esté qu'ils nommerent Solstice, parce que le Soleil semble s'y arrester sans monter ny descendre. Celuy de la Balãce se trouua dans l'Equinoxe de l'Automne: & celuy du Capricorne dans le Solstice de l'Hyuer qui est le plus bas où descend le Soleil. Ils partagerent ainsi le Zodiaque par

Diuisiõ des 12. Signes.

ces 12. Signes, qu'ils diuiſerent chacun en 30. parties égales en longueur; qu'ils nómerent degrez; & commencerent par celuy du Belier, à cauſe du Printemps auquel ſe renouuellent toutes choſes apres l'Hyuer, par la chaleur dont le Soleil commence à eſchauffer la terre eû égard à leur climat: Et comme ils voulurent rendre leur Science pratique, & profiter de l'occaſion & de l'ignorance du Vulgaire, qui demande touſiours à quoy ſert cela; & qui fait ſouuent deſpit aux ſpeculatifs, les traittant de fols quand ils s'appliquent à des choſes qui leur ſemblent de nul vſage (quoy que les plus belles ayent cela de commun auec les perles & les diamants, qui ne ſeruent qu'à contenter les yeux & l'imagination, comme la quadrature du cercle & autres ſemblables propoſitiós ne ſeruiroient qu'a ſatisfaire celuy qui les auroit trouueés ſans luy aporter aucun aduantage) Ces Aſtronomes dis-je pour contenter la curioſité des autres, & peut eſtre la leur auſſi, deuinrent Aſtrologues. Et cóme ils voyoiét que les Generations de la terre; & l'alteration des Elemens eſtoient des effets de la chaleur & de la lumiere du Soleil & de la Lune; ils creurent generalement que tout ce qui eſtoit au deſſous du Ciel en eſtoit deſpendant, d'où vint premierement l'Adoration & l'Idolatrie: En ſuitte ils obſeruerent les mutations de l'air & autres euenemés extraordinaires, cóme les Guerres, peſtes, famines, tremblemens de Terre, incendies & le re-

Les plus belles choſes ſont les moins vtiles.

Commét les Aſtronomes ſont deuenus Aſtrologues.

ste; & les attribuerent au Soleil, à la Lune, & aux Planetes suiuant le Signe & la constellation, dans laquelle chacune se trouuoit placée lors desdits accidens: & tenant ainsi le Registre de tous les maux, & celuy de tous les endroits où se trouuoient pour lors les Planetes auec telles & telles constellatiōs, ils en firent des Regles & des Aphorismes qui nous restent encore: & qui disent que telle ou telle Planete se trouuant en tel Signe & constellation, ou en tel aspect de quelque autre, produit tels effets; & a les proprietez dont i'en ay rapporté quelques vnes. Mais comme depuis ce temps-là ces Signes ou cōstellations ont changé de place, ayant beaucoup auācé par leur mouuement particulier d'Occident en Orient, sur les Poles du Zodiaque: en sorte que le premier degré du Belier qui estoit pour lors en l'Equinoxe, ainsi que i'ay dit, en est presque esloigné maintenant d'vn signe entier, & les autres par consequent de mesme. Il est certain que le Soleil n'est plus dans le vray Belier, quand nous disons qu'il y est, mais bien dans les Poissons: & qu'il n'est que dans le Belier, quand nous disons qu'il est sous le Taureau: & de mesme des autres, ainsi qu'on peut voir sur les Globes ou sur la charte que i'ay dressé du chemin de nostre Comete. Et partant tous les Aphorismes des anciens Chaldeens & Egyptiens, & de Ptolomée mesme, quand ils auroient esté pour lors veritables ne le peuuent plus estre. Ces Signes & constellations qui ioines aux Plane-

Les Signes ou constellations ont chāgé de place.

tes faiſoient ou prediſoient tous ces accidents, ne ſe rencontrant plus au meſme lieu où elles eſtoient, lors que les regles en furent faites. Pour reſpondre à ces raiſons plus que receuables & appuyer leur machine deuinatrice qui en ſeroit renuerſée: ils ſont contraints de dire que ce ſont les eſpaces du Ciel, où eſtoient autresfois ces conſtellations, d'où le Soleil & les Planetes tirent leur vertus & leurs influences: & qu'encore que le Belier ait cedé ſa place aux Poiſſons, elle ne laiſſe pas d'auoir la meſme force, & d'operer les meſmes choſes comme s'il y eſtoit encore preſent, ainſi de tous les autres Signes. A quoy ie vous auoüe qu'on ne ſçauroit repliquer, que ce qu'on diroit à vn homme qui voudroit perſuader que la Muſique ſe fait encore entendre, quand les Muſiciens ont quitté le Chœur & ſe ſont ſeparez, qu'vn Balet ſe danſe ſur le Theatre, quand les Danſeurs n'y ſont plus parce qu'ils y ont eſté; Bref ie ne penſe pas qu'vn eſprit raiſonnable ſe puiſſe perſuader que de ſimples places dans l'air du Ciel, où ont eſté autrefois des conſtellations, auſquelles on attribuoit Phyſiquement quelques proprietez; les ayent conſeruées: & que ces meſmes conſtellations qui les ont laiſſées en quittant leur place, en reprénent de nouuelles dans celles qu'ils occupent: car cela s'enſuit neceſſairement des principes de la Iudiciaire. Et partant tous les Pronoſtiques qu'ils en veulent tirer, ſoit pour les Horoſcopes, ſoit

Et n'y ont pas laiſſé leurs vertus.

pour l'apparition des Cometes, ne sont que des chimeres : aussi bien que d'auoir estably des Signes masculins, feminins, fixes, mobiles, obeyssants, commandants, amys & ennemis, & autres semblables folies. Quelle raison y-a t'il de dire que ceux qui sont distants de trois Signes ou de six l'vn de l'autre, sont ennemis à cause qu'ils sont dans l'aspect Quarré, ou Opposez en droite ligne? Et pourquoy ceux qui ne sont distants que de 4. Signes ou de 2. se regardant en Sextil ou en Trine sont-ils bons amys? car ils s'enuisagent encore plus de costé & de trauers que ne font les autres. Sans mentir on ne sçauroit gueres dire de choses, ce me semble, plus ridicules que celle-là, & le monde est bien duppe qui s'y laisse prendre.

Ces Signes n'ont donc point de vertus.

Ny leurs aspects.

Quant aux maisons il en est de mesme, & peut-estre encore pis à les bien considerer. C'est vne diuision qu'ils font de tout le Ciel en douze autres parties, mais bien differentes des douze Signes. Car pour les Signes ils sont au moins les mesmes par toute la terre, au lieu que les maisons sont autant differentes qu'il y a d'horisons differents. Ce n'est qu'vne diuision de l'Hemisphere Superieur (c'est à dire de la moitié du Ciel qui est sur chaque horizon) en six; & de l'autre moitié qui est au dessous de nous & qui fait la nuict, en six autres parties. Et cette diuision se fait par trois ou quatre diuerses manieres, suiuant qu'il a pleu à quelques Autheurs Anciens & Modernes, qui ont

Diuisiõ des 12. Maisõs.

ont chacun fait vne secte à part, & rencontrent pourtant aussi-bien les vns que les autres. Ces diuisions s'appellent donc les 12. Maisons, dont les six premieres sont sous nostre Hemisphere, & commencent vers l'Orient: les autres six sont au dessus, la septiesme commençant vers l'Occident, la dixiesme estant au midy, & la douziesme finissant à l'Orient. L'Horoscope à parler proprement est donc le vray point ou degré du Zodiaque, qui se trouue monter en l'Orient au temps & au moment que l'on dresse la Figure, sur laquelle on veut porter le iugement ou de la personne naissante, ou de la Comete qui paroist, ou du Royaume qui s'establit, ou de la Ville ou de la Maison, ou de la Nauire qu'on bastit, de la Religion qu'on embrasse, de l'Escolier qui va au College, du Soldat qui prend les armes, du Marchand qui s'embarque, de l'habit que l'on prend, du Malade qui se met au lict, ou de tout ce qu'il vous plaira: parce qu'on fait l'Horoscope de toutes choses, mesmes celuy du Monde, des Religiōs & des Monarchies, comme si cela naissoit tout à coup, & qu'on en sceut l'heure & le jour, au lieu qu'on est en different de plus de quinze cens années seulement, depuis la Creation iusques à Iesus-Christ. Et quand on a ainsi partagé le Ciel en ces 12. Maisons, & que chaque Signe y est placé, suiuant comme il se trouue par son mouuement, & chaque Planete aussi dans le Signe où elle est & mesme la Comete. Alors ils se rencon-

Qui seruent aux horoscopes de toutes choses.

Mesmes de la Creatiō du mōde & des Religions.

trent l'vn dans vne Maison & l'autre dans l'autre, & vne demy heure plus tost ou plus tard, change toute cette disposition : parce que le Ciel qui roule tousiours sur ces Maisons qui sont fixes, porte dans la huictiesme, par exemple, ce qui estoit peu deuant dans la neuf, & partant change aussi toute la Iudiciaire. Mais pour faire voir plus au long que toutes ses significations de ces diuerses Maisons, & des Planetes, & Cometes qui s'y rencontrent sont ridicules : il faudroit faire vn si ample discours; qu'il seroit aussi tost capable d'ennuyer que de diuertir, quoy que la matiere en soit assez plaisante; c'est pourquoy ie n'en diray gueres. Chacune de ces Maisons a donc ses fonctions; la premiere est pour iuger de la vie & de l'habitude du Corps, la seconde pour les Richesses, la troisiéme pour les Freres, la quatriéme pour le Pere & le patrimoine, la cinquiéme pour les Enfans, les festins, les ieux; la sixiéme pour les Maladies & les seruiteurs; la septiéme pour le Mariage & les Ennemis ; la huictiéme pour la Mort & la succession, la neufiéme pour les Voyages & la Religion, la 10. pour les Honneurs & la domination, la 11. pour les Amis; Et la 12. pour les Ennemis & la prison. De façon que comme les Planetes qui ont leurs significations bonnes ou mauuaises, & les Cometes aussi, se trouuent dans quelques vnes de ces Maisons, auec quelque Signe qui a aussi ses vertus propres côme nous auons dit, tout cela pronosti-

Significations de ces 12. Maisons.

que enſemble mille choſes diuerſes ſuiuant l'eſprit de l'Aſtrologue, & la cõbinaiſon qu'il veut ou qu'il ſçait faire d'vne infinité de preceptes, cõme les faiſeurs d'Anagrames, qui de plusieurs Lettres compoſent tant de mots qu'il leur plaiſt, & en rencontrent par fois d'aſſez raiſonnables. Mais qui leur demanderoit pourquoy la ſeconde Maiſon eſt pour les Richeſſes plutoſt que la ſixiéme, & pourquoy la quatriéme eſt pour le Pere, pluſtoſt que la ſeconde ; pourquoy la ſeptiéme qui eſt oppoſée à l'Horoſcope, ou la 12. qui eſt la derniere ne ſont pas plutoſt la Maiſon de la Mort que la 8. quelles raiſons en pourroient ils dire? Ce ſont toutes fantaiſies & loix arbitraires : pourquoy diſent-ils que ſi Saturne, & Mars sõt enſemble dans la ſeptiéme, ou l'vn dans la premiere, l'autre dans la ſeptiéme, elles ſignifient vne mort violente, Venus tout le contraire. Pourquoy Iupiter au meſme lieu ſignifie-il de grandes Richeſſes auec le temps, la Lune de grands voyages, & par Mer ſi elle eſt dans vn Signe Aquatique? Pourquoy Mercure ſe plaiſt il en la premiere plus que toute autre Planete & qu'il ſignifie vne vie heureuſe, forte & ſpirituelle. Pourquoy la Lune ſe plaiſt-elle dans la 3. Venus dans la cinquiéme où elle promet de la joye & du bon-heur par les enfans, ou au contraire les mauuaiſes Planetes les tuent? pourquoy l'Eſtoile de la teſte de Meduſe dans la huictiéme, ou jointe au Soleil marque-t-elle qu'on aura la teſte coupée? & pourquoy Venus en la mesme place predit-elle des malheurs par les passions d'amour, & Mercure en cét endroit-là pourquoy rend-il les gens larrons & faussaires? Pourquoy le Soleil, Saturne, Iupiter, ou Mercure se trouuant dans la 9. obtiennent-ils de Dieu & des Princes, ce que l'on desire? pourquoy font-ils paruenir les Gens aux grandes dignitez Ecclesiastiques, & quand le Soleil & Mercure y sont tous deux ensemble, pourquoy font-ils que l'on excelle en l'art de deuiner & de bien interpreter les songes? Pourquoy Iupiter se trouuant dans la 10. Maison est-il Signe ou cause qu'on est employé dans les grandes affaires des Roys; Venus dans les grands honneurs & charges Ecclesiastiques, si elle est Occidentale mais si elle est Orientale; c'est tout le contraire, elle ne fait que des Chantres à gages. Mercure y fait des Aduocats & des gens de plume & de robbe: quand Mars y est aussi, il y fait des impies, des sacrileges, des faussaires, des empoisonneurs, des Geoliers, des Bourreaux: Voyez qu'elles extrauagances que dans vn mesme lieu & dans vn mesme Signe, il y aye des significations si contraires suiuant la diuersité des Planetes. Dans l'onziéme Maison Iupiter fait les hommes riches pleins d'honneur & de Gloire, superieurs à leurs ennemis; comme fait aussi Mars pourueu que la naissance soit de nuit, mais si elle est de iour, c'est tout le contraire. Pour la derniere Maison, quand Saturne s'y trouue il fait

Ne sont point fondées en raisons.

des Gouuerneurs & des gens de Commandement, mais tyrans & cruels. Le Soleil & la Lune y font des gueux & des miſerables : Mars y pronoſtique des malheurs & des trahiſons par les ſeruiteurs, Venus y fait des ialoux, des malades & des mal heureux en Amour; Mercure des Larrons, des fourbes & des médiſans. Ie ne finirois point, s'il me faloit eſcrire les ſignifications de chaque Planete en ſon particulier, & dans chaque Maiſon, meſlée auec vne autre ou pluſieurs par quelques doux regards, ou mutinées les vnes cõtre les autres, quand elles voyẽt leurs Maiſons occupées par leurs ennemies; ou qu'elles ſont opposées face à face, ou qu'elles ſe regardent de coſté & de trauers, en quoy conſiſte toute la Iudiciaire. Mais parce quelle aſſujettit indifferemment les actions du corps & de l'eſprit, qui dépendent de la liberté des hommes, à la prediction des Aſtres; quoy que ſes Profeſſeurs pretendent s'échapper en diſant que les Aſtres ne font qu'incliner, & qu'on peut par ſageſſe & prudence euiter leurs mauuaiſes influences. (Ce que ie ferois bien voir eſtre faux s'il eſtoit queſtion, & que les meſmes preuues qu'ils ont pour eſtablir la verité pretenduë de leurs Pronoſtiques, en eſtabliſſent auſſi l'ineuitable fin, comme la preſcience de Dieu emporte celle de l'euenement infaillible.) Puiſque cette ſcience, dis-je, eſt ſi hardie que de ne decider pas ſeulement du temperament des corps & des inclinations des eſprits, mais encore

Predictions ineuitables ſi veritables.

de la Religion mesme & du salut des hommes, il ne sera pas hors de propos d'en dire vn petit mot pour acheuer d'embellir de tout point leur portrait, & n'oster rien à leur sublime capacité. Ils disent donc [a] que Iupiter joint à Saturne fait la creance des Iuifs: à Mars celle des Chaldeens, au Soleil des Egyptiens, à Venus des Mahometans, à Mercure celle des Chrestiens, & finalement à la Lune celle de l'Ante-Christ. Leur extrauagance va encore au de là s'il est possible de le croire, puis qu'ils font dépendre le salut des Ames du pouuoir des Astres. [b] Les ames disent-ils de ceux qui sont nez, lors que Saturne est dans le Lyon, vont droit au Ciel quand elles sont deliurées de leurs corps: & ceux qui ont la Lune conjointe auec Iupiter & la teste du dragon (qui est encore vn point imaginaire dans le Ciel & non pas vne Constellation) obtiennent facilement de Dieu tout ce qu'ils luy demandent. Apres cette folie en peut-on dire de plus grande, puis qu'elle soûmet en quelque façon l'Autheur mesme de Nature au pouuoir des Astres, d'accorder ce qu'on luy demande: en verité si cela auoit lieu, il faudroit bien obseruer le temps de cette conjonction, & le prier de remettre l'esprit égaré de ces pauures fols qui le disent, & de ceux qui les croyent, de quelque qualité qu'ils puissent estre. N'ont-ils pas encore écrit que la Religion Chrestienne ne dureroit que 1444 ans, [c] iusqu'à la conionction de Saturne &

Extrauagance & impietez de la Iudiciaire.

a *Albumazar.* b *Firmicus, lib. 4. Math.* c *Albumazar.*

de Iupiter dans le Cancre; Que le Messie des Iuifs deuoit naistre l'an 1564. quand la mesme conjonction se feroit dans les poissons; & cependant nous sommes en l'année 1665. auec augmentation de la Religion Chrestienne, & sans que cette race de Iuifs espars dans le monde aye veu de Messie. Mais puis que ie suis en train de tout dire & de ne cacher aucune de leurs extrauagances. Leur folie & leur impieté ne va t'elle pas iusqu'a faire l'Horoscope de Iesus-Ch. a & trouuer par les Astres sa Naissance incomprehensible, sa vie miraculeuse, sa Religion diuine, sa Mort violente, & sa Resurrection glorieuse; comme s'il y auoit eu des regles pour cela fondées sur l'experience de quelqu'autre qui l'eût precedé; Et ce qui est encore plus estrange; c'est que n'ayans point le veritable iour de sa Naissance, & en suiuant le conte vulgaire, s'y trompans de 2. ou trois ans, ou peut estre de dauantage selon l'opinion des plus intelligens en Chronologie : ils ne laissent pas les vns & les autres, quoy que les Horoscopes soient tous differens, d'y trouuer tout ce qui est de sa vie, de ses mœurs, de sa Mort, & de sa Gloire mesme, ce qui montre bien qu'on fait dire, ce que l'on veut à l'Astrologie quand les choses sont arriuées. En veut-on voir encore quelques autres folies? Il ne faut que lire celles qu'ils escriuent touchant les Eslections, c'est à dire le temps qu'il faut prendre pour paruenir heureusement à ce que l'on desire; par exemple entre-

Iusqu'à faire l'Horoscope de Iesus-Christ.

a Cardan.

prendre vn voyage, vne chasse, vn Procez, vn Mariage, prendre vn habit neuf, se purger, seigner, bastir, védre, achepter, ioüer, embarquer, aller à la guerre [b] se faire baptiser ou circoncire, demander quelque chose au Roy, duquel on obtiendra ce qu'on desire, & on sera heureux en tout le reste si l'on prend bien le jour & l'heure qu'il faut pour cela conformément à sõ Horoscope, hors laquelle on ne doit rien esperer de bon. Peut-on rien voir de plus ridicule si ce n'est les raisons qu'ils en apportent, qui ne concluent pas la moindre chose approchant de ce qu'ils pretendent; comme il me seroit facile à démontrer si mon dessein particulier estoit de combattre icy toute la Iudiciaire. Mais comme ie n'ay que celuy de sapper ses fondemens, & de faire voir qu'estant vaine en tous ses decrets pour la signification des Planetes, des Signes, des Estoilles & des Maisons; on n'y doit auoir aucune creance pour celle des Cometes: dont elle à encore beaucoup moins d'experience que du reste du Ciel qui luy est plus familier; Ie n'en diray pas dauantage & & reuiendray au particulier des Cometes.

I'ay dit cy-deuant qu'ils leur attribuoient tous les maux, que les Planetes malfaisantes sont capables d'operer ou de signifier, dans chaque Signe, aspect ou Maison; & comme elles balottoient la Comete toutes ensemble pour en faire plus ou moins de mal. Mais je n'ay pas dit vne

b *Ptolom Haly abben Racgel Messahala Alkindus Cardan, &c.*

chose à son auantage que ie ne puis passer en conscience sans luy faire tort. C'est les merueilles qu'elle fait en quelques rencontres : quand par exemple elle se trouue bien placée dans l'Horoscope d'vn Enfant qui naist pendant qu'elle est sur son horizon. O qu'il doit estre heureux, cét Enfant ! car comme il n'y a rien de si mauuais que ce qui vient de la corruption du bon, il n'y a rien aussi de meilleur que ce qui vient de l'amendement du méchant. Si la Comete donc se trouue pour lors dans la dixiesme Maison. (Car elle doit aussi bien entrer dans la Figure de son Horoscope comme les Planetes) il deuiendra Roy ou dominant sur vn Peuple ; si c'est dans la neufiéme il deuiendra Pape, dans l'onziéme Conducteur d'Armées ; & s'il n'y a point de Planete malfaisante qui l'empesche, en tout cela il y aura quelque chose de diuin & de miraculeux. Combien [a] peut-il donc estre né, pendant ces 3. mois que la Comete a roulé par toute la terre, de Rois, de Papes, & de Generaux d'Armées. Mais comment est-ce que ces pauures abusez, en cela contraires à d'autres, ont l'effronterie de dire ces choses d'eux-mesmes ? car cela n'est tiré que ie sçache d'aucun Arabe, Grec, ny Chaldeen, & ne merite point de refutation ; estant asseuré que dans Paris & en Normandie pendant ce temps-là, il est plus né de Crocheteurs & de Porteurs d'eau que de Papes & de Conestables.

Pronostiques des Cometes dans vn Horoscope.

a *Cardan, Mizaud. Rauzau. Le Roy.*

Pour le grand Pronostique encore, qui est tout particulier pour les Rois, puis que nous y sommes, & que ie ne veux pas dissimuler non plus que leurs autres folies, c'est Ptolomée [b] qu'ils alleguent (si toutefois ce Liure est de luy dont on peut douter auec raison.) Il dit donc, *Que quand les Cometes sont esloignées du Soleil d'onze Signes, & qu'elles se rencontrent dans les Angles, le Roy ou quelques-vns des Princes mourra : si c'est dans vne Maison suiuante ses Finances iront bien ; mais il changera son Sur-intendant ; & si c'est dans vne Maison declinante, il y aura quantité de maladies & de morts subites. Et si elles se meuuent d'Occident en Orient, vn Ennemy Estranger enuahira le païs, si c'est au contraire la Guerre sera domestique.*

Ou qui sõt proches du Soleil.

Voila tout ce qu'on peut trouuer de particulier des Anciens, qui n'a pas plus de fondement que tout le reste des Modernes ; c'est à dire quelques miserables rencontres semblables, arriuées apres de semblables Cometes, ce qu'ils nomment faussement EXPERIENCES : comme si tout ce qui arriuera en suite de la nostre (qui a aussi ses particularitez des deux Eclipses en vn mesme mois comme i'ay déja dit & bien d'autres) luy deuoit estre imputé & appellé Experience ; & qu'on en pust apres cela faire vn Aphorisme ou regle certaine. En verité ie ne pense pas qu'on puisse plus mal se seruir du raisonnement que de conclure de la sorte, & neantmoins ie puis asseurer qu'ils n'ont point d'autre preuue ny d'autre

Vne Rencõtre n'est pas vne experiẽce.

[b] *Ptol, Centil. Aph. 100.*

raiſon pour toute leur vaine ſcience que ces authoritez, & que toutes les cauſes Phyſiques leur manquent : mais pour y ſuppléer en quelque façon, ils ont recours aux ſurnaturelles, & diſent que Dieu l'a voulu de la ſorte, & citent là deſſus quelques Peres ou grands Perſonnages qui ont eſté de ce ſentiment, Nicephore, S. Auguſtin, beaucoup d'autres & les Sybilles meſmes. Mais ſur tout S. Iean Damaſcene qui dit poſitiuement, *Que* [a] *les Cometes ſont formées pour eſtre les Signes de la Mort des Rois.* Pauures Aſtrologues abuſez eſt-ce à vous à faire les Predicateurs quand vous ne pouuez pas faire les Philoſophes? Si ſaint Auguſtin a ignoré la Geographie quand il a nié les Antipodes, ſaint Damaſcene a bien peu ignorer l'Aſtronomie, & la bonne Phyſique quand il a parlé de la ſorte. Et puis il l'a dit en deuot & par vn bon zele de la gloire de Dieu, pour exciter les Rois à regner auec Pieté & Iuſtice, & tout le monde à faire ſon deuoir, en auertiſſant vn chacun de ſa mortalité. Mais de vouloir conclure par là que les ſignifications des Cometes regardent particulierement les Princes, il n'y a aucune raiſon non plus que par les citations des Poëtes, des Hiſtoriens & des Aſtrologues.

Les Peres parlent en Predicateurs, non en Philoſophes.

Il demeurera donc pour conſtant que n'y ayant que la rencontre de quelques euenemens qui ont ſuiuy certaines Cometes, qui leur ſerue de preuue; ils ne doiuent point eſtre écoutez par beau-

[a] *Lib. 2. Ortodox. Aggriguntur autem Cometæ ſigna quædam interitus Regum, &c.*

coup de raisons que i'ay cy-deuant dites; quand mesmes ils auroient quelques Relations pour appuyer leurs Pronostiques, parce qu'ils n'en prennent que ce qu'ils veulent, & en tirent les consequences comme il leur plaist. Par exemple du temps de Charles Martel enuiron l'an 727 ou 729 il parut deux Cometes en 15. iours dont l'vne se leuoit auant le Soleil, & l'autre se voyoit apres son coucher: [a] partant elles estoient bien toutes deux dans les termes du Pronostique de Ptolomée, c'est à dire vn Signe ou enuiron chacune proches du Soleil, & iamais il ne s'en rencontrera de plus precises : neantmoins il n'arriua rien de particulier au moins à la France de ce que menace l'Aphorisme, au contraire Charles Martel qui venoit de gagner cette grande bataille contre les Sarazins prés de Tours ou 375 mille furent tuez auec leur Roy Abderame, continua toûjours ses Victoires & ses conquestes à l'aduantage de la France & de la Chrestienté, comme nostre Histoire l'escrit plus au long. Mais si l'on veut aussi fueilleter toutes les autres de ce temps là, on ne manquera pas d'y trouuer des morts, des pestes, des famines & tout ce qu'on voudra en vn lieu ou en l'autre, parce que le monde est assez grand pour fournir à tout : & sans sortir mesme de la France & des païs voisins, la Guerre y estoit allumée. Pour cela faudra-t'il en faire vne regle ou confirmer celle qui est dé-ja faite? Ce ne seroit

Victoires de Charles Martel apres 2. Cometes

[a] *Beda Hist. l. 5.*

pas sçauoir l'art de tirer de bonnes consequences: si deux ou trois aueugles auoient ietté chacun vne poignée de pierres, contre vn but & que chacun d'eux par hazard l'eut frappé, faudroit-il croire ceux qui diroient que c'est par quelque science? Il ne se faut donc pas arrester à toutes ces Authoritez d'Astrologues Grecs, Arabes, Latins, Italiẽs, Allemands, ou Frãçois, ny à celles des Peres, ny des Historiens, ny des Poëtes, ny de qui que ce soit; quand ils ne payent d'aucune raison comme en toute cette matiere où il n'y en a pas seulement vne ombre. Et pourquoy les Cometes n'estãt esloignées du Soleil que d'vn Signe menaceroient-elles plutost les Souuerains que si elles l'estoient de deux ou de trois? Pourquoy dans vne telle maison en voudroient elles à ses Finances & à ses Ministres plus que dans vne autre? Pourquoy la queuë ou le mouuement d'vn costé ou d'autre, ameneroit-elle des Gens de Guerre de dehors ou causeroit-elle des rebelliõs internes? Ce sont toutes bagatelles & contes de peau d'asne comme on dit, pour endormir les petits Enfans ou leur faire peur. La condition des Roys quoy que tres-sublime, & qu'ils soient plus les images de Dieu à cause de leur force & puissance, que ceux qui leur sont sousmis, ne leur donne pas pour cela plus de part aux Eclipses, aux Cometes, & à tout ce qui arriue d'extraordinaire dans le grand monde, qu'à tout le reste du Genre Humain, sur lequel roule indifferemment le Ciel, &

Il n'y a point de significations particulieres pour les Roys.

que le Soleil esclaire également. Il ne faut donc pas faire pour eux des regles particulieres d'Astrologie; quand mesme on auroit droit d'en faire, non plus qu'on ne les traite pas autrement que leurs sujets, quand ils sont malades; & que ce fut en cela qu'Alexandre reconnut bien qu'on l'auoit flatté, & qu'il n'estoit pas fils de Iupiter Ammon. Laissons donc là ce qui concerne principalement les Grands, & reuenons aux Pronostiques des autres choses. Ie dis qu'il n'y en doit point auoir de particulieres, & que toutes les predictions des Cometes seroient Generales pour tout païs, & pour toutes sortes de personnes si elles deuoiét estre veritables: puis qu'elles ne s'arrestent sur aucune Ville Maison ou Armée particuliere, mais qu'elles font le tour de la terre & portent par consequent tout leur mal indifferemment à tout le monde; & quand elles y verseroient des maladies, les vns & les autres s'en ressentiroient. S'il n'y auoit que les Grands seuls qui en mourussent durant deux ou trois ans, on pourroit veritablement dire que ce seroit pour eux principalement qu'elles auroient paru; comme si elles causoient la famine, il est certain que ce ne seroit que pour les pauures, & que les riches n'en mourroient iamais: il n'y a donc point de raison ny d'experience aucune qui puisse verifier vn Pronostique particulier. Et pource que l'on dit qu'elles ne sont iamais que funestes, n'apportant iamais que du mal comme les Histoires le

Ny pour autres choses en particulier.

rapportent assez (outre ce que i'ay respondu qu'elles n'en estoient pas pour cela les Signes ny les causes; & que c'estoit vne rencontre necessaire d'vne infinité de maux qu'il y a tousiours sur la Terre, auec l'apparition contingeante de ces Cometes) I'adjouste qu'il n'y a rien de plus faux que cette proposition, & qu'on les peut appeller aussi bien Bonnes que Mauuaises, puis qu'ordinairement le malheur des vns est le bon-heur des autres. Elles ne sçauroient signifier la perte d'vne bataille sans signifier aussi la victoire : si elles sont fatales à vn party, elles sont fauorables à l'autre: celles qui ont esté funestes à Darius, à Iules Cesar & aux Sarazins, ont esté propices à Alexandre, à Auguste & à Charles Martel : Et si elles sont des foudres menaçants pour les vns, ce sont des feux de joye allumez dans le Ciel pour les autres : on peut donc aussi bien les appeller heureuses comme mal-heureuses, & les desirer autant qu'on les craint. Tout ce qu'elles ont de terrible n'est que le nom, leur pouuoir ne subsiste que par nostre propre estimation, & leur force n'est establie que sur la foiblesse des Gens timides & simples, qui croyent les Fables comme les Histoires, & qui craignent ce qu'on leur raconte, comme ce qu'ils ont veu arriuer. S'il n'y auoit point aussi de ces sortes de Gens; il y auroit bien famine sans Cometes, pour les Deuins & les Astrologues puisque ce sont eux qui les entretiennent : Et ce qu'on peut dire au desauantage des Grands de toutes

On les peut appeller heureuses comme mal-heureuses.

La credulité des vns & l'authorité des autres entretient la Iudiciaire.

conditions sans en nommer pas vne (crainte de les offenser) ils les autorisent en les consultant, les appuyent en les écoutant, & donnent de mauuais exemples en les souffrant seulement aupres d'eux. Ils ont beau dire qu'ils ne les croyent pas, ce n'est que des levres qu'ils parlent, puisque leurs procedez tesmoignent le contraire : I'en ay veu quelques vns de qualité eminente dire la mesme chose , & me prier en mesme temps de leur faire faire leur Horoscope, quoy que ie leur pusse dire pour les en détourner : Mais quoy ils auoient enuie qu'on leur dit leur bonne auanture, & qu'ils changeroient d'estat & de condition, ce que ie leur disois assez sans Astrologie par la connoissance que i'auois de leur Merite, de leur Eloquence, & de leur Ambition. Ce sont donc ces personnes releuées en Dignité, en Naissance, ou en Charges, qui oubliant le passé, negligeant le present, & souhaittant vn auenir plus auantageux donnent credit à ces Deuins & mettent en vogue leurs Predictions : Et au lieu qu'vn mensonge seul, eschappé à vn galant homme dans quelque Relation, rend suspect tout ce qu'il aura dit de vray : vne seule verité dite par hazard, couure & authorise mille faussetez publiques qu'ils auront auancé. Qu'on dise à soixante Cardinaux en particulier que chacun sera Pape (ce qu'on ne manque pas de leur dire & qu'ils escoutent patiemment) il est indubitable que le Pronostique sera vray pour quelqu'vn : & celuy qui aura ce bon-heur

Vne verité dite par hazard preuaut à mille mensonges.

bon-heur authorisera la rencontre, & seruira de preuue eternelle à l'Astrologie, au prejudice des 59 Mensonges dont on ne dira mot. Les cours sont ordinairement le centre & l'Element de ces Deuineurs, on les y adore quand ils rencontrent, on les excuse quand ils mentent, on se souuient de quelque verité fortuite, & l'on oublie vn nombre innõbrable de fausses Predictiõs. Mais quoy ne doit-on pas sçauoir qu'vn Aueugle méme tirât à la butte vne infinité de coups, en peut mettre quelqu'vn dans le blanc? pourquoy donc s'estonner si la fortune fauorise quelque-fois l'audace des Deuins? en leur faisant trouuer vn pronostique veritable parmy vne infinité de mensonges qu'ils auront hazardez.

Ce qui arriue aux Quatrains de Nostradamus.

Quand ie voy des Persõnes admirer quelquefois la rẽcontre de certains Quatrains de Nostradamus auec quelques euenemens singuliers (je parle de ses veritables Quatrains & non pas d'vne infinité qu'on suppose selon les occurrences) ie m'estonne de leur admiration. S'ils auoient bien consideré que ce fou a fait entrer dans ses meschans vers sans rime & sans raison, tous les noms des Païs, des Villes, des Maisons & des grandes Familles qui sõt en l'Europe, & principalement en France; & qu'il en a fait des galimatias qui ne signifient rien, & qui signifient ce que l'on veut, quand quelque chose est arriuée qui a de l'affinité auec ses termes obscurs & barbares; ils ne s'estonneroient pas comme ils font, & ne diroient pas que la chose y est entierement predite. I'en ay confronté plusieurs fois & des plus celebres qu'on rapportoit, que ie n'ay pas trouué cōformes aux vieux imprimez; & si falloit-il encore les bien tirer par les cheueux comme on dit, pour les appliquer au sujet proposé: Neantmoins le monde est si simple qu'on y adjoute foy comme les Payens faisoient aux vers des Sybilles, que l'on gardoit precieusement à Rome dans le Capitole par Religion & par politique, & que l'on consultoit dans les grandes affaires de la Republique pour satisfaire au Peuple : car les habiles gens n'y auoient aucune creance témoin ce qu'en dit Ciceron † au sujet d'vne Prediction qui couroit, pour faire donner à Iules Cesar le nom de Roy, odieux aux Romains : *Si cela est dans les Liures* (dit-il) *sur quel homme & en quel temps tombe-t'il ? celuy qui les a composez l'a fait adroitement ; afin que tout ce qui pouuoit arriuer parut auoir esté predit ne determinant point les hommes ny les temps, outre qu'il y a mis tant d'obscurité que les mesmes vers se peuuent accommoder à diuerses choses.* Ces Liures Sybillins apres auoir ainsi long-temps abusé le Peuple, furent tout à fait deffendus & bruslez par l'Empereur Theodose, pour oster aux Chrestiens toute superstition, & abolir le reste de l'idolatrie & du Paganisme: en sorte que la plus part de ce qui nous en reste est supposé, selon le sentiment des Doctes.

Qui ont succedé aux Liures des Sybiles.

† *Hoc si est in libris, in quem hominem & in quod tempus est ? callide enim qui illa composuit perfecit, vt quodcumque accidisset prædictum videretur hominum & temporum definitione sublata, adhibuit etiam latebras obscuritatis, vt iidem versus alias in aliam rem posse accommodari viderentur.* Cicer. de diuin. l. 2.

Les hõmes neantmoins ſont ſi foibles d'eſprit, & ſi dereglez dans le deſir de ſçauoir l'aduenir, qu'ils ſe ſont depuis faits eux-meſmes d'autres Liures de Sibylles & de diuinations, & ont voulu qu'il y eut des trompeurs pour eſtre trompez. Et quand Noſtradamus ne leur ſuffit pas, ils conſultent le premier venu, qu'ils en veulent bien croire, quelque menteur qu'il ſoit, parce qu'ils ſont credules & curieux. Quelques-vns meſmes n'épargneroiẽt pas, encore à preſent, les Arts Magiques & deffendus, pour tâcher de voir dans des Miroirs ou ſur l'eau ce qu'ils ſouhaitent, & ils inuoqueroient meſme s'ils pouuoient les Demons en perſonne, comme Saül crut faire l'Ame de Samuël pour contenter leurs curioſitez. Mais quoy ne ſont-ce pas des Enfans d'Eue, & des-indiuidus de ma definition precedente? Ie ſouhaite, SIRE, que VOSTRE MAIESTÉ, comme vn autre Theodoſe aboliſſe par ſon mépris toutes ces vaines & damnables Pratiques, & qu'elle reſtabliſſe dans ſes Eſtats les belles connoiſſances & les ſciences vtiles, par ſon eſtime toute Royale des gens de Lettres & de Vertu; puiſque leur veritable aiguillon eſt l'honneur, comme la Vertu meſme eſt leur plus aſſeurée recompenſe,

DE VOSTRE MAIESTÉ,

Le tres-humble tres-obeïſſant & tres-fidelle ſujet, P. PETIT.

ADDITION
AV DISCOVRS DV PRONOSTIQVE DES COMETES,

POVR SERVIR DE RESPONSE à quelques Traitez faits depuis.

LORS que pour satisfaire à l'honneur des Commandemens de SA MAIESTE', ie fus obligé d'écrire mes sentimens sur tout ce qui concerne la Comete, dont on faisoit pour lors tant de bruit. Ie me doutay bien qu'il y auroit des faiseurs de Pronostiques (comme on ne manque iamais de ces sortes de Gens qu'on chasse tousiours & qui tousiours demeurent) soit pour bien faire leur Cour par la flatterie en disant que les mauuais effets sont pour d'autres personnes, soit pour faire des Predictions generales, & entretenir par là leur reputation Astrologique. Pour cét effet apres auoir dit mes sentimens Physiques & Astronomiques sur les Cometes en general, & sur la nostre en particulier, je creus estre obligé de dire aussi ce que ie pensois touchant leurs Pronostiques : conformement à tout ce que ie suis asseuré qu'en pensent tout ceux qui ont accoustumé de bien raisonner, & de ne rien croire qui ne soit prouué par de bons principes. Mais ie vous auouë qu'en l'escriuant i'en auois quelque espece de honte, & craignois qu'on ne me reprochât que ie feignois des ennemis pour les combatre, & que ie me joüois à mon ombre, n'estant pas possible qu'il y eust encore de ces Pronostiqueurs que je refutois comme s'ils eussent dé-ja paru. Cependant tout le contraire est arriué; car comme on imprimoit la derniere fueille du Discours precedent ; on m'a enuoyé plusieurs escrits, entr'autres celuy d'vn Allemand, qui ne contient presque autre chose : & il sembleroit à voir nos deux Liures, qu'il y auroit eu de l'intelligence entre luy & moy, si nos Conclusions en toutes choses n'estoient plus opposées que les Antipodes. Ie n'aurois donc rien à adjouster à ce que i'ay escrit, s'il n'estoit question que d'Astrologie, & ie n'aurois qu'à renuoyer le Lecteur aux Refutations que ie pretends en auoir fait. Mais parce qu'il est encore question de

Dessein de la Refutation des Pronostiques des Cometes.

Vtile par la rencontre de plusieurs escrits.

Physique & d'Astronomie, i'ay creu sincerement estre obligé d'en dire quelque chose pour l'interest de la verité; afin que les Estrangers ne croyent pas que nous soyons tous des Allemands comme luy, & des duppes en ces Matieres, à qui l'on fait accroire ce qu'on veut. Pour cét effet ie parcoureray son petit Discours, & y feray quelques Remarques les plus courtes qu'il me sera possible, méprisant les autres Libelles de ces Pronostiqueurs du dernier estage, qui courent les ruës.

La Philosophie Moderne ne radote point.

Il dit d'abord que la Philosophie d'auiourd'huy est si vieille qu'elle radote, & retourne en enfance quand elle dit (reprenant les vieilles opiniõs) que les Cieux sont ingenerables & incorruptibles, & que les Cometes ne sont point Elementaires & Sublunaires, ce qu'il croit auoir esté démõtré par Aristote. Mais comme il paroist n'auoir pas grande connoissance des macules du Soleil, & des autres changemens qu'on a veu depuis cent ans arriuer dans les Cieux; ny des diuerses faces de Venus, & des Planetes qui se meuuent autour de Iupiter & de Saturne : par toutes lesquelles Obseruations on prouue sans contredit, que les Cieux ne sont pas exempts de changement & d'alteration, & qu'ils ne sont nullement solides; il seroit difficile de luy montrer ny à ceux qui en auroient besoin, toutes ces veritez, à moins que d'en faire vn Liure tout particulier. Et puis ie ne sçay pas s'ils seroient d'humeur à les vouloir apprendre,

La vieille ne veut rien apprendre de nouueau.

car les Philosophes de la vieille roche ne veulent ny croire ny aller voir. Ils ayment mieux demeurer où ils en sont, que de hazarder seulement a découurir quelque nouueauté qui soit contraire au texte d'Aristote ; tesmoin celuy à qui on montroit par l'Anatomie, que les nerfs procedoient du cerueau & non pas du cœur, qui respondit que ce qu'on luy faisoit voir à l'œil & toucher au doigt, estoit si clair & si certain, que s'il n'y auoit point de texte d'Aristote qui dit le contraire, il le croiroit sans difficulté, preferant ainsi l'authorité de son Maistre à ses propres sens. Ie ne pretens donc pas desabuser icy cét Autheur, & ceux de son party de leurs preuentions Peripatetiques, mais les prier seulement de prendre la peine de s'instruire, & de lire vne partie de ce que i'en ay dit cy deuant, mon dessein n'ayant pas esté de prouuer tout au long, ny la fluidité, ny la corruptibilité des Cieux : Mais de les toucher en passant pour montrer que les Cometes se pouuoient engender & mouuoir au dessus de la Lune. Quant à ce qu'il dit que Tyco & tous les Astronomes se sont trompez en les obseruant, & concluant leur hauteur au dessus de la Lune : ie ne sçay de quelle authorité il ose auancer cette proposition, si ce n'est parce qu'il a plus de connoissance des Astres, & de meilleurs yeux & instrumens qu'ils n'auoient tous ensemble. En effet il est vray qu'il a veu luy seul en nostre Comete, plus que Tyco s'il viuoit n'auroit veu, & que tous ceux

Tyco & les Astronomes ne se sont point trõpez sur les Cometes.

d'Italie, d'Allemagne, & de France n'ont veu effectiuement; puis qu'il *asseure l'auoir veuë dans la Balãce, ou le Sagittaire*, ie ne sçay quelle, *le 14. Decembre & l'auoir prise mesme pour la lance australe* (ne sçachãt de quelle lance il parle *percée & fortifiée des Rayons du Soleil, & en suite dans la queuë du Scorpion.*) desquels lieux elle n'a pas approché de 50. degrez. Il dit encore tant d'autres choses contraires à l'Astronomie, qu'il semble ne les auoir escrites que pour rire, cõme l'Auteur de la Tri-Comete qui en raille plaisamment. Pour l'Histoire & la Chronologie il n'y est pas plus heureux quand il rapporte que *la Sybille Tyburtine fit voir à Auguste dans vne Comete, vne Vierge qui allaitoit vn enfant* & le reste de ce petit conte, comme si cette Sybille auoit esté du temps de cét Empereur, & que cette Histoire ne fut pas Apocriphe & tirée de ces Auteurs que les Personnes de bonnes Lettres ne daignẽt lire ny écouter en ces matieres. Pour les citations il n'y est par fort exact quand il attribuë à *Pythagore* d'auoir enseigné, *Que les Cometes n'estoient que la rencontre de plusieurs Estoiles, qui dans leurs courses differentes venoient à s'vnir, & que le Soleil perçant le vuide entre ces Estoiles formoit leur queuë par ses rayons.* Ce qui n'est point son opinion, & qu'il n'a iamais dit, non plus que Kepler beaucoup de choses qu'il luy attribuë.

Mais bien celuy qui les reprend

La Sybille Tyburtine n'a iamais veu Auguste.

Pour sa Theologie ie ne sçay de quel Païs elle est, mais ie sçay bien du moins qu'elle n'est pas Françoise, & qu'elle choque merueilleusement les libertez de l'Eglise Gallicane, aussi vn Allemand n'est-il pas obligé de les maintenir. C'est à nous qui sommes François & sur tout à nos Cours de Parlement, & à nos Facultez de Theologie, principalement de Sorbonne à les bien deffendre: je leur en laisse donc le soin & m'en repose bien sur eux. Mais ie ne puis lire en François ce qu'on lit dans ce Liure & dans quelques autres, *Que l'opinion du Mouuement de la terre est contraire au sentiment de l'Eglise, qu'elle a esté condamnée par l'Eglise, & qu'il est deffendu par l'Eglise de l'enseigner & de la croire*, sans y prendre quelque interest: parce que si cela est bien vray, mon Discours cy-deuant escrit & moy sommes Heretiques, quantité de grands Docteurs, Prestres, & bons Religieux que ie connois, & grand nombre de Philosophes & d'Astronomes le sont de mesme; & cependant nous croyons tous en saine conscience estre bons Catholiques, en tenant que la terre peut estre mobile, & qu'il n'y a rien en cela de contraire à la Sainte Escriture ny à l'Eglise. Vn Decret de l'Inquisition, qui par de bons motifs a condamné quelques Liures, ou quelque opinió en vn temps, doit-il passer partout e la Chrestienté pour vn dogme de Foy? & pour la Regle de nostre creance en Philosophie; N'est-ce pas faire tort à l'Eglise qui est infaillible, & qui n'a point de Superieur en terre, de luy attribuer vne ordonnance de Police, qui peut estre détruite par vne semblable ou par vne plus forte? Et qui doute que

L'Eglise n'a point deffendu l'opinion de Copernic.

Vne Ordonnãce Ecclesiastique n'est pas vn dogme de Foy.

le temps ne puisse venir, auquel il sera aussi bien permis de croire ce qu'on a deffendu depuis peu, qu'il estoit libre du temps que Copernic mesme l'écriuit? Qui auroit voulu contredire l'opinion de Lactance & de saint Augustin touchant les Antipodes, auroit esté censuré de leur temps, comme le fut vn bon Euesque: & qui la voudroit maintenant soustenir le seroit de mesme auec plus de connoissance de cause. Si la rondeur de la terre a bié causé autrefois des Decrets de l'Inquisition fondez sur des Passages de l'Escriture, son mouuement en a bien pû faire de mesme qui n'auront pas plus de durée: au lieu que les veritables Decisions de l'Eglise doiuent estre eternelles. Tant il est certain que les choses de fait peuuent faire changer les sentimens des hommes; & que l'Eglise ne decide pas des Matieres purement Physiques, en laissant la dispute aux hommes, côme Dieu leur a bien abandonné pour cela tout le monde. Pour reuenir à nostre Copernic, ne sçait-on pas bien que c'estoit vn fort bon Ecclesiastique Chanoine & Docteur, qui auoit apris l'Astronomie à Boulogne & l'auoit enseignée à Rome; & qui donna son Liure du Mouuement de la Terre aux prieres du Cardinal de Schomberg & d'autres Prelats pour le faire imprimer; l'ayant dedié au Pape Paul III. duquel & de tout le College des Cardinaux, il fut agréé, loüé & approuué. Pourquoy donc auiourd'huy veut-on faire passer sa condamnation par vn Decret de l'Inquisition

Les choses de fait peuuẽt faire changer les Decisions.

Copernic approuué par le Pape & les Cardinaux en 1536.

pour vne Constitution de l'Eglise ? N'est-ce pas mettre Autel contre Autel, Eglise conte Eglise ? On est trop sage à Rome pour appeller ces Reglemens de Police Ecclesiastique, des Decisions de Foy qui obligent les Fideles à la mesme soûmission qu'ils doiuent à l'Eglise. Neantmoins cét Allemand & quelques autres encore, ne sçauroiét parler de cette doctrine, qu'ils ne la qualifient condamnée par l'Eglise; soit pour faire leur Cour, soit pour en fortifier leur opinion faute de bien entendre l'autre, soit qu'ils n'ayent iamais veu la Bulle qui l'a condãnée en la personne & au Liure de Galilée. Il sera donc permis comme ie pense audeça des Monts, d'en croire ce que l'on voudra, ou plutost ce que la raison demande, iusques à de plus amples Decisiõs: Et mesme il y a lieu de croire & d'esperer que les defenses en serõt qnelque iour leuées, & qu'on reconnoistra que tous les Passages de la Ste Escriture se peuuent fort bien expliquer dans le systeme de la Terre mobile; afin d'en laisser la liberté & la recherche à tous les Sçauans.

Galilée condãné en l'an 1633.

Mais pour reprendre nostre Examen de cét escrit. Son Opinion que les Cometes sont *des exhalaisons enflammées &c.* a esté cy-deuant par moy examinée aux pages 12. 25. 26. Pour celle de son Mouuement, qu'il croit *irregulier, qui hausse & qui baisse, qui auance & qui recule, qui est prompt & tardif à cause de cette inflammation.* Elle est aussi amplement refutée & expliquée és pages 41. & suiuantes. Neantmoins parce qu'il est fort important

Opiniõ du Mouuement de la Comete refutée.

pour l'interest de la verité, que cét endroit soit bien examiné à cause du fait. Ie m'y arresteray dauantage. Il dit page 49 & 50. *que la Comete estoit venuë en trois iours de la queuë du Scorpion à la teste.* Ie ne sçay où il prend cela, & de quels yeux il l'a peu voir. *Ayant veu*, dit-il, *la Comete le 14 Decembre 1664. Et l'ayant prise pour la Lance Australe, percée & fortifiée des rayons du Soleil*, ie ne sçay s'il entend parler de la Lance du Sagitaire ou d'vne Estoile qui est dans les Balances qu'on appelle *Lanx Meridionalis*, *Le 15. qu'elle respondoit à la cuisse du Centaure & qu'elle estoit au 24 de la Balance. le 21. qu'elle auoit passé de quelques degrez l'Aisle droite du Corbeau, sans s'estre aproché depuis la premiere fois dauantage du Zodiaque que d'vn degré tout au plus*, qui sont toutes choses absolument fausses sans qu'il y aye vn seul mot de verité, *Que le 25. elle respondoit au pied de la coupe où il la laissa sans obseruer dauantage*, au grand dommage sans doute de l'Astronomie & des Gens curieux, car il y faisoit des merueilles. Sans mentir il y a bien de la faute à ceux qui exposent ainsi hardiment les choses de fait: car pour des conjectures on les peut hazarder, & donner carriere à son esprit & à ses pensées, qui ne tirent à aucune consequence. Mais pour le fait il n'en est pas de mesme, & ie ne croy pas que rien fut plus capable de décrier la science Obseruatrice, & sur tout de nostre Nation, que de laisser ainsi courir par le monde ces Liures menteurs; principalement quand ils portent quelque approbation & quelque prote-

Les Relations du fait doiuent estre certaines.

ction illustre, sans témoigner au moins que la France n'est pas toute duppe, & que s'il y a de l'erreur elle est particuliere, le sieur l'Eschener n'ayant pas fait acroire ses visions à tout le monde, & fait passer ses Obseruations pour bonnes & veritables. Mais auec quelle hardiesse dit il, qu'il a veu la Comete dans *la queue du Scorpion*, dont elle n'a pas seulemẽt approché de cinquante degrez? *dans la cuisse du Centaure le 15. dans le Corbeau le 24. dans le Vase le 25.* & tout le reste qui est aussi faux; & qui montre bien ou qu'il ne connoissoit du tout point les Estoiles; ou qu'il ne se seruoit que de quelque Planisphere, ou Globe de la grosseur d'vn œuf, où toutes les Constellations estant les vnes sur les autres, il ne les pouuoit distinguer; ou qu'il ne parle pas tout de bon. Bref ie ne sçay à quoy imputer ce manquement, ou comment l'excuser: mais ie sçay bien que cela seroit capable de descrier toutes les Obseruations, & ruiner tous les raisonnemens qu'on pourroit tirer de nostre Comete, s'il y auoit vn peu moins d'erreurs. L'excez par consequent sauue la verité; & cóme ceux qui veulent trop prouuer ne prouuent rien du tout: celuy qui manque trop, & qui fait trop de fautes n'en fait point du tout; parce qu'il porte auec soy sa response; ou qu'il ne songeoit pas à ce qu'il disoit; ou qu'il ne le faisoit que par plaisir & à dessein de railler les autres, comme a fait l'Anglois supposé: mais d'vne raillerie fine, delicate & sçauante, sur la Tri-Comete, Dicomete & Monocomete.

Ses Obseruations de la Comete ne le sont pas.

De la question du fait il faut passer à celle du droit pour la generation des Cometes, & voir comme il en parle. Il dit donc que *c'est en Automne qu'elles paroissent parce qu'en hyuer il fait trop froid, & que le Soleil ne frappant la terre que de biais, n'a pas la force d'en attirer les Exhalaisons, outre que la trop grande humidité les retient; qu'en Esté il fait trop chaud, & que cette chaleur les consume & les dissipe auant qu'elles soient suffisamment esleuées; qu'au Printemps il en monte peu à cause de l'humidité qui reste de l'hyuer, & du peu de chaleur du Soleil; mais qu'en Automne elles se forment par les raisons contraires.* Pour répondre à tous ces raisonnemens il suffiroit de nier encore le fait, puis qu'il est certain que de 40. Cometes au plus, dont nous auons asseurement les mois où elles ont paru; il y en a dauantage dans ceux d'Esté, Iuin Iuillet & Aoust, que dans les autres de toute l'année; & plus dans celuy d'Aoust & de Ianuier en particulier, que dans chacun des autres; ce qui seroit trop long à prouuer par le menu & qui a dé-ja esté fait par d'autres. [a] Mais ie le veux prendre par vn autre biais & dire qu'absolument parlant il n'y a point d'Hyuer ny d'Esté, de Printemps, ny d'Automne; & qu'en vn mesme temps, il fait tous les temps & toutes les saisons, si l'on ne determine le Païs & le lieu dont on entend parler; parce qu'au mesme temps qu'il est hyuer en vn endroit il est Printemps & Esté en quelque autre. Ansi qu'en vne mesme heure & mesme moment, il est telle heure qu'il vous plaira,

Ses raisons Physiques de la generation des Cometes.

Les mois de Ianvier & d'Aoust en ont plus que les autres.

Toutes les saisons sōt en mesme tēps.

a *Riccioli. Alma.*

ſi vous n'adjouſtez le Climat & le lieu duquel vous parlez. Eſtant donc certain que la meſme Comete qui nous a paru en Automne a paru ailleurs au Printemps & ailleurs en Eſté : s'il falloit juger de la ſaiſon où elle s'engendre (ſuppoſé qu'elle s'engendraſt des exhalaiſons de la terre) il faudroit ſçauoir en quelles terres, & en quels endroits ſe ſeroiēt éleuées ces exhalaiſons (ce qui eſt impoſſible) & non pas en quel païs elle auroit paru. Car elle a eſté également, & en meſme temps ſucceſſif & ſans diſtinction, veuë par toute la terre; puis qu'elle a roulé alentour, par le mouuement du premier Mobile ſuiuant leur opinion. Vous voyez donc bien que ce n'eſt rien dire, que de dire que les Cometes ſe forment en Automne, ſi on ne determine en quel païs elles ſe forment, & d'où elles viennent : car elles peuuent meſme eſtre formées en Eſté à noſtre égard, que ce ſera l'hyuer à l'égard des autres. Comme au contraire celle qui nous a paru en Automne, a eſté formée & veuë dans l'Eſté du bas de l'Afrique, de Madagaſcar, du Perou, du Breſil, & de ceux qui l'ont euë d'abord ſur leur teſte. Mais comme les vrayes Cometes, telle que la noſtre, ſont vniuerſelles & non point pour vn climat plus que pour vn autre, elles ſe voyent par tout en toutes ſaiſons; ou pour mieux dire encore, quand elles ſe voyēt, il eſt toutes les ſaiſons de l'année. On ne peut donc pas dire qu'elles paroiſſent plus en Automne qu'en Eſté, ny en rechercher les cauſes puis

Le soleil pourroit faire des Cometes en tout temps.

qu'elles se détruisent les vnes les autres, & que quand le Soleil n'attireroit point d'exhalaisons en vn endroit, pour estre ses rayons trop obliques; il en peut attirer en vn autre où ils sont en mesme temps perpendiculaires; & ainsi faire des Cometes en toutes les saisons de l'année, supposé quelles se fissent de la sorte. Ce que ie ne croy pas auoir dit inutilement & m'y estre en vain estendu, parce que i'ay veu d'assez habiles Gens au reste, former ces mesmes doutes, où il n'y a pas de difficulté dans l'opinion mesme, quoy que fausse, des Cometes Elementaires.

Apres auoir ainsi discouru de leur Generation par les causes Physiques, Materielle & Efficiente, la Terre & le Soleil; il y fait interuenir les Astrologiques & les Planetaires. Mais comme il semble qu'il n'en parle que par maniere d'acquit *& pour seruir de diuertissement, en rapportant les opinions des Hebreux, Arabes, Chaldeens & Egyptiens plustost pour desabuser les esprits que pour les seduire,* I'acheueray de faire ce qu'il n'a pas fait puis qu'il ne les a aucunement refutez; & qu'au lieu de *desabuser* comme il dit, *quantité d'esprits foibles & credules, qu'vn tas d'ignorans amusent,* il semble plutost les laisser en doute de ce qu'il en croit, & de ce qu'on en doit croire: puis qu'ayant fait la moitié de son Liure de toute leur doctrine, il ne fait pas vne seule periode de refutation. C'est donc à ces Egyptiens & Arabes que ie vay parler doresnauant, & non pas à luy ny à d'autres; aussi bien ne sont-ils que des perfides

Refutation des Chaldeens & Arabes.

des & des trompeurs comme leurs noms le portent, & nos ennemis à present declarez sur Mer & sur Terre, pourquoy ne le seront-il pas sur le Ciel?

Ils disent donc en vertu de leur science infuse, *Que les vapeurs & exhalaisons ont commencé de s'esleuer sur la fin de Septembre, parce qu'en ce temps le Soleil estoit joint à Venus Planette dominante de la Comete, dans la Balance signe d'air où se trouuoit aussi Mercure, prest d'entrer dans le Scorpion Maison de Mars, où Mars mesme l'attendoit: Saturne estant en mesme temps dans vn Signe de feu, & Iupiter dans vn Signe d'air*, voyla bien debuté: ne vous semble-t'il pas dé-ja par ces raisons que vous tenez vne Comete par la queuë? Acheuons de la former auparauant. *Au mois d'Octobre ces exhalaisons se sont augmentées à cause que la Lune s'est trouuée depuis le 18. iusques au 25. auec toutes les Planetes marque d'vne grande force, & qu'en Nouembre les espaisses, gluantes & combustibles se sont amassées, Mars ayant esté en conionction auec Saturne.* Ne sont-ce pas encore de bonnes raisons? *Pour les lieux où elles ont esté attirées, c'est sous le Scorpion, parce qu'au commencement dudit mois, Venus Mercure & le Soleil estoient dans ce Signe, & qu'elles se sont pressées & liées sous la queuë du mesme Scorpion; dautant que le Soleil y estoit quand Mars & Saturne ont commencé de s'vnir pour ouurir les pores de la Terre & faciliter au Soleil l'attraction de ces exhalaisons.* N'estes-vous pas contens de ces belles & doctes Raisons? Concluez donc auec eux, *Que le lieu où la Comete s'est formée & allumée est*

Causes Astrologiques de la Generation des Cometes.

la queuë du Scorpion prés la voye Lactée où elles se forment (quoy que cela ne se soit pas rencontré en celle-cy, mais il n'importe) *Que c'est le 9. Decembre seulement, parce que le Soleil arriuoit ce iour-là au 17 & 18 degré de l'Archer, qui estoit le lieu de Venus Planete dominante, quand Saturne & Mars aydoient le Soleil à attirer lesdites exhalaisons; & qu'ainsi c'est sans doute le 9. Decembre qu'elle a paru la premiere fois & non point plustost; Et par les mesmes raisons & la conjonction de Saturne & de Mars, en Automne, il se formera des Cometes en l'année 1666. 1692 & 1694.*

En verité il y a plaisir de voir ainsi escrimer vn Astrologue Arabe, & vn Philosophe Egyptien, sur la Generation & le lieu des Cometes. Qui ne diroit à les oüyr si bien discourir & raisonner sur les vertus des Astres, que telle chose se doit faire à cause d'vne telle rencontre? Ne vous semble-t'il pas que l'effet doit necessairement suiure de si belles causes prochaines & immediates? Pour moy ie trouue que cela conclud bien; mais ie ne sçay en quelle Figure si ce n'est en celle que i'ay ouy souuent conclure le Docteur de la Comedie. Sans mentir ces raisonnemens donnent de grandes atteintes à la definition de l'homme, & s'il y en a qui s'en contentent, ie ne sçay pas comme on doit appeller ceux qui les rejettent: mais si de la plus saine partie, qui est ie croy celle-cy, l'autre doit prendre vne denomination contraire: je sçay bien laquelle des deux luy conuiendra le mieux de raisonnable ou d'extrauagãte. En toute

C'est railler que de les rapporter.

cette recherche de la cause des Cometes, il n'y a presque pas vne parole qui ne porte sa refutation, puis qu'elle n'a aucune raison pour fondement, & qu'il n'y a que la seule Religion qui se prouue par l'Authorité. Mais quand il n'y auroit que cela à dire, *que le fait est faux*, ne seroit-ce pas assez pour montrer que toutes ces raisons sont friuoles? Ces Philosophes qui disputoient à table d'où pouuoit proceder le goust & l'odeur de quelques Figues, cesserent leur dispute quand la seruante leur eut dit que c'estoit à cause du pot où elle les auoit mises. En faut-il dauantage pour eluder toutes ces belles conjonctions de Mars, de Saturne, de Venus & le reste, qui a deu former la Comete & ne la pas allumer plutost que le 9. iour de Decembre; que de dire qu'elle a paru dés le 2. du mois en Holande & en d'autres endroits dés celuy de Nouembre, & que ainsi elle auoit esté auant que elle d'eust estre, contre tout principe de raison. Qu'elle n'est point engendrée des exhalaisons terrestres & enflammées comme il a esté suffisamment prouué, & qu'elle n'estoit point dans la region Sublunaire; qui sont toutes veritez constantes & qui ne reçoiuent plus de contradiction, que par ceux qui n'en veulent point écouter les preuues.

Le fait estant faux toutes les causes le sont aussi.

Par les mesmes principes qui prouuent le temps de l'inflammation des Cometes, ils trouuent aussi celuy de leur consumation *qui est le 18. Ianvier dans la teste du Taureau où elle doit finir estant*

Fausseteʒ pour la fin de la Comete.

proche de la queuë du Belier Signe de Mars, aussi bien que le Scorpion ou elle a commencé. Ne sont-ce pas des raisonnemens de mesme farine, ou plustost de même son que les autres? Qu'il ne faut pas autrement refuter, qu'en disant que nous auons encore veu la Comete vn mois apres auec les simples yeux, & jusques au 15. Mars auec des lunettes entre les cornes du Belier. Qu'on ne parle donc plus de ces causes Astrologiques & Physiques qui doiuent produire des choses manifestement fausses. Mais voyons si dans les pures Astrologiques, ie veux dire dans les Pronostiques des effets des Cometes, ces Arabes & Egyptiens seront plus heureux.

Proprietez ridicules des Planetes & des signes.

Ie croyois auoir dit cy-deuant tout ce qui se pouuoit (en abregé pourtant) concernant leurs folies, soit des vertus des Signes & des Planetes, soit des 12. Maisons. Mais ie vous aduouë que i'auois obmis beaucoup de choses dont cét escrit m'a fait ressouuenir agreablement; & afin que vous ayez aussi part à ce diuertissement Comique, & que ie n'oublie rien de ce qui peut contribuer au portrait entier de la Iudiciaire, i'y adjousteray les couleurs que i'auois oubliées, sans lesquelles mesmes il est impossible de faire vne parfaite peinture. Ouy ie dis les Couleurs parce qu'en effet il n'y a point de Signe ny de Planete qui n'aye les siennes; & comme la pluspart sont des Animaux, ou des Dieux Planetaires, qui n'aye aussi ses gousts. Ce qui est bon à sçauoir afin que si on auoit à les traitter ou à faire leur train; on sceut de quel gouſt les regaler & de quelle liurée parer leur equipage. Voicy donc vne partie de ce qui m'eſtoit eſchappé, tant des vertus des Signes & des Planetes que de leurs Pronoſtiques. Comme ils veulent que chaque Planete & Signe domine ſur certains lieux de la terre en general, comme ſur les Royaumes; ou en particulier comme ſur les Villes, ou encore plus particulier comme ſur les Cabarets & boucheries, ſur les humeurs & temperamens, ſur les parties du corps, la ratte, la veſſie &c. ſur les differens âges de la vie, ſur les diuerſes parties de l'année, ſur certains iours, certaines heures, ſur certaines couleurs & ſur certains gouſts; ils leur donnent à tous ce qui leur appartient legitimement. I'en ay dit quelque choſe; mais voicy le plus fin que j'auois obmis & dont il faut faire reſtitution aux Arabes & Egyptiens, quoy que Gens ſans foy: car il n'eſt pas permis de retenir le bien d'autruy. Ils diſent donc dans ce petit Liure: que *Saturne outre la Bauiere, &c. domine ſur les Eſtangs, Cloaques, Cimetieres & les lieux triſtes. Sur la vieilleſſe, la ratte, l'Automne, le Noir, le tanné & l'aigre.* Que *Iupiter outre la Perſe &c. a droit ſur les Egliſes & les Palais, ſur les Prelats & Officiers, ſur les Poulmons &c. ſes liurées ſont le Citron & le Verd meſlé de rouge, ſon gouſt eſt le Doux.* Mais vne choſe aſſez plaiſante, c'eſt qu'en faiſant la deſcription des perſonnes qui naiſſent ſous ces Planetes ils diſent que *tous ceux qui naiſſent ſous celle-cy, ont les yeux grands, les narilles courtes, & les deux dents de deuant &*

De leur aſſigner des Royaumes des couleurs, & des gouſts, &c.

d'en haut plus grandes que les autres, voyez jusqu'où vont leurs folies. *Pour Mars il domine outre son pays, le foye, le fiel, les Soldats, Forgeurs, Alchimistes, Bouchers, Sergens, Bourreaux, sa couleur est le Rouge, son goust l'Amer & le mordicant, le Soleil gouuerne à l'Orient, les yeux, le cerueau, le cœur, ses couleurs sont le Iaune & le Rouge clair, ses saueurs l'aigre doux, ses lieux sont les Palais* & Venus a tout ce que i'ay dit en parlant d'elle, mais i'auois obmis ses couleurs, *le blanc, le verd, l'incarnat, le citron, ses saueurs le doux & le sucre, & ses lieux les iardins & chambres parées,* tout cela conuient fort aux Dames. Mercure a sa domination *sur les mains, les pieds, les dents, fait les hommes subtils, Poëtes, Orateurs, Deuins, ses couleurs & saueurs sont meslangées & fantasques; ses lieux sont les boutiques, marchez, Parlemens, sa Comete rend les hommes & les Elemens fols;* La Lune fait *les Chasseurs, Ambassadeurs & Intendans, elle aime le Blanc & l'Insipide, ses lieux sont les bois, les Eaux, les deserts & les chemins.* Quant aux Signes ils leur donnent aussi des couleurs, des saueurs & des lieux particuliers. *Au Belier le rouge & le jaune, le doux & le salé*, sans considerer si elles sont contraires ou non, de mesme que pour les lieux & pour les maladies. Le domaine du Taureau *est sur les gencives & les dents, ses couleurs le verd & le blanc, sa saueur le doux.* Le Cancer *ayme le Bleu & le Salé.* Le Lyon *ayme le jaune & l'amer.* La Vierge *a pour couleurs le blanc & le pourpre, & pour saueurs les Astringentes,* La Balance *ayme le verd,* mais ils ne luy donnent pas de saueurs, & c'est peut-estre parce qu'elle seule entre les 12. Signes n'est pas vn animal & qu'elle n'a pas le sentiment du goust. Pour le Scorpion *il a le rouge & le tanné, le salé & l'insipide*, qui sont deux gousts fort semblables, *& pour lieux de sa domination les deserts, les cachots, les caues & les autres endroits où s'aiment les Scorpions.* Le Sagittaire veut *le jaune clair, le fort & l'aigre; ses lieux sont les Montagnes & les pasturages des cheuaux* (sans doute pour y nourrir le sien.) Le Capricorne *ayme le noir, l'amer & les lieux obscurs pleins de fumées & de vapeurs.* Le Verseau *a pour couleurs le verd & le jaune, pour saueur le doux, pour lieux les cloaques, sepulchres & Maisons infames*, mais il ne faut pas obmettre vne particularité, qu'il *fait les personnes belles, le visage long, sociables, auares, prudent marquez à la poictrine & au coude.* Sans mentir il y a bien de la plaisanterie en tout cela, & l'on ne la peut ouyr, ce me semble, que pour en rire & s'en diuertir. Quant aux Poissons afin d'acheuer tout; *leurs Cometes annoncent plusieurs disputes de Religion, tumultes, seditions, pillemens de maisons*, comme si tout cela estoit des effets des causes secondes, & qui ne vint pas de la pure liberté des hommes; ils president aux pieds quoy qu'ils n'en ayent pas, mais pourquoy presideroiẽt-ils plustost à d'autres parties? *leurs couleurs sont le verd & le blanc meslez & separez, leur goust le salé & l'insipide, leurs lieux tous les aquatiques*, à cause sans doute de leur qualité de Poissõs, car ils les auroient mal logez dans les grands chemins ou sur les Montagnes.

De sorte qu'apres auoir ainsi attribué aux Pla-

Comme il faut par là juger des Cometes.

netes & aux Signes des vertus dominantes sur les lieux, les corps, les aages, & le reste que i'ay rapporté cy deuant, & dans mon precedent discours : ils concluent que quand vne Comete est jugée appartenir à tel Signe ou Planete, & participer de leurs qualitez ; elle aura ses effets sur les Païs, les lieux, les personnes, les aages, les parties du corps, & sur tout ce qui est de leur dependance ; suiuant le lieu & la Maison où elle se trouue par Relation à l'horoscope d'vn chacun. *Si elle se trouue dans celuy du Monde, ou d'vn Royaume, qu'elle y cause des morts effroyables*, que d'Afflictions, que de Miseres. Si la queuë est tournée du costé de Venus, *c'est la mort des Reines & des Imperatrices*, du costé de Mercure, *c'est Iustice & gibets*; Enfin il n'y a sorte de maux inconnus mesme aux anciens Arabes & Chaldeens, que ces Nouueaux n'attribuent aux Cometes suiuant leurs differentes Figures, couleurs, aspects & applications aux Planetes, Signes & Maisons. *Les grands changemens des Estats, les décrys des Monnoyes, les taxes sur les Marchandises, l'Emprisonnement des Financiers, la destruction de quelques Domestiques des Roys qui seront conduits de lieu en lieu vers les confins du Royaume auec perte de leurs biens, l'éleuation des hômes qui changeront les loix anciennes d'vn Pays, les grandes tempestes, tremblemens de terre, engloutissemens de Villes, &c.* Côme si toutes ces choses inuentées à plaisir auec plusieurs autres qui sont dans ce Liure n'arriuoient pas sans les Cometes, ainsi que i'ay dit si souuent, & comme si les oura-

gans

gans qui arriuent d'ordinaire dans les costez de l'Amerique; les tremblemens de terre en Calabre & en Canada; le renuersement des Villes cōme de Pleurs en Valtoline, sur les ruynes de laquelle i'ay marché sans qu'il reste vn seul édifice ; & beaucoup d'autres euenemens singuliers auoient esté causez ou precedez par quelques Cometes.

Mais pourquoy ne font-il pas des Pronostiques sur le chemin qu'a tenu la nostre, tels que l'on pourroit faire si on se vouloit mettre en leur place? On l'a premierement découuerte dans le Corbeau, n'est-ce pas vn témoignage qu'elle presage de grandes Mortalitez & de grands malheurs? puis que c'est l'Oyseau de mauuais Augure, & dont tout le monde conuient; & comme il est entre l'Epy de la Vierge & la Coupe, ne signifie-il pas aussi que la Comete en fera beaucop mourir de faim & de soif? leur ostant l'vsage du bled & du vin par la sterilité de l'vn & de l'autre, ou par d'autres miseres? En suite comme elle a passé dans la queuë de l'Hydre, n'est-ce pas pour l'enuenimer encore dauantage contre la Iustice? en faisant toûjours renaistre dans les procez quelques incidens, qui empeschent ou qui retardent au moins ses bōnes intentions? car vn bon procez est vne Hydre à plusieurs testes toûjours renaissantes. De là n'a-t-elle pas percé les voiles & les masts de la Nauire Argo? pour montrer qu'il y en aura bien de cassez, brisez, & canonnez par la Guerre ou par les tempestes, auant que tous les effets de la

Pronostiques plus vray-semblables sur les Cometes.

En mal.

Comete cessent. Mais cela n'est gueres mal-aisé à deuiner, les dispositions y sont belles. Ensuite comme elle a passé par le Coq, le Chien & le Lieure; ne peut-on pas dire que la Fauconnerie & la Venerie ne seront pas heureuses, & que les Oyseaux, les Chiens & les bestes feroces, feront bien la Guerre aux pauures & timides lieures: mais que tous ensemble souffriront à la fin par la malignité de la Comete? Apres cela comme elle a trauersé le fleuue Eridan & qu'elle s'est iettée dãs la gueule de la Baleine, n'est ce pas pour montrer que si la Chasse n'est pas heureuse, la Pesche du Poisson d'Eau douce & de Mer ne le sera pas dauantage, & qu'on fera mauuaise chere ce Caréme? sans parler des affaires d'Estat & de Religion, que ce fleuue & cette Baleine pourroient designer? Pour les Signes où elle a passé, voicy ce qu'on en pourroit dire. Ayant commencé par celuy de la Balance elle est entrée dans celuy de la Vierge qu'on appelle aussi Astrée: pour signifier à cette bonne Deesse, qui par l'égalité de ses Balances doit tenir chaque chose en vn iuste equilibre: que sa grand queuë luy peut causer du mal estant venuë dans le Lyon, pour faire craindre sa ferocité jointe à la force du Roy des Animaux, si sa generosité ne l'empéche. Par le Cancre elle nous menace que tout ira suiuant la deuise du Globe, porté sur le dos d'vne Ecreuisse auec ces mots, *Cosi va il mondo*, si les Gemeaux dans lesquels elle entre aussi tost (qui sont des Astres de bon Augure aux Nauigateurs, pour les sauuer du dernier naufrage) ne temperent sa malignité. Delà elle entre dans le Taureau qui est vne beste à corne & fort dangereuse, & finalement dans le Belier dont elle perce la teste justement aussi par la corne. Et tout cela n'est-ce pas montrer clairement que c'est pour en faire sortir beaucoup d'autres à ceux qui ne le pensent pas ? Heureux qui s'en pourra bien garentir, au moins de la Reputation d'auoir participé à cette mauuaise influence. Enfin voila les Pronostiques les plus vray-semblables que l'on pourroit faire sur nostre Comete, pour opiner au mal. Mais pour donner vn bon reuers à cette medaille, ne pourroit-on pas dire au contraire: puis qu'elle n'a point touché à l'Epy ny à la Coupe, mais qu'elle a seulement trauersé le corps & la teste du Corbeau qui les deuoroit, que c'est pour signifier que ces Oyseaux funestes qui ostoient presque à tout le monde l'vsage du pain & du vin, par les Maltotes & les Impositions, ne le feront plus si on les perce au cœur, par le restablissement de l'ordre dans la Iustice & dans les Finances. Si elle a passé dans l'Hydre c'est pour la mesme fin, d'abolir tout à fait ce Monstre à longue queuë, & à plusieurs testes, qui s'engraissoiẽt du sang & de la substance des Miserabl[e]s. Si elle a passé dans la Nauire Argo pour enfler ses voiles, n'est-ce pas pour conduire les nostres à la conqueste de la Toison d'or, aussi-bien que celle de Iason. Si elle est venuë ensuite dans le Coq, le

Pronostiques en bien.

Chien & le Lieure n'est ce pas pour montrer que la vigilance du Prince, & la fidelité des Ministres en leurs Conseils & en leurs actions, peuuent rendre les Peuples heureux, & faire dormir le petit Lievre en seureté des Renards & des Loups rauissants? Mais quoy je me laisse emporter à la Prediction, comme si j'estois échauffé par quelque Diuinité fatidique; tant i'ay de plaisir à penser au bien qui se peut faire, & qu'on doit attendre du regne de la Iustice. Ie laisse pourtant ces Moralitez & ces souhaits pour quelque autre occasion, & reuiens à ceux qui font des Predictions contraires.

Du cōmencement & de la durée de leurs effets.

Pour le commencement & la durée de la signification des Cometes, ils disent donc: *Que si elles se montrent vers l'Orient, c'est à dire auant le Soleil leué,* comme la nostre a fait en Decembre, *leurs effets arriuent peu de temps apres: si c'est quand le Soleil est couché,* comme elle a fait aussi en Ianvier, *leurs effets mettent plus de temps à arriuer.* Ils adjoustent que pour sçauoir precisément ce temps là, *il faut considerer la Maison où elles se trouuent dans l'Horoscope du Monde pour predire les choses generales, dans l'Horoscope des Royaumes, Prouinces, Villes & Personnes particulieres,* pour sçauoir quand ce qu'elles predisent en particulier, doit commencer à affliger les Royaumes, Villes & Personnes: *& remarquer combien il y a de Maisons depuis celle de la Comete jusques à l'ascendant de l'Horoscope en question, & donner à chaque Maison deux mois, &c. on dira que les effets commenceront vers* *la fin du temps que l'on aura trouué.* Pour leur durée *il faut donner à chaque Maison qui se trouuera entre le lieu de la Comete & l'ascendent de quelque Horoscope que ce soit, vne année. De sorte que si la Comete est à la pointe de la dixiesme Maison : l'on dise que les effets dureront trois ans, parce qu'il y a trois Maisons entre ladite pointe & l'ascendant; sçauoir la 10. la 11. & la 12.* Ce qui ne manque point disent-ils dans la supputation du temps & des effets des Eclipses, *& qui ne sera pas moins iuste à l'égard des Cometes.* Et pour conclusion, *Que la queuë du Scorpion finit la cinquiesme Maison de l'Horoscope de l'Vniuers, & que la teste du Taureau commence la 11. ce qui se doit entendre aussi de celuy de la France, qui ne differe de celuy du monde que de 6. degrez. Et que pour cette année, la queuë du Scorpion tient le milieu du Ciel, & la teste du Taureau le milieu de la 4. d'où il paroist que dans deux mois & demy nous commencerons à ressentir les effets de la Comete, & que tout l'Vniuers nous tiendra compagnie durant deux années.*

Voila quelles sont les Predictions de ces grands Philosophes, Astronomes & Pronostiqueurs Arabes & Egyptiens. Sur la foy desquels on peut hardiment parier qu'vne partie de ce qu'ils ont dit arriuera, mais non pas sur leurs causes & raisons : car elles ne sont écrites que pour rire; Et comment est ce qu'on oseroit dire serieusement qu'on peut faire ou qu'on a dé-ja fait l'horoscope du Monde, des Royaumes, des Villes, des Religions & de ces autres choses qui ne se forment pas tout d'vn coup ? Pour celle d'vn potiron qui

On ne sçauroit faire l'horoscope des Monarchies.

vient en vne nuit, encore prendroit-on patience : pour celle d'vne Maison ou d'vn Batteau, on la pourroit dresser sur le temps qu'on pose la premiere pierre, ou qu'on met la premiere cheuille: mais pour vne Ville, vn Royaume & vne Religion, ce ne sont pas des ouurages d'vne nuit, d'vn mois, ny d'vn an, dont on ignore tousiours les vrais commencemens. Où prendra-t'on celuy de la Monarchie Françoise ? sera-ce chez nos vieux Gaulois dont nous habitons le païs? Sera ce celle de nos Rois Francs dont Pharamond est compté le premier, quoy qu'il n'aye quasi point mis le pied en France? sera-ce du jour qu'il fut esleu Roy par l'Assemblée de Tréves dont à peine sçait-on l'année 420. comment en sçauroit-on le jour & l'heure? sera ce par le Baptesme de Clouis le premier de nos Rois Chrestiens ? Sera ce par Charlemagne sous lequel la Monarchie s'est accruë, & a poussé l'ardeur de sa jeunesse? Sera-ce par Hugues Capet, qui la remit en vigueur; enfin par où peut-on se prendre pour faire l'Horoscope de la Monarchie Françoise, & de mesme des autres. Qu'on ne m'apporte pas pour exemple qu'on a bien fait celle de Rome, & que les Romains mesmes en faisoient leur Epoque en comptant leurs années, *ab Vrbe condita*, depuis la fondation de la Ville : car outre que les plus doctes d'entre-eux [a] en different de deux années & que le 21. Auril qu'ils luy assignent, ne se rapporte

Quoy que les Romains eussent fait celle de la leur.

[a] *Varon. Caton. Flacus.*

point au nostre par la diuersité du Calendrier, qui a changé tant de fois depuis, comme il seroit facile de prouuer si l'affaire le meritoit : c'est qu'ils ne parlent pas de l'heure, sans laquelle on ne sçauroit faire aucun horoscope pour situer les Planetes dans les 12. Maisons d'où depend le mystere. Et puis ce n'est pas en cela qu'il faudroit les imiter, ce sont leurs grands deffauts qu'il faudroit plutost couurir que mettre en euidence. Imitons leur Iustice, leur Police, leur frugalité, leur desir de gloire, & tant d'autres belles vertus qu'ils auoiēt, mais ne suiuons pas leur premiere ignorance & leur superstition.

Encore moins des Religions.

Pour l'Horoscope des Religions par où s'y prendroit-on? I'en ay dé-ja touché quelque chose au Discours precedent en parlant de la nostre. Sera-ce par la naissance du Legislateur, par exemple de Mahomet, ou par la composition de son Alcoran ou par sa fuite de la Meque, ou par ses conquestes, ou par sa mort? tous ces temps sont fort incertains & l'heure encore dauantage, sans laquelle on donneroit tel ascendant à la Figure, & l'on feroit venir telle Planete qu'on desireroit, dans la Maison qu'on voudroit choisir. Pour la Religion Chrestienne, c'est vne impieté horrible, de la soûmettre à l'Astrologie quand on le pourroit: il est donc impossible de dresser l'horoscope de ces choses, dont on n'a point l'heure, & qui ne naissent pas tout à coup; comme les Monarchies, les Religions, les Villes, & partant d'y appliquer la Comete (quand on en pourroit auſſi faire l'horoſcope ce que i'ay refuté) pour voir ce qu'elle leur pronoſtiqueroit. Mais comme ces Arabes parlent fort ſouuent de l'horoſcope de l'Vniuers, il en faut toucher quelque mot, & dire qu'il y auroit encore plus de difficultez à la dreſſer qu'en toutes les autres, parce qu'on eſt encore moins certain du vray temps qu'il a commencé: ie ne dis pas pour l'heure, le jour, le mois, ny l'année, ny encore pour les centaines d'années, mais pour les milliers meſmes; puis qu'il y a plus de cent opinions toutes differentes, d'Hiſtoriens, Theologiens & Chronologiſtes, qui en eſtabliſſent la creation plus de deux mille ans les vns auant les autres, en ſuiuant meſme tous la ſainte Eſcriture. Car ie ne parle pas des Annales & des Hiſtoires des Babyloniens, des Egyptiens & des Chinois, qui font le Monde bien plus vieil que Moyſe. Ie ne parle que des Chreſtiens & des Iuifs qui ont les meſmes Liures, & qui different d'vn ſeul Article en ſuiuant la verſion des 70. ou le Texte Hebreu, de plus de 1500. ans depuis la Creation du Monde iuſques à Abraham ſeulement, ce qui ne vaut pas la peine d'en parler. Et pour montrer que ce n'eſt pas vne bagatelle, ny vne opinion à rejetter; c'eſt que la premiere leçon du Martyrologe Romain qu'on dit à l'Office de Noel, commence par l'opinion des 70. conformément aux ſentimens d'Euſebe, ſaint Cyprien, Clement Alexandrin, Epiphane & quantité d'autres Peres, & dit

Ny de l'Vniuers.

Dont on ignore l'année de la creation

dit que depuis Adam iusques à Iesus Christ, il y à 5199. ans, qui est enuiron 1500. ans de plus, que ceux qui suiuent les Hebreux n'en comptent, depuis Adam seulement iusques à Abraham. Mais supposé que le Texte le deust emporter par dessus la Version comme l'apparence le veut, quoy que les difficultez proposées au contraire par de grands hommes Anciens & Modernes [a] ne soient pas encore leuées & (qu'il soit bien difficile de les accorder.) Et que depuis Adam jusques au Deluge il n'y eust que 1656 ans; au lieu de 2263. que veulent les autres; combien y-a-t'il d'opinions differentes depuis le Deluge iusques à Iesus-Christ? Il y en a presque autant qu'il y a eu de Docteurs qui ont voulu supputer les années: parce que l'Histoire de la Bible n'est pas continuë, & qu'il y a beaucoup d'interruption, du Gouuernement, & du regne des Iuifs, par leurs captiuitez & transmigrations: ensorte que cela a fait plus de cent opinions differentes, qui ne peuuent estre reglées par aucun Charactere certain de Chronologie, c'est à dire par aucunes Eclipses ou Obseruations des Astres que la Bible aye marqué; au moyen desquelles on trouueroit infailliblement les vrais temps de la Creation, du Deluge, d'Abraham, de Moyse, de Dauid & des autres, qui sont incertains. Comment pourroit-on donc faire l'Horoscope du Monde, & remonter à vne source si cachée & si esloignée de nous? puis que

Par la diuersité du Grec & de l'Hebreu

Et des defaux de l'Astrologie des Iuifs.

a Isaac Vossius.

celle du Nil seulement ne nous est pas trop bien connuë? Il n'y a donc point d'apparence de determiner seurement cette premiere année ; pour l'heure & le iour encore moins, puis qu'on dispute de la saison, & que les vns veulent que ce soit en Automne, à cause qu'il y auoit du fruit, les autres au Printemps, à cause qu'il fut ordonné à la terre de pousser l'herbe & de germer. Mais comme i'ay desia remarqué, toute cette Controuerse entre les Escriuains, est assez inutile & malfondée à moins que de sçauoir où estoit le Paradis Terrestre, & le lieu particulier où cét Estre infiny qui est partout, s'estoit placé pour parler à toutes les Creatures en les tirant du neant : Parce qu'en quelque endroit qu'il aye mis le Soleil dans le Zodiaque, il estoit sur la terre toutes les saisons de l'année, l'Hyuer en vn lieu, l'Esté en l'autre, icy le Printemps là l'Automne; ce sont toutes Questiōs fort inutiles & dont on ne deuroit point s'embarrasser y ayant tant de meilleures recherches à faire. Pour l'heure & le iour de la Creation comment les pourra-t'on donc sçauoir: car à quelque heure que ce soit, i'ay dé-jà prouué qu'il estoit toute sorte d'heures. Pour le iour lequel prendrez vous? puis que l'Architecte du monde qui pouuoit faire toute cette grande Machine d'vne seule parole & en vn instant, y a voulu employer six iours, Par lequel commencerez vous? si c'est par le premier, il n'y auoit point encore de Soleil & d'Estoiles; pour mettre dans vn Horoscope si

On ne peut sçauoir la saison de la Creatiō ny l'heure.

c'est par le quatriesme, qu'elles furent faites, quelle disposition leur donnerez vous? & comment placerez vous les Planetes dans le Zodiaque & le Zodiaque dans les 12. Maisons? & pour quel horizon? puisque i'ay prouué cy-deuant que les Maisons d'vn lieu n'estoient pas celles d'vn autre, & qu'en mettant par exemple le Soleil au Midy, ou dans la dixiéme de l'Horoscope de l'Vniuers, c'estoit le mettre au Leuant ou dans l'Ascendant, ou bien au Minuit, & dans la quatriesme, ou en telle autre heure & Maison qu'il vous plaira de la mesme Horoscope du mõde, de mesme des autres Planetes qu'on auroit placées en tel lieu, qu'on auroit choisi pour leur donner telle signification qu'on auroit voulu, conforme aux grands euenemens & changemens du monde. Ce ne sont que des ioüets de l'esprit, ou l'occupation des personnes oysiues que d'employer le temps à ces bagatelles, puis qu'on n'y sçauroit reüssir, ny prendre vn point fixe pour sçauoir d'où l'on part. Aussi deux ou trois Autheurs qui s'y sont amusez, les ont faites toutes differentes, & auec des deffauts & des contrarietez au mouuement des Cieux. Et si on dit que pour faire cette Horoscope de l'Vniuers, il n'est pas necessaire de rechercher si exactement l'heure le iour ny l'année de sa creation, & qu'il suffit de placer le Soleil dans le commencement de la Balance ou du Belier, pour satisfaire à l'vne ou à l'autre des opinions, que le Monde a esté creé au Printemps ou en Automne, & de

Ny placer les Planetes dans le Zodiaque ny dans les douze Maisons.

mettre puis les autres Planetes à discretion en quelques autres Signes, & les placer tous dans des Maisons propres à signifier les grandes choses qui sont arriuées dans le Monde. Ie réponds qu'il est presque impossible que de telles Horoscopes faites à plaisir & à discretion, sans consulter les Tables des Mouuemens Celestes, ne soiét contraires à l'Astronomie, comme celles a qui mettent Mercure esloigné de 30. ou 60. degrez du Soleil, & Venus aussi de 60. ou de plus : Ou qu'elles ne commettent d'autres fautes qui contredisent la Sainte Escriture, & qui ne fassent le Monde plus ieune, ou plus vieil de beaucoup que ne fait la Bible; se pouuant faire mesme que la rencontre des Planetes & des Estoiles, telle que l'Astrologue l'aura supposée dans sa Figure n'aura peu arriuer de 50. mille ans : car il est bien certain que telle qu'est presentement la Reuolution du Ciel, & la disposition des Estoiles & des Planetes sur Paris, elle ne se rencontrera pas tout à fait semblable de plus de cinq ou six cent mille ans, quand le monde dureroit autant.

Sans presque choquer l'Astronomie.

Ou le faire cõtraire à la sainte Escriture.

Tout cela me seroit bien facile à démontrer, sur vn Horoscope du Monde que i'ay veu autrefois, où l'Autheur auoit mis le Soleil dans le premier degré du Belier, & la premiere Estoile de ce Signe dans l'Equinoxe du printemps. Ce qu'estant ou le Monde n'a pas 3000. ans ou il en a plus de 38000 l'vn & l'autre cõtraire à la Bible. Parce que

a *D'Alliaco Iul. Firmicus Alleus.*

cette premiere Estoile du Belier (comme i'ay déjà dit ailleurs) s'esloignant tous les cent ans d'vn degré du point de l'Equinoxe, suiuant Ptolomée (que nos modernes ont reduit à 71. ans) puis qu'elle en est maintenant esloignée de 28. degrez, il y a donc 28. fois cent ans qu'elle estoit dessus, Et partant si c'estoit alors la Creation du Monde, comme il dit, il n'y auroit que 2800 ans. Ou bien si vous trouuez que ce soit trop peu, & qu'il faille le faire plus vieil; vous ne le sçauriez faire moins que d'vne Reuolution precedente; c'est à dire de 36. mille ans auparauant; puis que sur ce pied d'vn dégré en cent ans, il faut tout ce temps-là au Firmament pour acheuer son tour, & reuenir au mesme point que chaque Estoile occupe. Ainsi de toute necessité & par demonstration, ceux qui mettent dans l'Horoscope du Monde, la premiere Estoile du Belier dans l'Equinoxe du Printemps auec le Soleil, sont contraires à la Sainte Escriture. Et la disposition des autres Planetes, qu'ils mettent où bon leur semble dans les autres Signes du Zodiaque, pourroit peut-estre ne se pas rencontrer de plusieurs centaines de milliers d'années; puis que vous voyez que pour faire quadrer cette seule circonstance de la premiere Estoile du Belier dans l'Equinoxe, il faut qu'il y aye 2800. ans ou enuiron, ou bien 39. mille. Iugez combien il en faudroit, pour adiuster tant d'autres rapports & Combinaisons des Planetes & des Signes, & combien on se trouueroit esloigné de la sainte Bible.

En faisant le monde plus ieune ou plus vieil qu'elle ne dit.

On ne peut dôc pas appliquer la Comete à ses Horoscopes.

Qu'on ne parle donc iamais plus de cette Horoscope de l'Vniuers, ny d'aucune autre qu'on fasse de mesme, que comme d'vn joüet fait à plaisir: ny de celles des Religions, des Monarchies & des Villes, ny par consequent de leur application à celles des Cometes, qui ont donné lieu à ce petit Discours. Mais qui ne sera pas inutile, s'il empesche du moins quelqu'vn de prendre tout de bon ce qui ne deuoit auoir esté dit que par raillerie, par ceux qui l'ont publié. Aussi ne sont-ce que des amusemens de personnes qui n'ont rien à faire & que ce sage Romain apelle non pas des sentimẽs de Philosophes, mais des songes de gens qui extrauaguent: *Non*[a] *Philosophorum iudicia, sed delirantium somnia.* Et si par ces Figures ou cercles on fait quelques rencontres, c'est comme par la Roüe de Pytagore, par les vers d'Homere ou de Virgile, ou par le ieu du Dodecaedron, qui font trouuer par fois des choses surprenantes.

a Cic. de Nat. l. 1.

REFLEXIONS SVR QVELQVES *autres Diſcours imprimez touchant la meſme Comete.*

APRES auoir ſatisfait à ce que mes Amis & l'intereſt de la Verité, auoient deſiré de moy touchant le Diſcours dont ie viens de parler. Comme ie penſois eſtre quitte de ce genre d'ecrire, qui découure les deffauts des autres en produiſant les ſiens: voila que l'on m'oblige encore à dire mon ſentiment, ſur trois ou quatre Liures qui paroiſſent au iour. Et quoy que ie me veuille excuſer ſur le peu de mal qu'ils peuuent cauſer, n'eſtant pas aſſez forts, ce me ſemble, pour faire quelque impreſſion de conſequence ſur des Eſprits tant ſoit peu éclairez. Ils m'oppoſent que quelques vns eſtant écrits par de fort habiles Geometres, d'autres par des perſonnes Eloquentes en Philoſophie; ils pourroient ſurprendre les Lecteurs, & faire paſſer ce qu'ils ont auancé, pour autant de veritez ſorties du trepied d'Apollon, ou d'vn Equation d'Algebre, s'il n'y eſtoit répondu: & par là m'obligent encore, à quelque petit Examen; non pas de ces Libelles qui n'ont dit que des choses communes & basses, mais de ceux dont les Autheurs ou leurs Maistres, ont quelque reputation. Ie leur obeys donc, puisque nos volontez doiuent estre toûjours sousmises à celles de nos amys iudicieux, pour ces sortes de choses, qui ne vont qu'à l'auancement des sciences, & à la deffense de la verité. Aussi ne voudrois je pas qu'on me creut deuenir Critique pour autre interest que pour celuy-là, ne connoissant point ceux de qui ie parle & n'ayāt pas le don de déchiffrer leurs noms par des lettres Capitales. Ainsi ie ne pretens taxer personne, & serois tres marry qu'il m'échappast vn seul mot, dont les Autheurs de Grenoble, de Paris, ou d'ailleurs pussent estre offensez. Ie ne parleray donc que des choses, afin qu'elles ne puissent tromper personne, sous pretexte que personne ne les auroit reprises : comme il n'arriue que trop souuent que les menteurs establissent les faussetez, comme des veritez certaines, parce qu'elles ne sont pas contredites. *In quo fallebat multos quod eum nemo redarguebat*, dit vn grand Personnage à ce mesme propos.

L'interest de la verité doit faire écrire pour sa deffence.

Contre les choses fausses nō point contre les personnes.

Mais si cela a jamais eû lieu ie croy que c'est en beaucoup d'opinions de la Philosophie de Monsieur des Cartes. Cet Autheur estoit si hóneste homme, de Famille & d'Alliances si considerables, que ceux qui leur appartiennent, ou qui l'ont

a Cic. de Diuinat.

connû,

connu, ont quelque retenuë pour luy, pour ses Escrits, & pour quantité d'hôneftes gens qui se sont liurez à tous ses sentimens. Ce qui fait qu'on ne les a pas refutez d'abord, comme on auroit fait ceux d'vn Estranger ou inconnu, qu'on n'auroit point voulu espargner, & pour lequel on n'auroit pas eû toutes ces considerations. Mais quand on s'y trouue obligé par l'interest de la verité & par la contrarieté des opinions, il n'y a plus de ciuilité qui retienne la plume contre les Escrits, on ne garde les mesures que pour les personnes: & ie sçay mesmes qu'il y en a beaucoup de ceux qui ont autrefois suiuy toutes ses opinions, qui en ont abandonné quelques-vnes, & ie ne doute point qu'ils ne renoncent encore à d'autres à mesure qu'on en découurira les deffauts. Car à dire le vray, ie croy qu'il y en a beaucoup de fausses qui paroissent probables, suiuant le iugement de Ciceron. *Multa falsa, probabilia:* l'adresse de ses comparaisons, & la netteté de ses Expressions, les rend telles & comme la verité est cachée, on se contente de ce qui luy ressemble & qui a l'apparence du vray, *Neque quidquam aliud* (dit il) *inueni firmius quod tenerem, quam illud quod mihi simillimum veri videretur, cum illud ipsum verum in occulto lateret.* a Ie ne croy donc pas qu'ils trouuent mauuais qu'on examine icy l'opinion de Monsieur des Cartes sur les Cometes (laquelle ie m'estois contenté de rapporter par ses propres termes) puisque mesme

La plus part des choses probables sont fausses.

a Cic. de Orat.

L'opiniõ de Mr. des Cartes abãdonnée par son sectateur

l'Autheur dont i'ay parlé ne la suit qu'en partie, & qu'il l'abandonne pour la queuë: dont il veut rendre raison par des causes qui ne sont point de son Maistre, & qui feroient tort à sa reputation & à ses principes si on ne sçauoit qu'ils y sont contraires. Outre que ie ne les croy pas tous d'humeur à vouloir soustenir opiniastrement vne cause, pour l'auoir autrefois iugée bonne, encore que de tout temps la plus part de ceux qui ne sçauent que suiure les autres, quand mesme ils ne les approuueroient pas en tout, croyent estre obligez de les deffendre par quelque espece de constance; & trouuent mauuais qu'on les contredise & qu'on les refute. a

Ie diray donc sur cette asseurance mon sentiment, touchant le Liure qui pretend suiure l'opinion de M. des Cartes sur les Cometes, & qui refute celles qu'on rapporta en vne celebre Assemblée particuliere il y a quelques mois dont ie ne fus point auerty. Ie laisse à ceux qui les auoient proposées le soin de les deffendre, s'ils le iugent à propos; I'en ay ce me semble touché quelques vnes dans mon premier Discours, ie ne parleray donc icy que de la sienne, & feray quelques Remarques en passant sur ce que d'autres auront dit vn peu de trauers, si l'occasion s'en presente.

a *Redargui refellique se animo iniquo ferunt qui certis quibusdam destinatisque sententiis addicti & consecrati sunt, eaque necessitate constricti, vt etiam quæ non probare soleant, ea cogantur constantia causa defendere.* Cic. Tuscul. l. 2.

Premierement pour montrer que la Comete ne peut point estre composée de plusieurs Estoiles, il dit qu'on les y auroit veuës auec des Lunettes, aussi bien & mieux qu'on ne voit *celles de la voye Lactée* (ce qui est bien veritable.) *Et de mesmes que ces 4. Estoilles qui sont autour de Iupiter, & des deux qui accompagnent Saturne &c. lesquelles sont deuenues visibles par le moyen des dernieres Lunettes qu'on a inuentées.* En quoy il tesmoigne n'estre pas du nombre des Sçauans, ny des ignorans tout à fait en ces sortes de choses, mais de ceux comme il dit, qui tiennent le milieu: car effectiuement il ne sçait que la moitié de ce qu'il faut pour en bien parler. Il deuoit donc sçauoir que ces quatre Estoiles qui sont autour de Iupiter, sont de la premiere découuerte des Lunettes de longue veuë; & qu'incontinent apres leur inuention en 1609. Galilée découurit ces Astres en May 1610. qu'il appella de Medicis, dediant son Liure à Cosme II. grand Duc de Florence sous le tiltre *de Nuncius Sydereus*, auec d'autres Obseruations d'vn grand nombre d'Estoiles fixes dans les Pleïades, dans l'Orion, dans des nebuleuses & dans la voye Lactée. Et quelques mois apres il vit aux costez de Saturne comme deux petites Estoiles, qu'il nomma ses gardes ou ses compagnes parce qu'elles ne le quittoient point. Ainsi ce n'est pas vne chose nouuelle que cette découuerte des quatre satellites de Iupiter, & de ces gardes de Saturne, *elles ne sont pas deuenues visibles par le moyen des dernieres Lunettes,*

Que les Estoiles de Iupiter & de Saturne ne sont point nouuellement découuertes.

En quel temps elles l'ont esté.

Ce ſont des effets des premieres, & de celles dont ce grand Homme ſe ſeruoit qui ne differoient des noſtres que de la longueur ſeulement, au moyen de laquelle on a découuert que ces Gardes que Galilée auoit creu eſtre deux Eſtoiles (les ayant touſiours veuës comme rondes à coſté de Saturne) faiſoient des Figures bien differentes, paroiſſant meſme comme deux Croiſſants qui l'enuironnent, & faiſant d'autres contours aſſez bigearres, au rapport de Fontana Neapolitain & de pluſieurs autres Obſeruateurs dés l'an 1633. ſuiuant les Liures qui en furent imprimez. Mais en l'année 1646. & les ſuiuantes Riccioli, Heuelius, Diuini, & M. Huggens, auec des Lunettes de 20 à 30. pieds de longueur le virent plus diſtinctement que Galilée n'auoit fait auec les ſiennes de neuf à dix, & découurirent ce que c'eſtoit que ces deux Croiſſants ou gardes autour de Saturne qui auoient changé ſi ſouuent de Figure. Et ſur ſes propres Obſeruations Monſieur Huggens fit vne hypoteſe que ce pourroit eſtre vn grand cercle ou anneau qui enuironnoit cette Planette ſans la toucher, & qui parroiſſoit en diuerſes Figures Elliptiques ſuiuant que ſon plan eſtoit plus ou moins incliné à l'égard de la terre, ainſi qu'il l'explique dans ſon Syſteme. De plus en conſiderant ſouuent cét Anneau pour y découurir quelques nouueautez, il vit par hazard vne Eſtoile qui ſe mouuoit autour de luy & de la Planete, ne s'en eſloignant que de 3. minutes: de laquelle Eſtoile ayant

La derniere découuerte du Cercle & de la Lune de Saturne

curieusement obserué le Cours, il s'apperceut que c'estoit vne Planete qui tournoit alentour de Saturne en 16. iours ou enuiron, comme les 4. satellites font au tour de Iupiter, le premier en vn iour 3. quarts, le 2. en trois & demy, le 3. enuiron en 7. & le quatriesme presque en 17. iours, & comme la Lune se meut en 29. & demy au tour de la terre: & pour cela mesme il l'appella Lune de Saturne, qui est veritablement vne nouuelle découuerte publiée depuis 1656. de laquelle i'aurois souhaitté que l'Autheur I. D. P. M. qui se veut mesler de parler de ces choses, eut esté mieux informé pour en informer les autres & ne pas dire que les *quatre Estoiles de Iupiter & les deux de Saturne sont de nouuelles découuertes*, & ne pas appeller ce cercle qui est autour de Saturne *deux Estoiles* comme on faisoit il y a cinquante ans, au lieu desquelles il n'auroit pas obmis la veritable Estoille ou Lune Saturnienne qui tourne alentour comme i'ay desia dit: tant il est important de ne s'engager point à parler des choses qu'on ne sçait qu'à demy, à moins que de ne vouloir passer tout au plus que pour demy sçauant, comme i'en ay veu d'autres aussi, prendre les deux Croissants de Lumiere que forme ce Cercle autour de Saturne, pour l'Estoile nouuelle de Mr. Huggens, à cause qu'il l'appelle Lune de Saturne, & que les Croissans en ont la Figure. Voila donc la premiere obseruation que ie crois estre obligé de faire sur ce liure, afin qu'on iuge si son Autheur peut estre vn digne Interprete des senti-

Que cet Autheur a deu sçauoir.

mens de M. des Cartes & s'il peut soustenir le personnage d'vn bon Astronome en tout le reste de son Discours.

Apres auoir dit que le nom de Comete vient du mot Latin *Coma*, ou du Grec κόμη, on auroit mieux dit tout d'vn coup de κομήτης, il adiouste qu'elle a *paru depuis le 2. Decembre iusques à la fin de* Ianuier, comme si nous ne l'auions pas encore veuë de nos simples yeux beaucoup plus long temps, & qu'au *commencement & sur la fin de son apparition, elle faisoit deux ou trois degrez par iour d'Orient en Occident*, ce qui n'est pas vray, puisque sur la fin de Ianuier elle ne faisoit pas seulement 15. minutes, & que depuis le commencement de Feurier elle n'auançoit point *d'Orient en Occident*, ayant demeuré iusques au 8. comme stationnaire en Longitude; puis estant deuenuë retrograde comme ie diray dans l'Histoire des Obseruations: & cependant il dit hardiment que sur la fin de son mouuement, elle n'a plus fait que ses deux degrez comme au commencement. Pour les heures de son leuer, il les donne d'vne belle maniere en disant *qu'au commencement elle se leuoit sur les trois heures apres minuit*, passe pour cela, *& sur la fin à six heures du soir*, cela est faux: car en ce temps là elle estoit leuée dés le iour, auant que le Soleil se couchast. Et mesme elle auoit dé-ja passé le Meridien à cette heure-là dés le quinziéme de Ianuier. Mais i'oubliois vne belle chose, *que sur la fin elle se leuoit du costé de l'Occident*. O qu'il y a de Grands Philosophes qui voudroient auoir veu

Erreurs dans le mouuemēt de la Comete, pa. 7. 73 74. &c.

Dans l'heure de son leuer. pa. 8.

ce miracle! Vn Astre se leuer au couchant? qu'auroit dit Saint Denis là dessus? Mais quand l'Autheur n'entendroit parler que de la queuë de la Comete, ce qu'il ne dit pas, cela est mal enoncé.

En la page 34. pour expliquer la parallaxe il dit qu'on a 3. lignes qui font vn triangle, assauoir vne depuis le centre de la terre iusques à la Comete, vne autre du mesme centre à l'Obseruateur qui est dessus la terre, & la troisiéme depuis l'Obseruateur iusques à la Comete, *& que dans ce triangle on connoist assez de choses pour paruenir à la connoissance de l'angle superieur, qui est fait par les deux lignes qui vont se joindre à l'Astre que l'on mesure, & selon que cet Angle est grand ou petit, on dit que cet Astre a plus ou moins de parallaxe.* Il nous obligeroit bien fort de nous resoudre donc ce triangle: tout ce qu'il y a de Geometres & d'Astronomes luy sacrifieront vne hecatombe s'il en vient à bout. Car iusques icy ils n'ont point trouué l'inuention de resoudre aucun triangle dans lequel il n'y eut que deux choses données, comme en celuy-cy où il n'y a que le demy diametre de la terre, & l'Angle qu'il fait auec la ligne visuelle de l'Obseruateur à la Comete: s'il se peut passer d'en sçauoir dauantage pour calculer ce triangle, il est le premier Geometre du monde & il nous pourra dire les distances en tout temps de la Comete, des Planetes & des Estoiles à la terre: mais comme cela est impossible, on croira ce que l'on voudra de sa capacité Trigonometrique. Ne vaudroit-il pas mieux en bonne verité ne

Erreurs touchant la parallaxe.

point écrire de ce qu'on ne ſçait qu'à baſtons rompus, que d'en barboüiller ainſi le papier, ie veux dire de ces choſes qui conſiſtent en demonſtrations & dont on peut eſtre argué de faux. Car pour celles comme i'ay dit ſi ſouuent qui ſont opinables, & qu'on ne donne que pour des viſions ou des conjectures, comme luy, d'autres, & moy-meſme auons fait ſur le corps & la queuë des Cometes, ie n'y trouue point à redire: il eſt permis à qui que ce ſoit d'imprimer ou faire imprimer, tant que l'on voudra en payant le Sceau; Mais pour les choſes de fait ou de Droit, dont on peut eſtre conuaincu, il me ſemble qu'on y doit aller vn peu plus lentement.

On ne doit point écrire legeremẽt des choſes de fait.

Enſuite quand il dit que *le Soleil eſtant vertical eſt tellement esloigné de nous qu'il n'a plus de parallaxe ſenſible*, il me fait ſouuenir de beaucoup de Gens que i'ay veus, qui croyoient auoir dit des merueilles, quand ils auoient employé de beaux termes pour rendre raiſon de ce qu'on leur demandoit, & penſoient que c'eſtoit aſſez de les auoir mis en œuure pour paroiſtre Sçauans, comme ils faiſoient en effet auprés de ceux qui ne les entẽdoient pas. Quãd le Soleil nous eſt Vertical ce n'eſt pas *à cauſe qu'il eſt plus esloigné de nous qu'il n'a point de parallaxe.* La cauſe en ſeroit fauſſe, car au contraire il en eſt plus proche, que quand il ſe leue ou ſe couche. Et ſi c'eſtoit le plus grand eſloignement de l'Aſtre à l'Obſeruateur qui fit le moins de parallaxe en vn meſme iour, il s'enſuiuroit que la Parallaxe Horizontale

Raiſon pourquoy le Soleil & tout Aſtre eſtãt vertical n'a point de parallaxe.

zontale de tout Aſtre ſeroit moindre que la Verticale ce qui eſt faux; puis que la Verité eſt que la diſtance de l'Obſeruateur à l'Aſtre qui eſt horizontal, eſt plus grande que quand il luy eſt Vertical. Ce n'eſt donc pas acauſe de l'eſloignement, que le Soleil ou la Comete eſtant vertical n'a point de Parallaxe; mais acauſe que cette ligne tirée du centre de la terre au Soleil (dont il a voulu parler cy-deuant) eſt la meſme que celle de l'Obſeruateur, & par conſequent ne fait point d'Angle Parallactique, ce qui eſt commun à tous les autres Aſtres Verticaux. Ces raiſonnemẽs à la verité ſont vn peu delicats. Mais au moins celuy de ſçauoir que le Soleil eſtant au Zenit de quelque lieu que ce ſoit, n'en eſt pas plus éloigné que quand il ſe leue ou ſe couche, eſt cõmune: & méme qu'il en eſt plus proche, & qu'il n'eſt pas plus loin de la terre en Hyuer qu'en Eſté) comme i'ay veu force Gens le croire, & que c'eſtoit pour cela encore qu'il n'eſtoit pas ſi chaud, ſans ſçauoir que c'eſt le contraire, & qu'il en eſt plus pres. Ce ſont des premiers Elemens de la Sphere, & ie ne croy pas que Sacrobosco ou ſes Commentateurs ayent oublié de le dire. Finalement il conclud que *les Aſtronomes qui ont voulu meſurer la diſtance des Cometes ny ont trouué aucune Parallaxe ſur leurs inſtrumens.* Il les obligeroit bien tous s'il leur en pouuoit inuenter quelqu'vn ſur lequel on put *trouuer cette Parallaxe.* Ce n'eſt pas ſur les Inſtrumens qu'on l'a trouue: mais par le moyen des Inſtrumens & de quantité de rai-

Le Soleil eſt plus pres de nous eſtant au Zenit & en Hyuer que ailleurs.

Ce n'eſt pas ſur les Inſtrumens qu'on trouue la parallaxe.

ſonnemens qu'on tire enſuite des Obſeruations faites par iceux. Ainſi ce ſont toutes paroles d'vne perſonne qui n'a point de pratique de ces choſes-là, qui ne ſignifient rien en la place où elles ſont, & dont on pourroit faire vne bonne Conſtru-ction en les appliquant comme il faut ; vn bon Maiſtre peut ioüer vne excellente piece ſur les meſmes cordes d'vne viole, quand vn autre ne fait que racler le boyau comme on dit.

En la pa. 45. il dit *qu'vn degré vaut 3000. lieuës ſuppoſant l'esloignement des Cometes de 150. mille lieuës de la terre:* s'il auoit pris la peine de le calculer il n'en trouueroit pas 2620. & quand il adiouſte que la Comete *a par-couru plus de 110. degrez*, s'il auoit bien compté il en auroit trouué plus de 160. Mais il n'eſt pas ſcrupu-leux en Arithmetique, ou plutoſt il pratique bien la regle des deux fauſſes poſitions ; car s'il peche par le plus en l'vne, il vſe de compenſation par le moins en l'autre.

En la page 49. Il dit que *trois celebres Mathemati-ciens ont mis au iour dés le mois de Decembre des Epheme-rides de la Comete pour faire voir le chemin regulier qu'el-les doiuent tenir.* Ce qu'il repete encore en la page 76 & 23. & ailleurs. Mais il nous obligeroit bien de nous dire quels ſont ces trois Ephemeridiſtes par ce que ie ne connois que le ſeul Monſieur Auzout, encore ne la t'il donnée au public que le 8. ou 10. de Ianuier: & ie ne croy pas que perſonne puiſ-ſe juſtifier l'auoir fait auant luy, quoy que cét Au-theur diſe *Qu'il y en a qui ont rendu les Ephemerides*

Mr Auzout a publié le premier l'Ephemeride de la Comete.

publiques dés que la Comete a commencé de paroistre. S'il a de bonnes preuues en main pour le verifier, il a iuste raison de le dire, & mesme il fait tort à ces Messieurs-là de ne les pas nommer, & l'on pourroit penser qu'en ne les nommant pas il auroit eu dessein de diminuer par le nombre ce qui est deu à vn seul: chacun dira bien, s'il le veut, l'auoir escrit dans son cabinet, & cela peut mesme auoir esté fait à Bourdeaux comme il dit, du moins il n'est pas si difficile que la duplication du Cube, la trisection de l'Angle ou la quadrature du Cercle, Mais que cela ait esté publié ou par l'impression, ou par la communication des Lettres, c'est ce que i'ignore & ie croy que Monsieur Auzout est le premier qui la mis au iour, & on ne luy en doit pas oster l'auantage pour le dōner à des incōnus, & quand mesmes quelques vns l'auroiēt fait, ne l'ayant pas publié en temps & lieu ils deuroient se contenter de leur satisfaction particuliere qui est bien souuent la principale recompense des plus belles inuentions? Pour ce qui est d'en auoir tracé le chemin sur le Globe, i'aduouë que beaucoup de gens le peuuent auoir fait, & predit ensuite les lieux par ou elle deuoit passer en le cōtinuant; puis qu'il n'y a rien de si facile depuis qu'on a sceu il y a tres long-temps, que leur mouuement se faisoit comme sur vne ligne droite; & que pour la tracer sur le Globe; il ne faut auoir que deux points & passer par dessus vne regle pliante. Mais de determiner l'heure & le iour

Le chemin des Cometes faciles à tracer sur le Globe.

qu'elle seroit en tel ou tel endroit dessus cette ligne ou Cercle, & que cela ait esté fait *dés le commencement de l'apparition de la Comete & mesme en celle de 1618.* comme il dit page 123. c'est dequoy il est question: & ce que ie n'ay point sceu ny creu auoir esté imprimé qu'apres coup, c'est à dire des Tables telles qu'elles qui ont designé le chemin en Longitude, Latitude & Mouuement iournalier que nostre Comete auoit fait, mais non pas aucune de celuy qu'elle deuoit faire, ce qui est proprement l'Ephemeride pour l'auenir, & les autres sont des Tables pour le passé: cependãt cette equiuoque a fait croire à quelques-vns que Kepler & Gassend estoient les premiers qui eussent fait de ces sortes d'Ephemerides, parce qu'ils auoient veu des Tables d'Obseruations des Cometes de leurs tẽps, quoy que Tyco & bien d'autres en eussent fait de mesme plus de 30. ans auparauant eux,

Cét Autheur ayant examiné les Opinions des autres, & dit son aduis heureusement comme vous auez veu sur beaucoup de rencontres, il entre dans l'explication de celle de M. des Cartes, & dit premierement qu'il *n'y a que 7. Planettes*, en quoy il diminuë le nombre, de cinq seulement, s'il est vray que Planete soit vne Estoile errante, car les 4. autour de Iupiter & la petite autour de Saturne, sont aussi bien Planetes que la Lune qui roule autour de la terre. Ainsi le nombre septenaire des Planetes n'a plus de lieu, & si nous ne trouuuons cinq autres Metaux il n'y a plus de rapport entre-

Il y a plus de 7. Planettes suiuant leur definition.

eux. Auſſi eſt-ce pour cela que les Alchymiſtes ſouflent & trauaillent, pour ne pas perdre l'auantage de cette conformité ſympatique des choſes d'icy bas à celles d'en haut, afin que la Table d'Hermes ſoit touſiours veritable. Mais ne quittōs pas ainſi le vray ou pour le viſionaire. Il dit donc que *ny ayant que ſept Planetes dont la Comete n'eſt pas vne, ny auſſi vne Eſtoile des fixes qui luiſent par leur propre lumiere, ny vne autre de ces Eſtoiles qui ſont autour de Iupiter & de Saturne qui ont toutes vn mouuement d'Occident en Orient; car la Comete ne luit point par ſa propre lumiere, mais ſeulement par la reflexion des rayons du Soleil, & ſon mouuement propre eſt d'Orient en Occident, il faut dire qu'elle eſt quelque choſe de plus.* Voila ſon preambule ou il montre qu'il croit que ces Eſtoiles Iouiales & Saturniene luyſent par leur propre lumiere comme les fixes, contre le ſentiment de tous ceux qui en ont eſcrit, & contre les dernieres Obſeruations faites à Rome l'année paſſée, & que nous ferons Dieu aydant à Paris: ou l'on a veu les ombres de quelques ſatellites de Iupiter ſur ſon diſque, comme de petites taches brunes, ce qu'on n'auroit pas veu s'ils auoient eſté lumineux, parce que leur lumiere au contraire l'auroit eſclairé pluſtoſt qu'obſcurcy, & marqué de leur petites ombres noires; ce qui peut auſſi iuſtifier que Iupiter n'a point de lumiere propre.

Les Satellites de Iupiter n'ont point de lumiere propre ny luy auſſi.

Pour la conſequence qu'il tire que la Comete n'eſt donc point vne Eſtoile fixe, ny vne de celle qui roulent autour des Planetes; parce qu'elle ne luyt point d'elle mesme, & que son mouuement est d'Orient en Occident: elle ne peut estre receuë en bonne Logique pour indubitable, puisque ses premices peuuent estre fausses. Quelle preuue a-t'il ny luy ny personne que la Comete n'a point de lumiere propre? on ne le sçauroit demontrer. Car de ce que *le Soleil la teste & la queue de la Comete sont tousiours dans vne mesme ligne droite* (& non pas *dans vn mesme Cercle*, comme il dit page 99. Il ne s'ensuit pas que la Comete n'aye point de lumiere propre. Ce sont des choses bien differentes que la lueur & l'alignement de la queuë; celle-cy peut estre dépendante du Soleil que l'autre ne le sera point. Si on auoit veu la teste de la Comete en croissant ou en demy rond, on pourroit conclure qu'elle n'auroit point de lumiere propre comme nous faisons de la Lune & de Venus: mais de l'asseurer de la Comete on ne le peut pas, & quand mesme on l'a dit iusques icy de Iupiter & de Saturne, ce n'a esté que par conjecture apres auoir esté détrompés de Venus qu'on auoit creu vne Estoile des plus luisantes; & auoir reconnu que c'estoit vn corps opaque & tenebreux comme la Lune & la terre: d'ou l'on a conclu vray-semblablement qu'il en estoit de mesme des autres Planetes, sans en auoir aucune experience. Et i'estime que la premiere qui le peut iustifier est l'obseruation que ie viens de dire des ombres de ces satellites; ainsi nous ne le pouuons pas dauantage asseurer de nostre Comete. Pour dire aussi qu'elle n'est pas *vne*

Il n'y a point de preuue que la Comete ne soit point vne Estoile faute de lumiere.

des Estoiles fixes, ny de celles qui se meuuent autour des Planetes, à cause qu'elle a marché d'Orient en Occident; il faudroit auoir prouué auparauant que toutes les Estoiles & Planetes visibles & inuisibles se meuuent au contraire. Et ne peut-il pas y en auoir des vnes & des autres qui ayent ce mouuement, & qui ne nous le fassent paroistre que quand elles sont prés de nous ? Ainsi ce qu'il conclud est vn Paralogisme, & les deux premices n'estant point prouuées, & qui plus est ne le pouuant iamais estre, la consequence ne peut estre infaillible. *Ny par sō mouuement d'Orient en Occident.*

Apres auoir prouué ce luy semble, que la Comete ne pouuoit estre vne Planete ny vne Estoile fixe luisante, il entre en matiere & veut demontrer que c'en est donc vne qui a perdu sa lumiere propre, & qui de Soleil est deuenuë Terre ou Planete Opaque. Puis il luy donne vne lumiere seconde qui est celle du Soleil reflеschie, pour la faire paroistre Comete, & finalement il la fait mouuoir d'vn lieu à vn autre. Voila 3. choses qu'il pretend estre de M. des Cartes, au moins la premiere & derniere en sont: car pour la seconde elle n'est pas de luy, voyons les toutes trois. *Opiniōs de M. des Cartes touchāt les Cometes.*

Pour prouuer la premiere, que les Estoiles & le Soleil peuuent deuenir Opaques, il se sert des Obseruations qu'on a fait de ses taches ou macules, & pour montrer d'abord qu'il n'y est pas fort versé il dit qu'elles tournent *au tour du Soleil en 27. ou 28. iours.* Et pour faire imiter leur mouuement & faire *Que ce sont des Soleils ou Estoiles qui ont perdu leur lumiere.*

voir les raisons pourquoy *elles s'approchent auec vn mouuement lent, par apres elles paroissent tout à coup precipiter leur cours*, Ce qui ne se doit point appeller precipiter, *& enfin comme elles s'esloignent de nous auec autant de lenteur quelles s'en estoient approchées.* Il dit qu'il ne faut que *faire tourner d'vn mouuement egal, quelque Corps noir, autour d'vne boule blanche.* Au lieu que c'est toute la boule entiere ou le Soleil qui tourne, & qui emporte auec soy les taches, & non pas elles qui tournent sur le Soleil immobile. Mais ce ne sont que de petites choses que ie dis en passant, afin qu'on ne soit pas trompé au fonds touchant la doctrine de ces macules. Il dit donc page 85. *Que ces Corps tenebreux n'estant point composez d'vne matiere si rare & si agitée que le reste du Ciel, Mais ayant plusieurs Figures fort irregulieres elles peuuent s'accrocher plusieurs ensemble & ainsi nous cacher presque toute la face du Soleil cemme quelques Historiens rapportent qu'il a paru quelques-fois, mesme pendant vn an entier plus pasle qu'a l'ordinaire. Et ie me souuiens* dit-il encore, *l'auoir veu 3. ou 4. iours consecutifs, si chargé de ces taches qu'il paroissoit tout iaune, & si peu lumineux que le Peuple disoit qu'il estoit malade.* Il deuoit auoir designé l'année & le mois que cela est arriué, puis que c'estoit luy-mesme qui l'auoit obserué. Mais sans doute le long temps qu'il y a, luy en a fait perdre la memoire; car il faut qu'il y aye plus de 55. ans. Et partant comme il est d'vn âge assez meur pour en estre creu, puis qu'il obserue le Ciel depuis si long-tẽps, il semble qu'on n'en puisse pas douter, quoy qu'on

Par des macules comme celles du Soleil.

qu'on ſoit pourtant aſſeuré que depuis l'inuention qu'on a de voir ces Macules en l'an 1610. il ne s'eſt point paſſé de iour que les vns ou les autres en diuers païs ne les ayent obſeruées & qu'vn ſeul homme qui eſt Scheiner depuis ce temps-là iuſques en 1630. qu'il a imprimé, n'a point ceſſé de faire ou faire faire des Obſeruations, que quantité d'autres ont continué depuis, ſans que iamais pas vn aye remarqué cela. Quoy? le Soleil auroit eſté durant *trois ou 4. iours ſi couuert de taches qu'il en auroit paru tout iaune*? & perſonne ne l'auroit veu ny publié qu'à preſent? Cela ſeroit eſtrange. Il falloit en dire le temps, ſi on ne craignoit point de trop hazarder, & d'eſtre conuaincu de fauſſeté: neantmoins pour iuſtifier qu'il ne ſe trompe point & que ce n'eſtoit point *des nuages*, il adiouſte, *Que dans ce temps là il n'y en auoit point, puis que l'on découuroit les Eſtoiles fixes*, qui eſt vne méchante raiſon, car le iour pouuoit eſtre obſcur & chargé de broüillards pour cacher le Soleil, que la nuit eſtoit claire & ſereine pour voir les Eſtoiles comme il arriue d'ordinaire. Sans mentir les hommes ſe font bien tort les vns aux autres, de s'accouſtumer ainſi à ſuppoſer des choſes de fait. Car cela eſt cauſe que la pluſpart des veritez ne ſont point cruës, parce qu'elles reſſemblent à des menſonges; & que ſi on les veut confirmer par l'authorité de quelque honneſte homme, ou de quelque experience qu'on dira auoir fait, on eſt en droit de les deſtruire par celle d'vn autre qui luy eſt contraire.

Le Soleil n'a point eſté trois iours couuert de taches depuis 50. ans.

Il continuë & dit que *ce qui arriue au Soleil peut bien arriuer aux Estoiles fixes*, & que les changemens qu'on remarque dans leurs gradeurs, & dans leurs diuerses apparitions, *ne se peuuent mieux expliquer que par ces taches ou corps nebuleux qui cachent quelquefois vne partie de l'Estoile, &c.* ou qui estant dissipées en font paroistre de nouuelles, *comme nous en découurons tous les iours.* Mais pour toute preuue de son dire il n'en cite pourtant qu'vne seule, qui est celle de la Cassiopée, & dit en general *qu'il y en a aussi beaucoup d'autres dont l'Antiquité fait mention, qui ne nous paroissent plus, comme des 7. Pleiades que voyoient les Anciens il n'en paroist presentement que six.* Voulant inferer de là qu'il y a beaucoup d'Estoiles qui sont deuenuës Cometes ou terres opaques, & des Cometes aussi qui sont deuenuës Estoiles ou Soleils. Sans mentir la vision est belle, & la conclusion aussi, *que cela ne se peut mieux expliquer que par ces taches ou crouſtes, qui couurent ou descouurent les Astres.* Comme si par leur mouuement qui les peut approcher ou esloigner de la terre, de mesme que celuy de Mars dont i'ay parlé si souuent, on ne pouuoit pas expliquer beaucoup mieux tous ces Phenomenes.

Sçauoir si les macules peuuent couurir les Estoiles.

Pour le fait maintenant, quand il dit que les *Anciens voyoient vne Estoile de plus que nous dans les Pleiades*, c'est tout le contraire si l'on veut, car Homere qui les décrit toutes, grauées dessus le vase de Nestor, n'en compte que six; cõme Attalus Geminus, & d'autres anciens Astronomes, & com-

Sept Estoiles dans les pleiades quoy qu'on n'ẽ voye par fois que six.

me le témoigne Ouide en ses Fastes.

Pleiades incipient Humeros releuare paternos
Quæ septem dici, sex tamen esse solent.

Et la traduction mesme d'Aratus. *Septem esse feruntur*
Quamuis sint oculis hominum sex obuia signa.

Il n'est donc pas vray de dire comme il fait que *des sept Pleiades des Anciens il n'en paroist plus presentement que six*, puis que les Anciens mesmes n'en voyoient quelquesfois que six & les Mythologistes en ont rendu raison par leurs Fables, Hyparque & Ptolomée en comptent pourtant sept, comme nous les voyons encore de nos yeux & plus de 60. audelà auec des Lunettes : pourquoy donc auancer ces choses de trauers contre la verité, & quand cela seroit comme ie le crois, que quelquefois la septiesme Pleiade n'auroit pas esté veuë, on peut bien l'expliquer sans auoir recours à l'escorce & à l'incrustation qui a donné lieu à cette méprise.

Qu'on aye encore découuert d'autres nouuelles Estoiles on n'en disconuient pas, mais non pas comme il dit *tous les iours*, qui veut dire au moins *fort souuent*: car ie le deffie & tous les hommes du monde ensemble de prouuer par quelques Liures que ce soit, si on ne les fait exprés, qu'il en aye seulement paru dix ou douze, encore y en a t'il plus de la moitié qu'on voit bien auoir esté prises pour *nouuelles*, quoy qu'elles ne le fussent que pour ceux qui les voyoient, & qui ne pouuoient pas sçauoir si les Anciens les auoient

Nombre des Estoiles nouuelles qu'on sçait auoir paru & disparu.

veuës : ostez en donc 5. ou 6. qui sont sans contredit d'apparition nouuelle, toutes les autres sont suspectes. La premiere qu'on dit auoir paru est du temps d'Hyparque [a] 125. ans auant l'Ere Chrestienne, encore n'y a-t'il que la capacité de l'Obseruateur qui empesche de douter si c'estoit vne Estoile ou vne Comete, comme beaucoup d'Anciens les confondent, & mesme il y en a qui ont pris Venus pour vne Estoile. [b]

Visa etiam medio populis mirantibus, audax
Stella die.

La deuxiesme qui est sans contredit, est celle de la Cassiopée en 1572 dont i'ay si souuent parlé. La troisiéme a esté obseruée dans la teste de la Baleine en 1596. & depuis encore en l'année 1638. & finalement en 1661. par Heuel apres auoir ainsi plusieurs fois paru & disparu dans la mesme place. La 4. a esté veuë dans le Cygne en 1600 qui a duré enuiron 20. ans suiuant quelques Autheurs ou 29. suiuant d'autres. La cinquiéme a paru dans le Serpentaire en l'an 1604. & a duré enuiron 4. mois. La sixiéme est celle de Simon Marius dans la ceinture d'Andromede en l'an 1612. Ainsi voila ce grand nombre d'Estoiles qui paroissent & disparoissent *& que nous découurons tous les iours Nouuelles* reduit à cinq ou six tout au plus.

Soupçon d'vne nouuelle Comete en Feu. 1665.

Mais auant que de passer outre ie croy pouuoir quitter icy cet Autheur, pour parler à d'autres de grande importance & dire mon sentiment sur le

a Plin. l. 2. b Claud. in Cons.

bruit qui court d'vne nouuelle Comete obſeruée dans Rome le *11.* & 18. de Feurier au meſme endroit où ie viens de dire que Marius auoit obſerué cette Eſtoile. Voicy ſes paroles. *Anno* 1612. *inueni & vidi fixam, vel Stellam quandam admirandæ figuræ, qualem in toto cælo deprehendere non poſſum: ea autem eſt prope tertiam & borealiorem in cingulo Andromedæ, abſque perſpicillo cernitur ibidem quædam quaſi nubecula: at cum perſpicillo nullæ videntur ſtellæ diſtinctæ, vt in nebuloſa Cancri, & alijs, ſed ſaltem radij abdicantes, qui quo propiores ſunt centro, eo clariores euadunt: in centro eſt lumen obtuſum & pallidum, in diametro quartam fere gradus partem occupat, ſimilis fere ſplendor apparet, ſi à longinquo candela ardens per cornu pellucidum de nocte cernatur; non abſimilis eſſe videtur Cometæ illi, quem Tychobrahe anno 1586 obſeruauit &c.*

Apres cela ie crains bien fort que ceux qui ont eſcrit auoir veu & obſerué dans Rome vne Comete preciſement dans le meſme endroit, n'ayent pris cette Eſtoile pour vne nouuelle Comete, quoy qu'habiles Aſtronomes & bons obſeruateurs: puiſque leurs Lettres portent. *Cometes viſus eſt 18. 19. Februarij iuxta tertiam borealem cinguli Andromedæ &c. faciens lineam rectam cum prima auſtrali & media eiuſdem cinguli paribus vtrinque ſpatiis* Grad. *fere 5. per quinque dies quibus viſus eſt non mutauerat locum*, vne autre lettre adiouſte à *primo die Obſeruationis ad octauum Martij Cometes in eodem loco ſemper apparuit immotus*. Vne autre porte Il *luogo della noua Cometa da me ueduta la ſera dalli* XI. *di Febraro e in grad.* *Qui n'eſt qu'vne Eſtoile obſeruée en 1612.*

24 di Ariete con lat. bor 34. 40. in egual distanza dalla di mezzo della catena, ch' è questa dalla prima. Pour moy ie crois auec apparence que c'est la mesme Estoile de Simon Marius qui peut à present estre plus visible qu'elle n'auoit esté depuis; ainsi que celle de la Baleine dont i'ay dé ja parlé, qui a paru & disparu plusieurs fois. Ce qui doit bien faire penser ceux qui escriuent, & moy le premier, à ne rien dire precipitãment, & à ne point admirer d'abord ce qui leur est nouueau, car il peut estre vieil pour d'autres.

On a dit faussement qu'il a uoit paru deux Cometes en Decembre.

Mais la faute qu'a fait celuy dont i'espargne le nom & la qualité, qui a escrit d'Ambrun & imprimé à Grenoble qu'il auoit paru deux Cometes au mois de Decembre, & asseuré que *on les auoit veuës en vn mesme iour, vne le matin & l'autre le soir*, est bien plus estrange, puis que par son propre discours il paroist que ce n'est que la nostre mesme, dont il descrit la route, & veut neantmoins que celle qui estoit dans le Corbeau, soit differente de celle qui estoit dans le grand Chien & dans le Lieure par 4. ou 5. raisons qu'il en rapporte; que ie ne refuteray point qu'en disant, que pas vne ne peut estre vraye, puis que le fait est faux: tant il est facile d'errer aux plus habiles gens en quelque science particuliere, comme celuy là l'est en Geometrie & en Algebre, quand ils sortent hors de leur Sphere, ou qu'ils sont trop credules pour les choses de fait. Ie pourrois dire à ce propos pour le consoler, qu'il n'est pas le premier Analyste à qui i'ay veu faire de semblables pas de Clerc, comme on dit, quand la Physique & la matiere entroiét dans le raisonnement. Iugeons par là combien la plus part des Relations doiuent estre suspectes, puis que celles des habiles gens sont fausses.

Et mesme vne autre en Ianuier.

Pour la troisiéme que ce mesme Autheur dit auoir veuë en Ianuier sur les Montagnes d'Ambrun ie n'en parle pas; ce peut estre vn Meteore que nous n'auons pas veu à Paris, & peut estre aussi vne veritable Comete que nous y verrons en son temps, car il dit que c'estoit à la pointe du iour. Mais parce qu'il adjouste que *sa Figure estoit fort differente des deux precedentes & qu'elle faisoit vn rectangle solide*, ie voudrois bien qu'il nous eust montré comment on peut voir de loin *quelque Figure en rectangle solide*; car i'auois creu iusques icy le contraire, l'ayant appris de l'Optique d'Euclide, *Rectangulæ Magnitudines eminus spectatæ rotundæ apparent.*

Au mesme temps que i'escriuois ce que dessus ayant esté aduerty qu'il paroissoit tres-certainement dans l'Andromede vne nouuelle Comete, ie creus d'abord que c'estoit celle de Rome dont ie viens de parler, & que ma coniecture de l'Estoile de Marius ne se rencontreroit pas veritable: & differay d'escrire dauantage arrestant l'impression iusqu'à ce que i'eusse veu ce que pouuoit estre. Si bien que dés le lendemain qui estoit le 13. iour d'Auril, l'ayant veuë & obseruée à trois heures & demie apres minuit entre le bras & la teste d'Andromede comme au 12. degré ou enuiron du Belier

Mais il en paroit vne veritable en Auril

auec Latitude Septentrionale d'enuiron 22 degrez. l'Estoile de sa teste plus grosse & plus claire, moins cheuelüe par deuant, & la queuë plus longue que la premiere qui nous fait escrire: ie ne sceus encore pour cette premiere fois rié determiner. Mais quand ie l'eus veuë le lendemain à la mesme heure dans le 15. ou enuiron du mesme Signe auec 20. degrez ou enuiron de Latitude, & le lendemain encore à la mesme heure au 17. 30 ou enuiron, de Longitude auec 19 15 de Latitude ou enuiron, & le lendemain au 20. de Longitude & 18 10. de Latitude ou enuiron, comme ie diray dans mes Obseruations cy apres. Ie ne doutay plus d'asseurer que ce n'estoit point celle qu'on auoit veu à Rome dans la ceinture d'Andromede; parce qu'elle ne se rencontre point dans la mesme ligne du mouuement de cette derniere Comete. Ainsi ie croy que la remarque que i'ay fait de l'Estoile de Marius pourra subsister. Mais en mesme temps aussi, m'estant apperceu que le chemin de cette cy venoit de l'endroit où l'Autheur de Grenoble en auoit veu vne à Ambrun à la pointe du iour: ie creus que ce pourroit estre la mesme, au moins le grand Cercle qui passoit sur les quatre Obseruations que i'auois dé-ja faites, tóboit assez bien entre les iambes du Pegase & le petit Cheual, qui est le lieu qu'il designe au commencement des Poissons. Mais ayant veu depuis par l'extraict d'vne Lettre escrite d'Aix en Prouence, que le 27. de Mars on en auoit découuert vne dans le 4. du Verseau

Qui n'est point celle de Rome ny d'Ambrun.

ſeau auec 2. degrez de declinaiſon Septentrionale ; & par vn autre de Lyon qu'elle eſtoit le 4. Auril au 25. du Verſeau auec 23. 30.' de Latitude. Ie ne doute plus d'aſſeurer que cette ſeconde Comete ne peut eſtre celle d'Ambrun, qui n'eſtoit par conſequent autre choſe qu'vn Meteore : mais que celle d'Aix & de Lyon, eſt ſans doute la meſme que nous voyons à preſent, bien differente de la premiere contre le ſentiment de la pluſpart du monde, qui veut que ce ſoit la noſtre meſme qui ſoit reuenuë ; quoy que leur mouuemẽt ſoit contraire, puis qu'elle va ſuiuant l'ordre des Signes (comme toutes les Planetes auec fort peu de changement de Latitude & de declinaiſon, au lieu que l'autre qui alloit d'Orient en Occident, varioit beaucoup ſa Latitude & ſon mouuement journalier. Mais ie reſerue à la fin de ce diſcours d'en parler & donner les Obſeruations que ie continueray de faire, auec les conſequences que i'en voudray tirer. Cependant ie vay reprendre l'Examen que i'ay commencé, pour ſatisfaire à ceux qui m'y ont engagé, & qui m'en font encore ſolliciter par des perſonnes de qualité.

Ie reuiens donc, apres quatre iours de diſtraction, à noſtre Carteſien, qui dit, *qu'vne Eſtoile eſtant entierement obſcurcie par les taches qui l'enuironnent, ne peut plus luire par elle meſme. Mais que le Soleil luy enuoyant ſes rayons elle peut bien les refleſchir comme la Lune & les Planetes* ; *& voila*, dit-il, *deſia la lumiere & la couleur que toutes les Cometes ont eu iuſqu'à preſent*. N'eſt

Dd

ce pas estre bien facile à persuader, que de croire si-tost vne proposition de cette importance? Quoy? pour auoir dit qu'on a obserué quelques taches ou Macules dans le Soleil, sans auoir examiné ce que c'est, d'en inferer aussi-tost qu'elles peuuent venir en si grande abondance & estre si opaques, si denses, si noires, si crasses, si dures, si espaisses & si fortes qu'elles couurent tout à fait vne Estoile où le Soleil, car c'est la mesme chose, en sorte qu'il ne luise plus & qu'il deuienne sombre, solide, dur & dense comme la terre, au lieu de lumineux & rare qu'il estoit, suiuant leur opinion. C'est ce que ie ne puis comprendre; d'où pourroit venir vne si grande abondance de matiere & d'atomes du troisiéme Element pour s'acrocher ensemble? & faire des croustes si dures & si solides qu'elles pussent boucher le passage à la lumiere? & interompre, mesme aneantir, l'actiuité des rayons & de la chaleur du Soleil, qu'ils disent estre composé du premier Element, c'est à dire des parties les plus subtiles, actiues, & deliées, qui soient en la Nature, vnies & ramassées ensemble dans les corps lumineux. Pourra-on croire qu'il se puisse iamais engendrer vne écorce ou vne crouste alentour du Soleil, en forme de voute assez espaisse & assez dure, pour empescher que sa lumiere ne sorte, & qu'elle demeure ainsi toute enfermée au dedans, sans pouuoir rompre ses murailles? & que le Soleil enfin puisse deuenir comme vne grosse pierre d'Aigle, ou vn noyau de pesche creux par le

Il est bien difficile que le Soleil deuienne terre

dedans, & très-dur & ſolide par le dehors. Car cela s'enſuit de neceſſité, ſi le premier Element qui n'eſt que feu & flâme, ou quelque choſe encore de plus ſubtil & de plus delié, ſe trouue enfermé par le plus groſſier (comme eſt la terre, la pierre, les metaux, & tout ce qu'il y a de composé du troiſiéme Element) qui luy faſſe vne coquille, vne écorce, vne crouſte, vne enuelope, vne voute. Il me ſemble que cela eſt bien creux, & qu'il faut eſtre bien docile pour ſe le laiſſer perſuader. Ie veux qu'il y aye quantité de parties de ce troiſiéme Element, eſparſes d'vn coſté & d'autre, dans celles du premier; & dans les Globules du ſecond & qu'elles ſe puiſſent rencontrer & acrocher enſemble, pour former quelque opacité dans les endroits où elles ſe trouuent, comme nos vapeurs font les nuées. Mais que ce ſoit en ſi grand nõbre qu'elles enfermẽt le corps du Soleil, & qu'elles acourent de toutes parts pour former vne voute, qui détruiſe la cauſe qui les émeut & qui les agite; c'eſt contre tout principe de la raiſon & de la nature, qu'vn premier Agent agiſſe pour ſa deſtruction & contre ſoy-meſme. Si nous en connoiſſions quelqu'autre plus fort & plus puiſſant que le Soleil, on pourroit en douter, & dire que par ſucceſſion de temps il auroit enuoyé tant de Corpuſcules & d'Atomes du troiſiéme Element pour s'acrocher autour du premier, qu'enfin il l'auroit abſorbé, comme qui diroit que le Soleil pour noyer la terre, auroit eſleué tant de vapeurs alentour, qu'il en au-

Vn premier Agent n'agit point contre ſoy-meſme.

Vn deluge naturellement ne peut estre vniuersel.

roit fait vne voute de nuages,pour faire vne pluye vniuerselle & continuelle trois ou quatre mois durant,afin que le deluge fut aussi vniuersel, (ce qui n'arriueroit pourtant pas naturellement quand il en pleuueroit 20, & que les eaux de toutes les Mers & de tous les Lacs, Estangs , & Riuieres seroient suspenduës en l'air, & contenuës dans cette crouste de vapeurs) parce qu'elles ne tomberoient que dans les Creux d'où elles seroient sorties &c. Comme il semble donc impossible qu'il se puisse iamais amasser autour d'vne Estoile ou du Soleil, assez de petits corps & d'Atomes du troisiéme Element, pour s'accrocher & deuenir assez opaques & solides , pour esteindre toute la lumiere & enfermer au dedans toute l'actiuité du feu. Ie ne puis acquiescer à cette Hypothese, & la receuoir seulement comme vray-semblable. Ie disois tantost qu'il y auoit beaucoup de choses fausses, qui pourtant paroissoient probables, mais ce n'est pas à mon sens, celle-là: au contraire elle me semble si éloignée de beaucoup de notions & d'experiēces que nous auons de la Nature de la flame & du feu, que ie m'estonne que ceux qui se liurent à cette opinion n'y fassent quelque reflexion.

Raisons des trēblemens de terre

Quand nous voulons rendre raison d'vn tremblement de terre, nous disons aussi tost que c'est vn air eschauffé & rarefié, qui ne pouuant estre contenu dans les entrailles de la terre, & dans les concauitez de quelques montagnes les secouë les esbranle & les oblige a trembler, par l'effort qu'il fait en quelque endroit pour les creuer afin d'en sortir (car elle ne tremble iamais toute entiere) à plus forte raison si c'estoit du feu actuel. Quand nous voyons le Mont Ethna ou le Mont Vesuue ietter des flames, des cendres, des fumées, auec tant d'impetuosité qu'elles couurent des pays entiers & trauersent mesme la Mer: nous disons que c'est la force du feu & de la flâme qui vomit ces exhalaisons sulphurées & qui fait tous ces grands rauages & torrens de feu. Si nous auions fait vne mine sous la plus grosse Montagne du monde, où nous eussions mis douze ou quinze cent milliers de poudre, & le feu dedans; nous ne doutons point qu'elle n'en fut renuersée puis que peu de quintaux nous font sauter des bastions & des Villes entieres. Et cependant on nous veut faire croire, qu'vn feu plus grand que toute la terre, c'est à dire le Soleil mesme ou quelque Estoile, & plus actif & plus violent que le nostre, peut estre enfermé peu à peu par de petits Corpuscules acrochez ensemble; qui luy fassent vne crouste & vne voute dans laquelle il demeure paisible, cependant qu'on trauaille au dehors à sa destruction, comme s'il estoit fort content qu'on le mit en prisō, ou qu'on luy fit vn estuy, vn enuelope & vn parasol. Cela me semble bien visionaire, & ie ne trouuerois pas plus estrange qu'on me dit que des Hirondelles pussent faire leurs nids dans des fourneaux de verrerie, ou qu'elles y fissent mesme vne voute entiere de boue & de paille pour enfermer

Le feu ne peut estre enfermé.

Il n'y a pas d'apparence que le Soleil le puisse estre.

le feu & la flame & ſe rẽdre maiſtreſſes du lieu. Quoy ce meſme feu qui perce tant de milliers de lieuës? & qui de ſon grand Corps comme d'vn centre, iette des rayons ſi puiſſants à vne circonference ſi eſloignée, ſe laiſſera gaigner peu à peu durant quelques années, par vne petite eſcume ou eſcorce d'vn quart de lieu peut eſtre d'épaiſſeur, ſans la briſer, rompre ou diſſiper tantoſt d'vn coſté & tantoſt d'vn autre? enfin ſans empeſcher la conſtruction entiere de cette voute qui le veut enfermer? cela ne ſe peut bien comprendre. Et moins encore, qu'eſtant toute faite (ſuppoſé qu'elle le put eſtre) elle ne fut point par apres creuée & miſe en mille pieces, & que les eſclats & morceaux qui ſeroient grands comme l'Europe, ou l'Aſie ou toute la terre, ne paruſſent pas en quelque part & ne fiſſent pas des bruits, des fracas, des rauages eſtranges & des nouueautez dont on n'a iamais ouy parler: c'eſt ce que ie ne puis encore accorder. Et dans la quantité des Cometes que le monde a eu vray-ſemblablement depuis ſa creation, (car ie ne doute point qu'il n'en paroiſſe du moins 9. ou 10. tous les Siecles, puis que depuis le temps qu'on commence d'écrire on nous le dit ainſi, & que nous en auons veu des effets) cependant on n'a point eſcrit que iamais pas vne Comete, Planete ou Corps celeſte ſe ſoit ainſi briſé; & que le feu interne & central aye creué ſon écorce & fait ioüer la mine: comme l'experience que nous auons de la Nature de noſtre ſimple feu le ſem-

Sans faire creuer ſon eſcorce.

ble desirer. Et si l'on pense dire que c'est cela mesme qui arriue aux Estoiles, que nous voyons de nouueau paroistre apres auoir esté quelque temps inuisibles à cause de leur crouste, laquelle estant brisée elles reparoissent. Ie respõs qu'vne densité & dureté telle que celle de la terre qu'ils donnent pour comparaison & qui auroit esté capable de couurir le Soleil, ne pourroit pas estre amollie rarefiée, fonduë & dissipée par sa chaleur, comme si c'estoit vne matiere liquefiable : & qu'estant vne fois encroustée, endurcie & recuite par l'ardeur interieure du feu du Soleil, elle n'est plus disposée à se ramollir; il faut qu'elle se brise & s'en aille en pieces & par morceaux, & ie demande ce qu'ils deuiennent : car il faut qu'ils tiennent quelque place dans l'Vniuers, & qu'ils y fassent quelque estrange Figure, dont on se seroit aperceu par la grande quantité des Cometes qui paroissent dans nostre seul monde; sans parler de celles que nous ne voyons pas, dont il nous tomberoit au moins quelques pieces, ie veux dire sous nostre veuë quand la bombe auroit ioüé son ieu. *Dont on se seroit quelque fois aperceu.*

Pour moy ie ne croy pas que cela soit conforme aux Loix de la Nature & de la mecanique dont parlent tant ceux qui soustiennent les opinions de M. des C. au contraire ie trouue qu'il y repugne entierement.

Les taches du Soleil ne sçauroient seruir à cela.

Mais comme ils ne croyent pas qu'on puisse rendre raison de ces taches du Soleil, mieux que par leur hypothese de ces corps du troisiéme Element accrochez ensemble, & que ces taches leur seruent par apres à expliquer l'apparition & disparution des Estoiles, & ensuite la generation des Cometes. Pour leur faire voir le contraire il suffiroit de leur dire que Galilée & Scheiner, qui ont fait vne estude particuliere, & des Obseruations fort exactes de ces macules dix-huict & vingt années consecutiues, & plus, sans aucune comparaison que M. des C. & tous ses sectateurs ensemble (Ce que ie peux dire hardiment parce qu'il n'en a pas tant paru depuis M. des Cartes qu'il auoit fait auparauant, & qu'il y a prés de 20 ans qu'on en voit tres-peu. Ceux dis-je qui ont mieux obserué le fait des macules, & qui en ont épluché les circõstances & les dépendances; sont demeurez d'accord de leur fluidité, & n'ont iamais creu que ce pût estre ou qu'elles pussent deuenir des corps solides & durs. Aussi comment pourroit-on s'imaginer que des vapeurs ou des exhalaisons celestes, comme ils les croyoiẽt, ou des parties rameuses du troisiéme Element, qui se trouuent dans le premier, & parmy les Globules du second, dont l'air, la matiere subtile & tout ce qu'il y a de plus rare & de plus liquide dans l'Vniuers, apres le Soleil & les Estoiles, est composé selon l'opinion des Cartesiens, se pussent accrocher iusques à deuenir dures, solides & petrifiées alentour du Soleil ou d'vne Estoile pour y composer vne voute? cela me semble fort difficile à croire. Et Seneque homme de bon sens, ce que ie croy qu'on ne me niera pas, quand

Ny s'en à rcir & petrifier pour faire vne voute solide.

Natur. quaest. li. 7. c. 11.

Quand il parle d'vne ſemblable opinion qu'auoit Artemidore ſur la voute du Ciel (ſans pourtant aſſeurer qu'elle eut touſiours eſté, ou qu'elle ſe put faire & former de nouueau par le concours de ces atomes ou corpuſcules) ne ſe peut empeſcher de dire ce que les Carteſiens trouueroient fort dur ſi on le leur diſoit *hoc ex his quæ mentitur leuiſſimum eſt, tota eius narratio mundi, mendacium impudens eſt. Nam ſi illi credimus ſumma cæli ora ſolidiſſima eſt, in modum tecti durata, & alti craſſique corporis, quod atomi congeſtæ coaceruatæque fecerunt.* N'eſt ce pas mot à mot, les atomes & les parties rameuſes du troiſiéme Element acrochées & entrelaſſées pour faire vne voute & vn toict dur, ſolide, & d'aſſez grande eſpaiſſeur pour couurir vn Soleil entier & enfermer toute ſa lumiere? On ne trouuera donc pas eſtrange, que ce qui a autrefois eſté rejetté & traité d'impudent & de ridicule menſonge ne ſoit pas receu à bras ouuerts. Et que ſi Seneque pour concluſion adiouſte *ſoluere iſta quid aliud eſt quam manum exercere, & in ventum iactare brachia,* que c'eſt battre l'air & perdre le temps de refuter ces crouſtes & ces voutes du Ciel tant il les mépriſe; on forme au moins quelques difficultez allencontre, & que ſans vſer de meſpris on taſche par raiſons de les contredire. Mais parce que cét Autheur trouue ces principes & ces ſuppoſitions d'acrochemens des parties rameuſes du premier Element, ſi bien inuentées pour rendre raiſon des macules ſolaires, qu'il aſſeure qu'on n'en ſçauroit trouuer

Sentiment de Seneque ſur vne ſemblable voute.

Deux hypothe-ſes pour expli-quer les macules du So-leil.

d'autres auſſi vray-ſemblables: ie vais en propoſer deux ſeulement, dont la premiere m'eſt venuë en penſée depuis quatre ou cinq iours, l'autre eſt dans mon eſprit auant que iamais on parlaſt de M. des C. Ie l'y formay du temps que i'obſeruois ces taches & que i'eſtudiois toutes les Obſeruations des autres, differant touſiours de la communiquer iuſqu'à ce que l'occaſion s'en preſenta, & que i'euſſe le loiſir cependant d'examiner ſi elle pourroit ſatisfaire à tous les Phenomenes. Mais quoy que ie n'en aye pas dauantage à preſent que quand i'en ay parlé dans mon premier diſcours, où ie ne me ſuis pas voulu découurir parce que i'eſcriuois alors en courant, & à meſure que l'on imprimoit comme ie fais bien encore à preſent. Neantmoins puiſque l'occaſion s'en preſente ie ne la garderay pas dauantage, & la donneray par auance en attendant qu'auec plus de commodité i'en examine toutes les circonſtances, ſi quelque autre ne me preuient ſur l'ouuerture que i'en vay faire, ſoit pour l'approuuer ſi elle le merite, ſoit pour la refuter comme ie feray le premier, s'il y a de la contradiction ou des difficultez inſurmontables.

La premiere en ſuppoſant le Soleil fluide & rare.

La derniere de mes penſées ſera donc celle que ie diray la premiere, parce qu'elle eſt plus conforme aux principes de M. des C. & qu'elle peut à mon aduis auſſi bien ſatisfaire aux Obſeruations des macules, que celle dont on ſe ſert pour faire les apprefts de la crouſte, comme d'autant de pierres qu'on amasseroit pour bastir vne voute allentour du Soleil.

Ie dis donc, puis que le Soleil est vn amas ou vn composé de toutes les plus subtiles & deliées parties du monde, & qu'il est tres rare & tres fluide, par consequent en vn mouuement continuel, comme ils veulent que soient toutes choses, l'air, l'eau, la pierre, & mesme toutes les parties des corps les plus durs & les plus solides sans espargner l'Acier, les Rubis, & les Diamans, ce qui m'a tousiours semblé fort paradoxe : car que deuiendroient ces Angles & ces facettes si viues, si plattes & si vnies, qui font ces brillants, ces esclats & ces reflexions de lumieres qui les rendent precieux? si les atomes & les particules dont ces pierreries sont cõposées estoient en mouuement perpetuel? Mais cela seroit trop long à examiner presentement, venons seulement aux corps rares & liquides. Comme ils veulent donc que l'eau dans vn vase, ou quelque autre liqueur ait vne agitation continuelle, en sorte que leurs parties & leurs Globules se meuuent incessamment du centre à la circonference, de bas en haut, de haut en bas, & de tous costez : & que le Soleil par consequent comme le plus liquide & le plus mobile de tous les corps, le fasse aussi sans difficulté. Ne peut-on pas dire que ces macules qui sont du 3. Elemẽt viennent de ses plus petites parties du dehors, meslées auec les Globules du second qui roulent allentour du Soleil qu'elles enuironnent, ou

Les parties des corps durs ne semblent pas estre en mouuement.

bien qu'elles ſortent de ſon corps meſme où elles eſtoient entrées peſle meſle par ſes deux poles, comme par le lieu où il y a le moins de mouuement, auec celles dont le Soleil eſt formé qui y accourent de toutes parts comme à leur centre, ou qui y ſont renuoyées par l'agitation des autres tourbillons. Et qu'eſtant ainſi entrées ou acrochées, ce qui ne peut eſtre cuit, moulu & rendu aſſez delié pour eſtre incorporé au premier Elemẽt & deuenir feu & flâme, eſt reietté au dehors & conuerty en parties groſſieres & heterogenes ſur la ſurface du Soleil, où eſtant elles ſont emportées par le mouuement qu'il fait ſur ſon centre en 27. iours ou enuiron. Iuſqu'à ce qu'elles ſoient tout à fait diſſipées & chaſſées plus loin dans les lieux d'où elles eſtoient venues; de meſme que ſi l'on auoit ietté dans vn pot, de la reſine, de la poix, de la cire & d'autres matieres ſemblables, quand par la chaleur du feu elles ſeroient toutes liquefiées, les mouches, les pailles, les grains & tout ce qui ne ſeroit pas liquefiable viendroit au deſſus, & y tourneroit iuſqu'à ce qu'on l'eut eſcumé ou qu'il ſe fut bruſlé par la force de la chaleur.

Les parties du troiſieſme element peuuent faire ces taches.

Mais ne ſe peut-il pas faire encore, qu'il ne ſe conſume iamais, & que ces taches ſoient touſiours les meſmes qui ſont portées du centre à la circonference, & de la circonference au centre, comme qui auroit mis de l'Aſbeſte, du Talc, de l'Alun de plume, ou quelque autre matiere qui reſiſte au feu, dans vn creuſet de verrerie où le verre eſt li-

Des corps incombuſtibles les peuuent faire auſſi.

quide, & si éclatát que rien ne represente mieux le soleil par sa couleur, par sa chaleur & par sa lumiere; cette matiere incombustible ne rouleroit-elle pas tousiours dans ce creuset, tãtost en bas tantost en haut, d'vn costé & d'autre, suiuant le mouuement continuel du verre? Et quoy qu'il n'y eust qu'vne certaine quantité de pieces & de Figures differentes & irregulieres, n'est-il pas vray qu'elles pourroient paroistre en diuerses façons? Tantost d'vn sens tantost d'vn autre, & s'accrocher quelquefois deux ou trois ensemble, puis se separer, sortir du fonds du creuset & commencer à paroistre, quelquefois par le milieu, quelque-fois par les bords, enfin faire tous les mouuemens & tous les autres Phenomenes qu'on a obserué dans les macules : Ainsi en supposant le Soleil estre vn corps liquide, on peut rendre raison de ces taches par l'vne ou l'autre de ces manieres, dont la premiere a quelque affinité auec l'Hypothese de M. des C. si ce n'est qu'il en fait venir la matiere *des parties canelées du premier Element, qui par l'irregularité de leurs Figures ne peuuent receuoir vn mouuement si prompt, sont reiettées par les plus subtiles hors de l'Astre qu'elles composent, & s'attachant facilement les vnes aux autres elles nagent sur sa superficie, ou perdant la forme du premier Element elles acquerent celle du troisiéme, & lors qu'elles y sont en fort grande quantité elles empeschent l'action de sa lumiere & composent les taches.* 3. Part. art. 94. Sur quoy ie formerois des difficultez insurmontables à mon aduis, tant sur l'acrochement de ces atomes les plus deliez de la Nature qu'il veut encore qui soient canelez, que sur leur mutation du premier Element en dernier, & autres circonstances, si mon dessein estoit d'examiner à fonds cette belle opinion. Mais comme ce n'est que par occasion que i'en parle, & pour faire voir qu'on peut inuenter d'autres Hypotheses aussi probables, mais peut-estre aussi fausses que la sienne, ie n'en diray pas dauantage: sinon que la premiere de ces deux differe de celle de M. des C. en ce qu'elle supose ces taches se former des parties du 3. Element qui se peuuent aussi bien trouuer esparses d'vn costé & d'autre dans le second, comme celles du premier le sont par tout, à leur dire; & que celles-là de plus estre semblent, mieux disposées à deuenir obscures & crasses que celles du feu mesme. Mais pour la deuxiéme Hypothese elle n'a rien de semblable aux autres: car elle ne suppose qu'vn meslange de peu de parties heterogenes dans ce corps liquide du Soleil, qu'on ne sçauroit demontrer estre plus impossible & contraire à la Nature, dont nous ne sçauons pas les fins, que toutes les autres suppositions des accrochemens des parties rameuses du premier & troisiéme Element, que celle des vis canelées pour expliquer les vertus de l'Ayman, & tant d'autres; mais sur toutes celle de la Matiere subtile, qui n'a esté inuentée que pour satisfaire au Phenomene de l'experience du Mercure dans le tuyau de verre, dont ie crois estre le premier qui en asseu-

La matiere subtile inuentée

ray de bouche M. des C. qui me dit qu'il y songeroit. En effet de peur d'introduire le vuide qui ne s'estoit pas trouué d'abord à son goust, il eust recours à cette Matiere qui le tire d'autant d'embarras, que l'Entelechie ou quintessence tire ceux qui suiuent Aristote. Et si lors que M. des C. commença d'écrire sa Philosophie, il eust eu quelque connoissance de cette Obseruation & qu'il eust pris le party du vuide comme beaucoup d'Anciens Philosophes, & comme faisoit M. Pascal le pere tres-excellent homme, qui ne croyoit rien de si asseuré que cela dans toute la Physique; il n'auroit iamais introduit cette matiere subtile. Si donc il luy a esté permis de le faire pour répondre à quelques Obiections, n'en peut on pas introduire vne incombustible & roulante dans le corps du Soleil pour répondre à d'autres? & l'appeller mesme vn quatriesme Element afin de l'opposer au feu qui est le premier, & que chaque chose aye son contraire suiuant les Peripateticiens. Voila ce qu'on pourroit donc encore réver touchant ces Macules en supposant le Soleil estre vn corps liquide. *Pour nier le vuide.*

Mais comme il peut estre aussi vn corps solide, & que cela tombe mieux dans mon sens, ne pouuant pas m'imaginer si facilement vn corps fluide & rare garder si long temps vne Figure constante sans estre terminé par quelque enuclope (quoy qu'on me puisse dire que l'air ou le second Element qui l'enuironne luy en doit seruir) comme *Autre hypothese des macules supposant le Soleil solide.*

ie me represente vn corps fixe tel que ie voy par effet la Terre, la Lune, Venus, & par conjecture tous les autres Astres. Ie trouue plus conforme à la raison & à mes notions des-ja acquises, de prendre le Soleil pour vn Corps solide, materiel, & dense, que pour vn rare & pour vn liquide: à quoy ie suis encore porté par tant de raisons Physiques & mecaniques, qu'il me faudroit faire vn liure entier si ie les voulois toutes dire. Supposé donc que le Soleil soit vn grand Corps solide, de quelle matiere croyez vous que ie le veuille faire? Sera-ce de Pierre, de Terre, de Cristal, d'Or, ou de Fer ardent comme Empedocle, Epicure, Diogene, Anaxagore & beaucoup d'autres Philosophes se sont imaginez? Non, mais comme il est sans contredit reconnu par l'Authorité de l'Escriture & des Peres, & par le raisonnement des meilleurs Philosophes pour vn feu & vne flâme actuelle; & que ie ne croy pas qu'on la doiue laisser sans quelque Corps auquel elle soit comme attachée & dont elle procede: Ie suppose ce Corps estre d'vne matiere telle que le dedans & le gros de la Masse puisse tousiours fournir de l'aliment au feu de dehors; de la mesme maniere que la terre qui n'a pas esté faite pour cela, en fournit bien au Mont Ethna & au Vesuue de temps immemorial & à quantité d'autres Montagnes tousiours brûlantes. Pourquoy ne peut-on donc pas croire que le Soleil qui est fait expres pour luire & pour eschauffer tousiours, comme vne flâme & vn feu conti

Comme vn corps tout couuert de flames.

continuellement ardent (ce que perſonne tant ſoit peu éclairé n'oſeroit nier, & dont il y a tant de preuues que ce ſeroit perdre temps de les rapporter) n'ait pas en ſoy-meſme dequoy fournir à ſon action, c'eſt à dire de la Matiere qu'il enuoye à ſa Circonference pour eſtre allumée, de meſme que le Corps de la terre en enuoye à ces Montagnes de feu, ou comme de l'huile qui entretiendroit touſiours la flamme d'vne Lampe. Et ce n'eſt pas cette perpetuité de Matiere qui nous doit mettre en peine : car nous pourrions encore dire que comme rien ne ſe perd icy bas, & que ſi on fait diſtiller quelques eaux, ou éuaporer quelques eſprits dans des Alembics ou autrement, ils ne ſe perdent point & peuuent reuenir en leur premier eſtre, circulant ainſi de l'vn en l'autre, le Mercure meſme qu'on fait éuaporer & ſublimer, redeuenant Mercure, comme ſçauent tous ceux qui ont connoiſſance de la Chymie. De meſme l'on peut dire que ce qui a ſeruy quelque temps d'aliment à la flamme du Soleil, peut retomber en partie & acquerir de nouuelles diſpoſitions pour eſtre enflammé; Ainſi ie ne voy point d'empeſchement que le Soleil ne puiſſe eſtre vn Corps touſiours brûlant & brûlé par ſoy-meſme.

Auſquelles il fournit d'aliment.

Il reſte maintenant d'y faire trouuer ſes taches ou Macules. Ce que ie vais eſſayer de faire d'vne maniere toute particuliere & qui n'a iamais encore eſté dite ou écrite de ma connoiſſance, elle n'en vaudra peut-eſtre pas mieux pour cela. Vous en

L'idée des macules du Soleil.

allez eſtre les Iuges. Ce qui m'en donna la premiere idée il y a plus de 30. ans, ce fut qu'en voyageant vne vne nuit obſcure, ie vis de fort loin comme vn grand païs tout en feu, dont la flame m'éclairoit aſſez pour diſtinguer le blanc du noir. Et parmy ces Campagnes bruſlantes, il y auoit des endroits qui ne luiſoient point, c'eſtoit en effet de grandes pieces de terre où l'on auoit mis le feu pour bruſler les chaumes ou les pailles, les bruyeres & les fougeres, qu'on laiſſe croiſtre durant quatre ou cinq ans, auſquelles on met par apres le feu afin que les cendres meſmes ſeruent d'Engrais & de fumier quand on les laboure pour y ſemer du grain: & cela eſt ſi commun en Sologne, en Bretagne & par tout où il y a de ces Campagnes ou Landes, qu'il n'eſt pas beſoin d'en dire dauantage: comme donc il y a quelques champs où l'on n'a pas mis le feu, ou bien qu'il n'y a pas deb ruyeres ou chaumes à brûler, ils ne brûlent pas en effet, & paroiſſent noirs parmy les autres qui ſont tous de feu. De ſorte que voyant ainſi quelques eſpaces obſcurs, parmy ceux qui luiſoient, ie creus que la meſme choſe pouuoit arriuer au corps du Soleil, & que lors que nous y voyons des taches ce n'eſtoit peut-eſtre que des endroits qui ne brûloient point & où il n'y auoit point alors de matiere diſpoſée. De meſme que ſi on auoit mis le feu à quelque grande Foreſt dans laquelle il y euſt de grandes Campagnes ſans Arbres, ou des Eſtangs, ou des Montagnes ou des

Rochers, comme cela eſt ordinaire ; il eſt certain que ſi on eſtoit en l'air fort eſleué & qu'on vit ce grand feu, il y auroit quelques endroits & quelques interualles obſcurs & ſans lumiere, qui ſeroient ceux qui ne brûleroient point. Supposé maintenant que cependant que les autres brûlent il ſuruienne des Arbres ou d'autres matieres combuſtibles aux endroits qui ne bruſlent point, n'eſt-il pas vray qu'ils brûleront à leur tour? & qu'au contraire ceux qui brûloient pourront s'amortir par la conſummation de leur Matiere, s'il n'y eſt continuellement pourueu par de nouuelles Generations. Or qui empeſche que la meſme choſe n'arriue au Soleil, & qu'il n'y ait quelques eſpaces où la Matiere eſtant conſumée le feu nous paroiſſe ceſſer pour vn temps ? & voila les taches ou Macules noires. Que ces eſpaces n'augmentent & qu'il ne s'en mette pluſieurs les vnes auprès des autres en des Figures irregulieres ? c'eſt ce que nous voyons arriuer au Soleil. Que le milieu de ces taches ne ſoit plus noir & plus obſcur que les bords? parce qu'il eſt plus eſloigné de la flâme & de la lumiere qui l'enuironne, que les extremitez qui en ſont plus eſclairées, ou qui ont encore quelque peu de matiere enflammée. Que ces taches ſe diſſipent & deuiennent par apres luiſantes; parce que la Matiere combuſtible y a eſté enuoyée, & meſme plus viue & plus forte : ce qui fait qu'on y voit la lumiere plus éclatante : elle l'eſt auſſi quelquesfois en de certains endroits &

Qui ne ſont que des Eſpaces nõ enflammées.

dans le clair mesme du Soleil, ce qu'on appelle des *Facules*, comme on fait les noirceurs des *Macules*.

Toutes les Obseruations des macules s'expliquent fort bien par là.

Enfin il n'y a point d'Obseruations faites depuis 55. ans sur ce tres-grand suiet dont ie ne rende tres-facilement raison par cette hypothese; comme ie le pourray faire quelque iour amplement auec plus de loisir. Ce que Scheiner qui l'a plus curieusement obserué que personne n'a pas voulu entreprendre, s'estant contenté de rapporter simplement le fait sans auancer aucune Opinion sur la cause de ces Macules & de ces Clartez. Pour Galilée il s'en est vn peu plus expliqué en diuers endroits, disant que c'estoit comme de l'écume qui nageoit sur l'eau, ou comme des nuages ou des fumées qui sortoient d'vn feu. Mais comme ils ne se sont pas contentez l'vn ny l'autre de comparaisons, & qu'ils n'ont pas formé d hypothese qui pût satisfaire à tous les Phenomenes, ils ne se sont pas dauantage éclaircis sur la cause de ces diuerses apparitions.

Leur mouuement aussi.

Pour leur mouuement ie n'ay aucune peine à l'expliquer, en disant que c'est tout le corps du Soleil qui se meut sur son Centre en 27. iours ou enuiron, & qui entraîne par consequent ces Macules qui en font partie, & qui peuuent paroistre & disparoistre, s'assembler ou se separer, croistre ou diminuër, en tel endroit & auec telle Figure & couleur qu'il vous plaira; & ie puis rendre mesme raison des plus grandes difficultez, pourquoy l'on en voit fort peu aupres des Poles, pourquoy elles ne se meuuent pas tousiours parallelement à l'Equateur du Soleil & quelques autres encore des plus particulieres. Mais comme vne des principales Obiections qu'on me pourroit faire est celle de dire comment il seroit possible qu'vne flâme fut assez forte pour esclairer & pour échauffer de si loin que fait celle du Soleil; ie répons que cette difficulté n'est pas pour moy seul ny contre mon hypothese particuliere, mais contre toutes celles qu'on pourroit iamais faire. Car de quelque façon qu'on establisse le Soleil, il faut toûjours dire que sa flâme & son actiuité vient de luy à ceux qui la reçoiuent: ainsi ie ne suis pas plus obligé d'en rendre raison par mon hypothese, que tous les autres par la leur: & si la flâme ou la chaleur qu'ils supposent peut proceder d'vn corps fluide & rare selon leur opinion, la mienne que ie dis sortir d'vn Corps solide & dense, peut auoir pour le moins autant de force & d'actiuité: Car ie ne la fais pas superficielle comme celle de ces Landes & de ces Forests que ie viens de brusler. Elle peut auoir vn plus grand fonds ou vne plus grande profondeur.

Comment la lumiere du Soleil peut agir si loin.

Si vne Maison ou vn Village qui brusle comme ie ne l'ay veu que trop souuent dans les Armées, esclaire mesme à deux mille pas & qu'on y peut lire des Lettres quoy que le feu ne soit que de paille & superficiel, que seroit ce d'vne grande Forest ou d'vne Prouince entiere toute en feu?

que seroit-ce de toute la Terre si elle estoit enflammée? mais que seroit-ce d'vn feu immense tel que celuy du corps du Soleil, plus grand & plus gros que toute la Terre, de plus de 360. fois? quand la flamme n'auroit qu'vn quart de lieuë de hauteur ou de profondeur?

Enfin on peut aussi bien croire & soustenir cette opinion qu'aucune autre qu'on ait inuentée & qu'on puisse inuenter, & si auec cela elle peut estre fausse comme toutes les autres suiuant le mesme dire de Ciceron, *multa falsa, probabilia.* Aussi ne la rapportay-je que pour montrer, qu'on en peut bien inuenter d'autres (sans faire tant de bruit) que celles de M. des Cartes, qui ne receuront pas plus de difficultez; quoy que cét Autheur Anonyme dise qu'on ne le sçauroit faire. Et de plus que la merueille de ses opinions est, Que certains principes qu'on n'a pas establys pour rendre raison de ces effets particuliers, y satisfont si bien & si à propos quand on en a besoin, qu'ils semblent qu'ils ayent esté faits expres; comme si M. des C. en effet ne les auoit pas tous adiustés pour rendre ces raisons & les faire quadrer à tous les Phenomenes de sa Physique: & que mesme il n'eut pas esté obligé d'en faire bien souuent de tous particuliers (comme ie ferois voir s'il en estoit question) pour expliquer de certains effets à mesure qu'il en auoit besoin, tesmoin quand pour rendre raison de la queuë des Cometes (afin de ne sortir pas de nostre suiet) il la fait passer expres

Les principes de M des C. faits pour expliquer toutes ses opinions.

Châgez à mesure qu'il en a besoin.

ſans aucune certitude qu'il en aye ny perſonne, audeſſus de Saturne où il a ſuppoſé des Globules plus gros que les autres, afin d'expliquer cette apparence ou queuë par la refraction : laquelle cet Autheur icy, n'ayant pas approuuée ou compriſe, (cóme elle eſt aſſez obſcure & qu'apres auoir ſuppoſé beaucoup de choſes, il ſemble quelle ne prouue rien) il ne la pas voulu ſuiure & en a fait vne autre contre toutes les raiſons de Dioptrique & de Catoptrique, ce que ne fait pas au moins celle de M. des C. auſſi le Maiſtre en doit-il plus ſçauoir que le Diſciple.

Pour concluſion il n'y a pas d'apparence à mon ſens de croire que ces Macules (fuſſent-elles engendrées de l'acrochement des parties rameuſes du premier Element autour du Soleil) ſoient iamais capables de faire vne crouſte, vne écorce, vne voute ſi dure, ſi eſpaiſſe & ſi opaque alentour de luy, qu'il en puiſſe deuenir tout obſcur, & perdre entierement ſa vertu mouuante & motrice en ſorte qu'il demeure ſans action : & que pour lors n'ayant plus la force de ſe mouuoir, ny par conſequent ce qui eſt autour de luy ; ſon voiſin l'vſurpe, & emporte peu à peu les Atomes, Globules ou Corpuſcules qui eſtoient dans ce tourbillon, pour les meſler auec les ſiens ; & finalement qu'il n'eſbranle de ſa place le Soleil meſme ou l'Eſtoile ainſi petrifiez, & ne les enleue & les roule d'vn coſté ou d'autre ſelon la diſpoſition de la force & du mouuement dominant, ou ſelon la reſi-

Les Macules ne peuuent deuenir aſſez grandes & opaques pour couurir tout le Soleil.

ſtance des tourbillons par leſquels il l'entraiſne, ainſi que les diſcours & les Figures de M. des C. l'expliquent, pour en faire vne Comete ou vn Aſtre paſſager qui prenne la lumiere du Soleil dans le païs duquel il voyage; comme font tous les autres qui s'y rencontrent, à la reſerue qu'il a vne queuë ou vne cheueleure, comme ſi c'eſtoit ſes lettres d'attache, & le ſceau qui luy donnent le droit de paſſage & de naturalité. Voyez combien de choſes tres difficiles à croire il faut prouuer ou ſuppoſer, auant que de venir ſeulement à l'explication de la queuë de noſtre Comete. En premier lieu que l'Eſtoile ou le Soleil puiſſe deuenir terre opaque, ce que i'ay examiné iuſqu'icy. En ſecond lieu qu'eſtant reduit à cét eſtat il demeure immobile & faſſe ceſſer le mouuement d'vn grand eſpace ou tourbillon au milieu duquel il eſtoit comme le Soleil au milieu du noſtre, & qui auoit auſſi vray-ſemblablement des Planetes ſous ſa domination comme en a le noſtre. Auquel cas ie demanderois ce qu'il arriue de ces pauures Sujets & ce qu'ils deuiennent, ſi ie ne ſçauois qu'on me répondroit que ce ſont les petites Cometes qui precedent ou qui ſuiuent les Grandes; car elles vont quelquefois de Compagnie, deux ou trois en vne meſme année comme en celle de 1618. & en celle-cy de 1665. En troiſiéme lieu qu'il ſoit emporté par le mouuement d'vn autre tourbillon, ſurquoy ie diray ma penſée apres m'eſtre déchargé de celle qui me vient preſentement pour concluſion tou-

Ny pour le faire changer de place.

Auec toutes ſes Planetes.

chant ces Macules. Qui eſt, que ſi l'opinion de M. des C. eſt receuë & trouue des Partiſans, celle d'Epicure & des autres qu'on a tant rejettées peuuent eſtre ſuiuies : & on leur doit faire ſans doute quelque amande-honorable, de les auoir traitez de ridicules, pour auoir dit que la rencontre des Atomes ou Corpuſcules auoit fait tout ce que nous voyons; car l'opinion de M. des C. qu'ils eſtiment tāt, dit la meſme choſe. Les parties du premier Element ne ſont elles pas les plus petites & les plus deliées, que la Nature & le Mouuement dont il ſe ſert, ayent pû former en les froiſſant & moulant les vnes contre les autres? Et ne ſont-ce pas elles *qui rempliſſent les recoins que les parties du ſecond Element, eſtant rondes, laiſſent neceſſairement entr'elles? & dont le reſte fait les corps tres-ſubtils & tres liquides à ſçauoir le Soleil & les Eſtoiles.* Si donc elles ſont encore plus ſubtiles que les parties & les Globules de l'air Celeſte, qui ſont auſſi des Atomes; & que leur rencontre & leur acrochement faſſe des Macules; que les Macules faſſent vne crouſte alentour du Soleil; que ce Soleil perde ſa lumiere & deuienne opaque: qu'au lieu de moteur il ſoit meu: qu'au lieu d'agent il ſoit fait patient, & pour comprendre tout en deux mots, qu'au lieu de Soleil il deuienne Terre. N'eſt-ce pas changer le rare en denſe, le fluide en ſolide, le lumineux en opaque; & pour tout dire n'eſt-ce pas deſtruire vn Soleil ou vne Eſtoile pour en faire vne Comete vne terre vn Planete, par la ſimple rencō-

Cette opinion eſt la meſme que celle d'Epicure.

Part. 3. ar. 52. 56.

Que la rencontre des Atomes facce & deffaſſe des plus nobles corps du monde.

tre des Atomes ou indiuisibles. Ne sont-ce pas les parties rameuses du premier Element, qui ont formé les Macules qui sont la source & la cause primitiue de tous ces changemens, de la Nature, du Lieu, & du Mouuement des Astres lumineux, & des plus nobles corps de l'Vniuers en les faisant Cometes? ce qui n'arriue pas peu souuent comme i'ay desja dit plusieurs fois & tout cela par la rencontré de ces Corpuscules. Si ce n'est pas l'opinion d'Epicure & de Democrite, Ie m'en rapporte aux plus intelligens: Car leurs Atomes ou indiuisibles ne sont ny plus petits ny plus gros que ceux de M. des Cartes comme le sçauent ceux qui entendent bien l'vne & l'autre Philosophie, & leur Rencontre, leur Figure & leur mouuement sont égaux. Partant voila les vieilles Opinions touchant la formation des choses par la rencontre fortuite des Atomes renouuellées & restablies par celle-cy de la generation des Cometes, comme le Soleil & les Astres auoient esté faits par d'autres rencontres. Et peu s'en faudra qu'on ne dise aussi auec Epicure, que les Plantes, les Bestes & les Hommes peuuent estre formez de la sorte. Ce qui pourroit estre creu de mesme que ce que raporte Iules Camille, que beaucoup de Gens croyent digne de foy, mais ce n'est pas moy: qu'vn de ses amis auoit fait par distillation dans vn Alembic, vn Enfant qui auoit vescu plusieurs heures. Il falloit bien qu'il se fut acroché ensẽble de toutes sortes d'Atomes, de Corpuscules, de parties ra-

Que les animaux mesme en peuuent estre faits

meuſes & canelées, de racleures & de Globules de tous les Elemens, pour former vn Enfant de la ſorte (car tout ce qui monte dans vn Alembic y monte par Atomes) Et ie m'eſtonne que ces Autheurs ſimples, credules & menteurs, n'ayent acheué de le faire parler, par quelque degré de feu dauantage, puis qu'ils font bien parler vne teſte d'Airain qui ne viuoit pas, dont on attribuë la façon à Albert le Grand, ce que ie mets au rang des autres forfanteries Hiſtoriques & Populaires.

Mais pour reuenir à noſtre Examen, ſuppoſé que quelque Eſtoile ou Soleil eut perdu ſa lumiere & fut deuenu Terre opaque, ie ne comprends pas bien la puiſſance qui le doit remuer de ſa place & le faire Comete auant que de le fixer en Planete; quoy que ie connoiſſe bien tous les reſſorts & toutes les pieces qui doiuent faire ioüer la Machine. Mais ie ne laiſſe pas d'eſtre en peine, comment il eſt poſſible qu'vn premier Mobile, tel que le Soleil du tourbillon Conquerant & Vſurpateur, faſſe mouuoir du Centre où il eſt, des Corps ſi grands & ſi materiels qui ſont en ſa derniere Circonference. Ce n'eſt pas que ie ne ſçache bien que les Roys ont les mains tres longues, comme on dit, & que leur Puiſſance ne s'eſtende fort loin, mais ma difficulté vient du milieu, que ie ne voy pas propre & diſpoſé pour receuoir vne ſi grande impulſion, qu'il la faut ce me ſemble, pour entrainer auec ſoy des Corps plus ſolides que luy, &

Le mouuement de l'Aſtre obſcurcy difficile à prouuer.

Comme le mouuement du premier Mobile & des Planetes

plus resistans à ce mouuement. Les Anciens qui tenoient les Cieux solides & contigus, pouuoient en mettre tant qu'ils vouloient les vns sur les autres & les faire tous mouuoir du mesme sens, que se mouuoit le dernier & le plus haut de tous qu'ils appelloient pour cét effet le premier Mobile (sauf à chacun des autres en particulier d'y apporter quelque petite resistance & faire vn mouuement diuers) de mesme que plusieurs Cercles tournez les vns sur les autres, sont emportez ensemble tous d'vn mesme costé, pendant que chacun d'eux se pourroit mouuoir à contre-sens s'il auoit des ressorts pour cela, ou vne disposition naturelle. Ainsi les Cieux estant supposez solides comme autant de Lambris qui se toucheroient, pourroient auoir vn mouuement commun à celuy du premier Mobile, à cause de cét attouchement ou contiguité; sauf à chaque Ciel en particulier d'en auoir vn propre par sa nature, sans auoir recours aux intelligences. Mais dés que vous en osterez la solidité & l'attouchement, & que vous mettrez vn grand espace entre les Planetes comme l'air Celeste: ie ne vois pas qu'il y aye raison de croire que le mouuement se puisse continuer, & passer ainsi de la Circonference au Centre, sans agir apparemment sur le milieu; qui n'est pas capable d'emporter auec soy vn corps plus massif & grossier que luy, & qui par consequent luy doit faire quelque resistance. A cela ie sçay bien qu'on ne manquera pas de me dire ce qui a tant de fois esté rebattu, par ceux qui ont voulu soustenir l'opinion du premier Mobile, nonobstant la liquidité des Cieux; & par ceux aussi qui ont voulu prouuer que le Soleil en se tournant sur son Centre faisoit tourner toutes les Planetes, comme Kepler, M. des C. & d'autres, qui ont dit. Que s'il y auoit sur l'eau d'vn bassin de fontaine quelques boules de bois, de cire ou d'autres matieres placées en diuers lieux; & qu'il y eut quelque corps au milieu qui se remuast tousiours, l'eau acquerroit aussi le mesme mouuement, & par consequent le donneroit à toutes les boules ou corps qui nageroient dessus; ainsi tout ce qui seroit dans le bassin de la fontaine tourneroit de mesme. Ils adjoustent encore, que ces petits corps se tournant alentour de celuy du milieu qui donneroit le bransle à tous, se tourneroient aussi sur leurs propres Centres, & feroient tourner quelque petit espace d'eau alentour d'eux-mesmes, dans lequel s'il se trouuoit quelques autres plus petits corps ils tourneroient aussi. Par cette supposition ou experience fabriquée tout expres, ils disent que ce corps liquide où cette eau represente tous ces espaces qui sont entre le Soleil & le Firmament: dans lequel espace la terre & les Planetes figurées par ces boules de cire ou de bois sont suspenduës: & que le Soleil qui est au Centre se tournant en luy mesme, fait tourner tout l'espace, & par consequent tous les Corps qu'il contient, les plus proches du Centre plus viste que les

Expliqué par vne cõparaisõ des corps flottants sur l'eau

plus esloignez à proportion de leur esloignement ou de leur grandeur & resistance: & que chacun en particulier outre ce mouuement general, se tournant aussi en soy-mesme & dessus son Centre, fait tourner par consequent le petit espace qui l'enuironne, & ce qui se rencontre dedans. Que la Terre par exemple en se tournant fait tourner l'air & la Lune qui est audessus, que Iupiter en fait de mesme de ses quatre satellites, Saturne des siens: & ainsi que dans le grand tourbillon de nostre monde sujet au mouuement du Soleil (qui en fait le Centre & qui meut les grandes Planetes) il y a d'autres petits tourbillons, qui emportent aussi leurs petites Planetes.

Apres auoir fait cette comparaison sur vne experience imaginaire (car tout au plus on ne verra que tourner circulairement tous les petits Corps alentour du Grand, qui agitera l'eau dans le Centre, sans qu'ils en fassent tourner d'autres alentour d'eux) Ils croyent qu'elle doit seruir sinon de demonstration, au moins d'Induction à croire ce Systeme du Soleil au Centre du Monde, faisant tourner toutes les Planetes dans le grand tourbillon; & que chacune en particulier fait aussi vn petit tourbillon dans lequel se tournent les Corps qui s'y rencontrent, ce que ie crois aussi veritable mais par d'autres principes.

Et pour ceux qui se contentent d'appliquer cette experience au seul premier Mobile, qui mene tous les Astres d'Orient en Occident par le

Mouuement Iournalier : ils disent que comme l'eau de ce bassin en tournant circulairement, emporte auec soy tous les Corps qui sont dedans, ainsi le premier Mobile tournant en 24. heures fait tourner tous les Astres & le Soleil mesme autour du Centre immobile qui est la Terre, encore que les Cieux, ou l'espace d'entre les Planetes (qui est la mesme chose) ne soient point solides. Et au lieu que les autres placent leur premier Moteur dans le Centre, pour faire tourner ce qui est alentour de luy iusques à la Circonference, ceux-cy le placent hors de la Circonference, & veulent qu'en la tournant, elle emporte tout ce qui est contenu en icelle iusques au Centre, qui reste immobile.

A toutes lesquelles comparaisons ie réponds, que plus de la moitié de la supposition & de l'experience qu'on rapporte n'est pas veritable comme i'ay des-ja dit, & que tout au plus on ne pourra voir qu'vn seul & semblable mouuement Circulaire, qui n'expliqueroit que celuy du premier Mobile, si ie ny trouuois mesme vne si grande disparité qu'il peut seruir à prouuer le contraire de ce que l'on pretend, & qu'il est entierement fauorable à mon opinion contre le premier Mobile, & contre l'emportement des Cometes de M. des C. I'ay dit que la fluidité des Cieux ou la liquidité de la region Etherée ne pouuoit receuoir l'action & l'impetuosité d'vn prem. Mobile, pour emporter auec soy le Soleil la Lune les Planetes, & toutes les

Cette comparaison n'est pas iuste ny le fait veritable.

Estoiles du Firmamẽt. A quoy si l'on m'opose que l'eau qui tourne dans vn bassin emporte bien tous les Corps qui sont dedãs ou dessus : ie répons qu'il y a du Paralogisme, en ce que cette eau mesme est le premier Moteur ou mouuant, & le premier meu aussi, dont le mouuement continué reellement & effectiuement iusqu'au Centre, emporte tout ce qui est dans luy. Au lieu qu'on establit seulement le premier Mobile des Cieux, par de-là le Firmament sans passer par deça, que virtuellement ou efficacement. De plus cette eau qui est en effet liquide à l'égard des solides qui sont dessus, a d'autres qualitez propres à les faire mouuoir que n'a pas l'air Celeste ou le liquide des Cieux : c'est à dire qu'elle est plus materielle & plus pesante que les Corps qui nagent sur elle, & qu'ainsi les pouuant porter, ils peuuent bien suiure son Mouuement. Mais s'ils estoient plus pesans qu'elle, & qu'ils ne pussent pas se tenir dessus ou dedans, elle ne les emporteroit point. Qu'ainsi ne soit; mettez dans vostre bassin d'eau, des boules de Gayac, de pierre, ou autres choses plus pesantes, vous ne verrez pas qu'elles tournent, mais au contraire elles s'enfonceront, & il n'y aura que les plus legeres que l'eau, qui tourneront auec elle; parce que sa force pour les emporter sera plus grande que leur resistance. Or qui doute que la terre & vray semblablement aussi la Lune & les autres Astres, ne soient plus pesants que l'air & les espaces qui sont entr'eux, & partant ils ne peuuent pas estre emportez

L'eau n'emporte que les Corps plus legers qu'elle.

portez

portez par le mouuemẽt de cét espace quand il se mouueroit, non plus que les Corps plus pesans que l'eau, ne suiuent pas son tournoyement. Il faut donc ce me semble inferer que le Corps qui en emporte vn autre doit auoir plus de densité ou plus de force ou plus de matiere pour ainsi dire, que celuy qui est emporté Et la Mer qui est liquide & qui porte des vaisseaux de mille tonneaux, c'est à dire le poids de deux millions de liures en canons, en pierres, en fer, & en tout ce qu'il vous plaira de solide; la Mer, dis-je, ne laisse pas d'estre en quelque façon plus dense au moins plus materielle, que tout ce fer & tous ces canons, puis quelle est plus pesante en mesme volume que le vaisseau & tout ce qui est dedans, à cause de l'air qui est meslé parmy ces corps graues. C'est à dire que la quantité de l'Eau qui seroit contenuë dans l'espace qu'il occupe, est égale en pesanteur à tout le Vaisseau, & à ce qu'il contient, comme sçauent tous ceux qui ont connoissance d'Archimede & de la doctrine des Corps qui sont portez sur les liquides. Et dés que cette proportion d'Equilibre necessaire à le tenir dessus, ne s'y rencontre plus, & qu'il est trop chargé, il s'enfonce dedans & ne surnage plus, à cause qu'il est plus pesant que l'eau qui le portoit, laquelle ne laisse pas de couler par dessus sans le remuer de sa place. Par où l'on voit bien qu'il faut que celuy qui meut soit plus fort que celuy qui est meu, & que la comparaison que l'on fait de l'eau qui porte les bat-

Il faut de l'Equilibre entre l'eau & ce qu'elle porte.

M. des C. l. 3. art. 26.

teaux auec l'air & la terre n'eſt aucunement iuſte, non plus que l'application du mouuement des Aſtres à celuy du premier Mobile, puis que la terre eſtant plus peſante que l'air, & vray-ſemblablement auſſi les Planetes & les autres Aſtres plus maſſifs que l'Ether qui les enuironne, il n'y a pas d'apparence qu'ils en ſoient emportez. (A moins que de les faire plus legeres en diſant qu'ils ſont creux & vuides en dedans, ou remplis de quelque matiere incomparablement plus rare & plus ſubtile que l'air, afin que toute la maſſe & le corps de l'Aſtre peſent moins qu'vn ſemblable volume de l'air Celeſte ou Ether, ce qui ne ſemble pas vray-ſemblable.) Au contraire pour ſuiure la comparaiſon, on ſeroit obligé de dire que tous ces corps là n'y pourroient pas ſeulement ſubſiſter, s'ils n'y eſtoient ſoûtenus par quelque autre puiſſance ou vertu. Ce ſont ces trois doigts qui ont fait tous les Cieux. *Cœli opera digitorum tuorum*, & qui les tiennent, comme la terre, ſuſpendus en l'air ou comme dans le vuide, *qui tribus digitis appendit molem terræ, & ſuper nihil*, qui leur continuent auſſi le branſle & le mouuement qu'ils leur ont donné en les tirant du neant.

Iſaia 40 *Iob. 26.* *Pſal. 8.*

Ainſi ie ne voy pas qu'on puiſſe rendre aucune bonne raiſon de l'emportement, qu'on dit eſtre fait tous les iours des Aſtres d'Orient en Occident par vn premier Mobile, ſuppoſant tous les Cieux liquides, ny auſſi du tranſport de la Comete d'vn lieu à l'autre par le mouuement du Soleil dominant, & vſurpateur du tourbillon de la Comete: où ie trouue encore tant d'autres difficultez, que ie n'aurois fait de long temps ſi ie les voulois toutes eſcrire; comme par exemple, ſi la viteſſe de ſon mouuement que nous auons veu, ſe peut bien accorder auec la lenteur que M. des C. ſuppoſe eſtre aux extremitez de chaque tourbillon: ſi la contrarieté de ceux par où elle doit paſſer n'y apporte point de reſiſtance, &c. Mais ie dis ſeulement qu'il n'eſt pas vray-ſemblable que la Comete, la Terre, ny les Aſtres ſe ſoûtiennent & ſoient emportez, par le mouuement de l'air ou de l'eſpace qui les enuironne; comme les batteaux ou autres Corps ſont meus, & entraînez par l'eau ſur laquelle ils ſont: parce que i'y trouue cette diſparité que l'eau eſtant plus forte & plus peſante que tous ces corps, elle les peut porter & entraîner auec elle par ſon mouuement. Ce que ne peut pas faire l'air Celeſte ny l'Elementaire eſtant plus rares & plus legers que les Planetes, la Terre, & la Comete principalement, laquelle ſe trouuant reveſtuë d'vne crouſte eſpaiſſe du 3. Element, doit eſtre deuenuë plus peſante qu'elle n'eſtoit auparauant, lors qu'elle n'eſtoit que feu & flamme toute du premier Element, qui par conſequent pouuoit eſtre ſouſtenuë par l'eſpace du Ciel qui l'enuironnoit.

Et ſi pour ſe ſauuer encore, on veut dire que la grande quantité de cét air & la profondeur immenſe de ces eſpaces, & des diſtances d'vne Planete à l'autre, leur donne de la force pour mieux ſupporter ces Planetes, & les tenir comme en Equilibre ſans qu'elles ſe puiſſent enfoncer d'vn coſté ny d'autre, quand meſmes elles ſeroient plus peſantes: ie répons que c'eſt vn erreur populaire & vne ignorance commune à tous ceux qui n'ont ny theorie, ny pratique de la Mer & des corps liquides. Car il faut ſçauoir que ſi la Mer porte de grandes Nauires, ce n'eſt pas à cauſe de ſa grande profondeur : & que quand elle n'auroit par tout que quatre braſſes ou 20. pieds d'eau au lieu de quatre & cinq cens, ou de mille ſi vous voulez dans ſon plus creux, elle n'en porteroit pas moins. Il ne faut que trois ou quatre pouces d'eau ſous la quille des Nauires pour les faire aller, comme ie l'ay fait ſouuent pratiquer au Havre de Grace en les faiſant entrer ou ſortir du baſſin, & couler ſur vne plate-forme de bois où il n'y auoit pas deux pouces d'eau, plus que la portée des Nauires: & ſi ce n'eſtoit, que le branſle & l'agitation de la vague en demande dauantage, de peur qu'elles ne touchét au fonds, on nauigeroit par tout où il n'y auroit que vingt pieds d'eau, puis que les plus grands vaiſſeaux de la Mer, n'en tirent pas dixhuict. Et ſi vous y mettez deux ou trois braſſes dauantage, le ſurplus de la profondeur eſt inutile & meſme nuiſible à la Nauigation : auſſi ne ſe fait-elle pas moins bien dans la Manche où le plus profond n'a que 40. & 50. braſſes d'eau, que dans l'Ocean où l'on ne trouue point de fonde, & vn

Ce n'eſt pas la profondeur de la mer qui fait porter les grands Nauires.

Combien il leur faut d'eau de Mer.

canal qui auroit vingt pieds d'eau porteroit tous les Gallions d'Espagne & toutes les Ramberges d'Angleterre: tant il est vray, que ce n'est pas la profondeur & la quantité d'eau qui sert à porter les batteaux; mais la proportion de sa pesanteur à celle des corps qu'elle porte, en sorte que si l'eau de la Mer estoit plus pesante deux fois qu'elle n'est, il faudroit encore deux fois moins de profondeur que ie ne viens de dire. Et c'est aussi la raison pour laquelle elle porte plus que l'eau douce, à cause qu'elle est plus pesante; & que les vaisseaux qui de la Mer entrent dans les riuieres, s'y enfoncent d'enuiron vn quarante-quatriéme dauantage; c'est à dire qu'vne Barque qui prendroit dans la Mer 44. pouces d'eau s'enfonceroit dans vne Riuiere de 45. ou enuiron. Comme il est donc certain par experience & demontré par Archimede, que la profondeur ne sert de rien à vn corps liquide, pour supporter vn solide qui nage sur luy, l'on ne doit pas croire que la Terre, la Comete & les Astres soient suspendus par la vertu de l'Equilibre dans l'air ou l'espace qui les contient, à cause qu'il est vaste & profond, & moins encore qu'ils y puissent estre meus par la vertu de son mouuement, suppose; mesme qu'il en eust vn reglé, ce qui est le plus difficile à prouuer & qu'il vaudroit autant supposer tout d'vn coup, que de le tirer en consequence du Soleil piroüettant au centre du monde & du Firmament, ou du premier Mobile tournant au dehors de sa circonference.

Combien il leur faut d'eau douce.

La vertu magnetique ne satisfait point aussi pour le mouuement des Planetes

Et si pour derniere machine on fait ioüer la vertu de l'Ayman comme Kepler & quelques autres, & qu'on dise que comme il remuë bien le fer à trauers l'air & l'eau qui sont liquides, le Soleil peut bien de son centre, remuër toutes les Planetes & les tenir chacune en sa place & distance proportionnée. Et que les deffenseurs du premier Mobile disent aussi, que ce Ciel estant Magnetique peut faire suiure par son mouuement toutes les Estoiles du Firmament, & toutes les Planetes d'Orient en Occident, comme vne pierre d'Ayman fait tourner toutes les aiguilles qui sont autour d'elle. Ie ne répons maintenant autre chose sinon que cette vertu Magnetique (que ie puis dire par parenthese connoistre assez bien & en auoir fait autant d'experiences depuis 40. ans, & d'auoir d'aussi belles & d'aussi bonnes pierres pour cela que qui que ce soit, comme sçauent tous ceux de qui ie suis connu) ne me satisfait pas; & qu'il me faudroit encore faire vn Liure pour la refuter, si elle n'emportoit elle mesme sa refutation, auprés de la plus part des vrais Physiciens, qui ne la considerent que comme l'asile & le refuge de l'ignorance de nostre derniere Philosophie, comme les Sympaties, Antipaties, & Antiperistases le sont de l'ancienne, & les vertus occultes le sont de toutes deux.

Examen de la queuë de la Comete.

Voila donc ce que ie peux dire en courant sur le mouuement des Soleils deuenus opaques, & par occasion sur celuy du premier Mobile. Il ne me reste donc plus qu'à parler des appendices des Cometes, c'est à dire de leurs queuës & cheuelures suiuant l'opinion de nostre Autheur Anonyme: car pour celle de M. des C. ie n'y touche pas, ce seroit expliquer vn Enigme, outre que mon intention n'est pas de le prendre à partie, mais seulement ce qui s'est dit sur nostre Comete pour la recherche de la verité, afin de contribuer à sa découuerte, tout ce qui dépendra de moy. Cét Autheur ayant donc expliqué la Generation & le mouuement de la Comete comme vous auez veu suiuant les principes de M. des C. il l'abandonne pour la queuë n'ayant peut-estre pas approuué les *gros Globules ny ce nouueau Genre de Refraction* dont son Maistre confesse *n'auoir point parlé en sa Dioptrique* (ce qui fait bien voir comme i'ay dé-ja dit, qu'il suppose de nouuelles choses à mesure qu'il en a besoin) Et pour rendre raison de cette apparence par vne autre explication il dit, *Que les rayons du Soleil frappant directement sur l'écorce qui couure l'Estoile, la lumiere ne doit pas estre reflechie seulement vers la terre, mais aussi sur la matiere moins cōdensée qui enuironne cette escorce.* Et ailleurs il dit, *Quand le Soleil est perpendiculairement sur la Comete, les rayons doiuent estre reflechis dans toute la circonference.* Et plus bas, *Qu'elle est esclairée par ces rayons-là, & par ceux qui sont reflechis de l'escorce à sa circonference.* Ce que i'aduouë que ie n'entends pas, car l'escorce mesme fait circōference par tout, & le centre est où l'on veut. Et puis comme Galilée a prouué que la Lu-

Par. 3. ar. 134.

Pag. 91. 94. 98.

Qui ne peut estre formée par la refraction des rayons faite par la Comete.

ne & les autres Planetes à cause de leurs inégalitez, ne sont pas comme des Miroirs Conuexes ny plats, ie ne comprens point comme cette reflexion se pourroit faire *du milieu de l'escorce à la circonference*, pour faire la queuë ou la cheuelure. Neantmoins pour le prouuer, il se sert de la comparaison d'vn Miroir plat qui reflechit les rayons du Soleil, d'vn costé ou d'autre suiuant qu'il luy est opposé ; mais l'application ne s'en peut faire en aucune façon à la Comete. Car comme le Miroir ne reflefchit iamais sur soy-mesme, & que quand il reflefchit les rayons, c'est à Angles égaux comme il les reçoit, ils ne sont pas pour cela visibles hors de sa superficie, s'ils ne sont receus dans quelque corps opaque qui les termine, comme dans quelque poussiere ou dans quelque fumée qui seroit autour du Miroir, ainsi que i'ay dit tant de fois. Et ce n'est ny la reflexion ny la refraction qui nous les fait voir, elles ne seruẽt qu'à leur dõner leur allignement & leur place. Il n'est doncpas possible d'expliquer la cheuelure ou la queuë des Cometes, par la simple reflexion que l'écorce plus cõdensée peut faire sur celle qui l'est moins, si ce n'est qu'on voulut dire (comme il fait en quelque maniere) que tout autour de l'Estoile de la Comete, il s'est encore amassé quantité de matiere qui n'est pas assez dure pour faire partie de la crouste, mais qui est assez opaque pour receuoir la reflexion des rayons de l'Estoile (si elle la pouuoit faire) pour former vne cheuelure;

Et

Et que pour la queuë ce sont aussi d'autres parties rameuses du troisiéme Element qui se sont accrochées & mises en file des autres, qui forment cette longueur, sur laquelle les mesmes rayons reflechis venant à donner, ils font aussi paroistre la queuë. Voila ce qu'on pourroit dire de meilleur suiuant ses principes, quoy qu'il ne le dise pas si clairement comme on verra bien : ce qu'estant contraire pour la reflexion aux regles de la Catoptrique, ne peut estre receu pour raison valable de ces apparences. Mais supposé qu'il fust vray qu'autour de l'Estoile de la Comete & à sa suite, il y eust de la Matiere (ce qui est mon opinion expliquée en d'autres termes dans mon premier discours) il ne faut point auoir recours à la reflexion que feroit sur cette matiere l'escorce de la Comete si elle en estoit capable, il suffit de dire comme i'ay fait [...] : que le mesme Soleil qui esclaire la teste de la Comete & la rend visible fait aussi voir la cheuelure, la barbe & la queuë, suiuant qu'il les regarde. Ainsi puisque cét Autheur supposoit de la matiere au tour de sa Comete, il n'auoit que faire de sa reflexion ; & s'il n'en suppose point au delà du corps de l'Estoile couuerte de sa crouste, toute sa reflexion ne luy sert de rien quand mesme elle se pourroit faire contre les Loix de la Catoptrique. Ie ne m'arresteray donc plus sur cét examen, ayant à mon aduis assez éclaircy ce qui pourroit surprendre les moins intelligens par les belles paroles de l'Au-

Mais bien par le Soleil mesme supposant de la matiere autour & en file.

theur, & par les comparaisons & raisonnemens apparens de M. des C. que ie ne sçaurois pourtant encore quitter sans dire vn petit mot, puis qu'il est de nostre sujet: c'est sur ce qu'il pretend donner de bonnes raisons d'vne chose euidemment fausse, pourquoy les Cometes vont plus viste au commencement qu'elles paroissent, que sur la fin. Ce qu'il croit veritable. Et pour cét effet il dresse vne Figure expres d'vn tourbillon fort excentrique, dans lequel il nous place plus pres d'vn costé que d'vn autre, afin de voir aller inégalement la Comete sur ses fins & sur son commencement: & pour vne autre raison encore, afin de montrer pourquoy elle paroist plus grosse, & pourquoy cela se doit faire, il dit *que la Comete a vn costé, qui tourne tousiours vers le centre du tourbillon dans lequel elle est, comme la mesme face de la Lune regarde tousiours la terre, & qu'il n'y a que ce costé de la Comete qui soit propre à reflechir les rayons qu'elle reçoit, partant qu'il faut attendre que ce costé soit tourné vers nostre Soleil, &c.* tant il est ingenieux à rendre raison de tout ce qu'on luy demande, soit qu'il soit vray, soit qu'il soit faux. Car ie tiens pour certain & crois que tous ceux qui iugeront bien des Cometes & qui les auront obseruées, ne douteront pas de la fausseté de ce fait, & que la raison pourquoy nous les voyons plus grosses & plus vistes en leur mouuement au commencement qu'à la fin ne vient que de ce que nous n'en voyons pas le vray cõmencement, & que nous ne les obseruons que

On prouue quelques fois par raisons vne chose qui n'est pas

Part. 3. ar. 129. ar. 132.

Comme la grosseur & vitesse des Cometes en leur cõmencement.

quand elles ſont dé-ja grandes par les raiſons que i'en ay dites pluſieurs fois cy-deuant que ie ne repeteray pas : auſſi n'ay-je parlé de cela que pour montrer l'auantage des bons eſprits, qui trouuent auſſi bien des raiſons pour authoriſer les fauſſetez, comme pour prouuer les veritez meſmes. Vne choſe encore de fait où l'on pourroit trouuer à redire en la Traduction Françoiſe de M. des C. c'eſt en l'art. 133. où il eſt dit, *qu'on nomme la cheuelure de la Comete lors qu'elle la precede au regard du mouuement qu'on obſerue, & on la nomme ſa queuë lors qu'elle la ſuit,* & neantmoins nous auons veu vne fort grande queuë en celle du mois de Decembre, & en cette derniere d'Auril qui *precedoit* la Comete, auſſi bien qu'en Ianuier quand elle la *ſuiuoit.* Mais ce ne ſont que des meſpriſes ſur leſquelles pourtant on raiſonne & on trouue meſme, que tout le contraire de ce qui arriue, deuoit arriuer. Finiſſons donc & diſons de bonne foy que la plus part des raiſonnemens de la Philoſophie de M. des C. & de beaucoup d'autres ſont fondez ſur ce Sophiſme : cela peut eſtre expliqué par cette hypotheſe, & par elle on peut rendre raiſon de tous les effets &c. Donc il la faut receuoir pour vraye, & croire que les choſes ſe font par ces meſmes principes. Mais cette concluſion oppoſée eſt auſſi veritable. Cela peut n'eſtre pas fait de la ſorte, & il peut l'eſtre par d'autres raiſons & par d'autres principes, donc ceux-là ne ſont pas les vrays. La conſequence eſt auſſi bonne d'vn coſté que d'autre, partant il ne

La cheuelure & la queuë des Cometes mal expliquées.

Il faut faire les hypotheſes & les principes ſur les Phenomenes

faut point argumenter de l'hypothese à la these, & faire des suppositions pour les appliquer aux obseruations ; mais il les faut tirer elles mesmes, si on peut de tous les Phenomenes, & ne dire pas comme fait l'Autheur Anonyme, que *par les principes de M. des C. on a découuert cent mille belles veritez Physiques qui sont confirmées par l'experience*, car cela n'est pas vray ; & il obligera des plus habiles que ie connoisse en Physique, en Mathematique & en Medecine, de leur en montrer vne seule, car ie vous aduouë en cela leur ignorance & la mienne, puisque nous sommes de mesme aduis. Au contraire nous auons bien découuert par experience beaucoup de choses fausses que M. des C. auoit asseuré tres-veritables. Et pour en donner quelque échantillon. Quand il a voulu rendre raison par ses principes, comment on allume du feu auec vn fusil, n'a t-il pas dit, que c'estoit *Parce que les parties du Caillou sont dures & roides, quand il est frappé d'vn fusil, les interualles qui sont autour d'elles deuiennent si estroits, que les parties du second Element en sortent toutes, de façon qu'ils ne demeurent remplis que du premier &c. qu'ainsi ne se trouuant enuironnées que de la matiere du premier Element elles se conuertissent en feu.* N'est ce pas vne belle verité Physique découuerte *par les principes* de M. des Cartes ? On ne dira pas que c'est d'autre que luy, qui l'aye tirée de ses principes pour ne les auoir pas bien entendus, car c'est luy-mesme qui la desduitte. Il faut donc croire qu'elle est bien certaine, puis que les trois Ele-

Opiniõs de M. des Cartes trouuées fausses par experience.

Par. 4. art. 84.

Touchant le feu qui sort du fer du fusil non point du caillou.

mens & les Globules entrent dans cette explication, par consequent il la faut donc mettre au nombre des cent mille & commencer tousiours à compter par vne. Non, non, elle n'est pas du nombre, & si toutes les autres sont de mesme, vous pouuez dire que vous ne tenez rien: car cela est entierement faux. Et cóment pensez-vous que ie le vueille prouuer? Ce ne sera pas par de belles paroles ny par aucun raisonnement tiré des principes obscurs, arrogans & fastueux d'aucune Philosophie, c'est par les sens & par l'experience. Prenez vn Caillou & le battez auec vn fusil, sur vne fueille de papier blanc, & voyez où vont les estincelles de feu, ramassez-les, & les regardez auec vn Microscope, vous verrez que ce sont de petites paillettes ou rouleaux de fer & d'acier, & non point du Caillou ny aucuns Globules ou parties rameuses du premier, second ou 3. Element. Cela est si veritable que ie l'ay veu cent fois, & iamais en pas vne de ces estincelles vn seul brin de caillou. La mesme chose est confirmée dans vn Liure nouuellement fait à Londres par M. Hook intitulé la Micrographie, ou les diuerses Figures de ces Estincelles sont representées comme on les voit par ces Lunettes qui découurent les yeux & le poil d'vn ciron.

Apres cela vantez tant qu'il vous plaira les principes de cette nouuelle Philosophie & dites que *par iceux on a découuert cent mille veritez Physiques*. En voulez vous voir d'autres? demandez à

Et touchant l'anatomie & la Glandule du cerueau.

M. Stenon grand Anatomiste, s'il est vray que les muscles soient composez de la façon que dit M. des Cartes, si le mouuement du cœur se fait par sa dilatation en suitte de la rarefaction du sang: si la glãdule qu'il fait le throsne de l'Ame où elle exerce toute sa Iurisdiction sur nos passions & sur nos sens est située comme il la descrit. Il vous répondra ce qu'il nous a montré par effet, que tout cela n'est pas veritable, & que cette Glandule a sa pointe panchante vers le derrierre de la teste, qu'elle est couuerte par le deuãt du Plexus choroïdes qui luy est fortement attaché, qu'elle n'a aucune cõmunication auec les nerfs optiques, & qu'elle n'est point en façon quelconque comme la d'escrit M. des C. ainsi qu'il la fait voir aux plus deuoüez Cartesiens, qui ont esté contraints de l'auoüer. Ainsi qu'on n'exalte plus auec tant d'hyperbole, ce que l'Autheur mesme n'a pas fait, ou si on veut l'imiter dans ses grands projets & dans ses premieres pensées qui luy font dire en sa Preface Françoise, *Que par ses principes on pourra découurir plusieurs veritez, acquerir vne parfaitte connoissance de toute la Philosophie, & monter au plus haut degré de la sagesse.* Qu'on l'imite donc aussi dans les dernieres paroles de sa mesme Philosophie, où la plus grande verité sans doute & la plus haute Sagesse qu'il y auoit acquise, l'ont obligé à dire sincerement & comme par retractation, *que reconnoissant bien sa foiblesse il n'asseure rien*, & prie le Lecteur *de n'adiouster aucune foy à ce qu'il dit, si l'euidence & la raison inuincible ne le luy persuadent & ne le contraignent de le croire.* Neantmoins son suiuant asseure que non seulement tout ce qu'il a dit est veritable, mais que *par ses principes on a encore découuert cent mille veritez Physiques*, au lieu desquelles ie suis d'aduis qu'on se reduise à vn petit nombre de probabilitez; encore ne sera-ce pas peu qu'il ait adjoûté quelque chose à la connoissance des hommes. Car si on le veut prendre par sa parole, il n'y aura rien du tout ny de vray ny de receuable en toute sa Philosophie. Voicy ce qu'il en a dit depuis en vne de ses Lettres au P. Mersenne, *Cependant ie veux bien que l'on pense que si ce que i'ay escrit de cela ou des refractions, ou de quelque autre matiere que i'aye traittée en plus de trois lignes, dans ce que i'ay fait imprimer se trouue faux; tout le reste de ma Philosophie ne vaut rien.* Cela estant, comme il a traitté en plus de 30. lignes & de propos deliberé, *comment on peut allumer du feu auec vn fusil*; & qu'il a trouué par ses principes, que c'est le caillou qui doit faire le feu, & que par l'experience on l'ayt *trouué faux*. Si on veut le prendre à la rigueur & par sa parole comme vn homme d'honneur, il s'ensuit par sa propre confession que *tout le reste de sa Philosophie ne vaut rien.* Par où ie conclus ce discours, & reprens ma Comete.

Et partant sa Philosophie plus que douteuse selon luy-mesme.

tom. 2. lett. 97.

OBSERVATIONS ET RAISONNEMENS *Astronomiques sur le Cours de la Comete qui a paru en 1664. & sur celle d'Auril 1665.*

APRES auoir parlé iusques icy, pour tous ceux qui n'ont que le bon sens pour guide du raisonnement (qui est aussi la meilleure conduite) & qui n'ont point de connoissance particuliere de l'Astronomie & des Mathematiques, sans me seruir d'aucuns termes qui ne fussent de leur intelligence, pour ne les dégouter pas de la recherche des choses qui peuuent estre de leur portée, par le meslange de celles qui n'en seroient pas. Ie crois estre obligé de satisfaire aussi la curiosité, de ceux qui voudront sçauoir le détail de la route de la Comete, ou le chemin qu'elle a tenu dans le Ciel & aupres de quelles Estoiles elle a paru chaque iour depuis qu'on l'a obseruée iusqu'à ce qu'on l'ait perduë de veuë. Et i'estime qu'on doit conseruer à la Posterité ces choses de fait, pour en tirer des consequences telles qu'ils iugeront à propos, ou condamner & loüer les nostres suiuant les Obseruations qu'ils feront en leur temps,

temps, des Cometes qui leur paroiſtront. Pour cét effet i'ay iugé à propos de faire vne Carte particuliere de la noſtre, ou les Figures & les Conſtellations dans leſquelles & aupres deſquelles elle a paſſé ſoient exactement tracées & non pas à veuë de païs, comme beaucoup ont fait ſans meſure aucune. Pour cela i'ay tiré la Ligne Ecliptique depuis la Balance iuſques au Belier, faiſant la moitié du Zodiaque, que i'ay diuiſé en ſix parties égales, chacune contenant vn Signe, que i'ay ſubdiuiſé en 30. parcelles, qu'on appelle degrez de Longitude parce qu'ils ſont ſur la longueur de l'Ecliptique: comme auſſi i'ay diuiſé les deux coſtez en ſemblables & égales parties aux autres, pour marquer les degrez de Latitude, ou l'éloignement en largeur de coſté & d'autre de ladite Ecliptique. Enſuite i'ay placé toutes les Eſtoiles qui ſont dans les Tables & Catalogues de Tycho Kepler, & Bayerus, conformement à leur Latitude & longitude, laquelle i'ay auancée d'vn degré ſuiuant l'ordre des Signes plus que leſdites Tables ne donnent, parce qu'elles ne ſont ſupputées que pour l'année 1600. & qu'en les auançant d'vn degré preciſement en Longitude ſans faire d'autre calcul, c'eſt les mettre au point qu'elles doiuent ſe trouuer en l'année 1672. puis que ſuiuant les meilleures & dernieres opinions, elles auancent d'vn degré en 72. ans ou enuiron, au lieu que Ptolomée & les Anciens ne diſoient qu'en cent ans, parce qu'ils n'en auoient pas tant d'Obſeruations qu'on en a eu depuis.

Conſtruction de la Carte du Mouuement de la Comete.

I'ay donc creu que faisant ainsi cette Carte pour l'année 1672. elle n'auroit aucune erreur sensible pour 1665. & auroit cét auantage de pouuoir encores seruir de mesme 15. ou vingt années, soit à d'autres Cometes ou Phenomenes s'il en paroissoit, soit aux Obseruations des Planetes & autres vsages fort vtiles pour l'Astronomie & pour la Nauigation.

Ses diuers vsages.

Notez que i'auois tracé & fait grauer la Carte & composé tout ce discours, auant qu'on nous eut parlé de cette seconde Comete que nous auons veu à Paris au Mois d'Auril; laquelle si i'auois preueu, i'aurois fait la Carte plus grande d'vn signe tout entier, afin d'y marquer aussi son chemin & les Obseruations de sa queuë. Ie ne laisseray pas d'y comprendre ce qui pourra y entrer.

Cette Carte est donc fort commode pour toutes sortes d'Obseruations Astronomiques & pour la Nauigation, comme ie feray voir en donnant l'autre moitié du Zodiaque, & deux autres Cartes ou proiections pour les Poles & pour le surplus du Ciel, & peut-estre mesme les feray-ie beaucoup plus grandes) pour suppléer au Bayerus qui est rare & qui a l'incommodité d'auoir toutes ses Constellations sur des échelles differentes) afin que sans Globes on puisse connoistre toutes les Estoiles & leur situation beaucoup mieux qu'auec les Globes mesmes, qui les representent à rebours de ce que nous les voyons; parce qu'elles y sont tracées sur le Conuexe & au dessus, & que nous sommes au dessous, qui par consequent voyós le concaue qui

Plus vtile que les globes

eſt contraire au dehors. Au lieu que ces Cartes repreſenteront les Eſtoiles comme elles nous paroiſſent; & les tenant en main & regardant le Ciel, on verra l'vn ſemblable à l'autre ſans erreur ſenſible, quoy que les Cartes ſoient plates & le Ciel rond, comme ie l'expliqueray dans vn Traitté à part; où ie feray voir qu'il n'y a rien de plus vtile pour la Marine, & pour toutes ſortes d'Obſeruations Aſtronomiques.

Cependant ie vous donne celle cy par auance ſur laquelle i'ay tracé iour par iour le chemin de noſtre Comete ſuiuant mes Obſeruations, & les autres plus exactes qui ſont tombées entre mes mains, que ie raporte auec toute la ſincerité requiſe, ſans faire cas d'vn nombre infiny d'autres qui n'y ſont pas conformes, & ne le peuuent eſtre, ayant force contradictions entre-elles; y en ayant meſme qui ſont écrites & publiées en diuers lieux, par des perſonnes qui confondent les Latitudes auec les declinaiſons, les Signes auec les Conſtellations & font d'autres fautes cõme peu verſez en Aſtronomie; d'autres qui ont marqué des hauteurs Meridienes impoſſibles & contraires. D'autres connoiſſans ſi peu les Eſtoiles qu'ils diſent auoir veu la Comete auec celles de la Balance ou du Scorpion dont elle n'a pas approché de 50. degrez, d'autres qui aſſeurent & qui impriment que c'en ſont deux, & qu'on les a veuës enſemble plus de dix iours durant, & en des lieux où elles n'ont point eſté aux iours qu'ils deſignent, quoy que ce

Il y a bien de mauuaiſes Obſeruations.

ſoient perſonnes intelligentes en autres choſes. Mais quoy? comme i'ay dé-ja dit chacun en a voulu barboüiller le papier, & faire ſuer en hyuer les Imprimeurs à tirer leurs Ouurages, pour ſeruir quelque iour de faux témoins contre la verité (n'eſtans bons qu'a cela) ſi le temps qui eſt ſon Pere & ſon Conſeruateur, ne les ſupprimoit comme des Auortons, ou s'ils ne publioient eux-meſmes de bonne foy s'y eſtre trompez.

Ie ne me ſuis donc ſeruy que de mes propres Obſeruatiõs & de celles qui ont eſté faites auec les meilleurs inſtrumens & par les plus habiles Aſtronomes, dont quelques-vns meſmes ont eu l'auantage d'auoir de belles nuits, quand nous les auions chargées de broüillards. Pour moy ie n'ay commencé d'obſeruer comme vous verrez, que le 21. Decembre. Mais ie me ſuis aydé comme i'ay dé ja dit du trauail d'autruy pour rendre la Carte complete de iour en iour, & y placer la Comete, ce qui ne m'a pas eſté peu difficile par la diuerſité des Longitudes & Latitudes que chacun luy donnoit. Et parce que les heures des Obſeruations eſtoient toutes differentes, les vnes eſtant faites à 3. heures, d'autres à 4. 5. & 6. du matin, les autres à 5. 6. 7. 8. 9. & 10. du ſoir, ſuiuant la commodité du temps ou des Obſeruateurs de diuers endroits, qui l'attendoient à leur Meridien pour en obſeruer la plus grande hauteur, ou pour d'autres raiſons qu'ils ne diſent pas. I'ay iugé à propos de les reduire toutes à vne meſme heure, & pour

Reduction des Bonnes au Meridien de Paris & à quelle heure.

l'horizon de Paris dont la Latitude eſt de 48. 53. en les auançant ou reculant proportionement au mouuement diurne, & aux lieux où elles ont eſté faites differens de noſtre Meridien. Et parce que la pluſpart des premieres (qui ſont du mois de Decembre) ſont faites depuis deux heures apres minuit, iuſques au Soleil leuant & celles de Ianuier depuis le ſoir iuſques à minuit ; ie les ay toutes reduites à 4. heures du matin iuſques au 29. Decembre (qui eſt le iour du perigée & du plus grand Mouuement de la Comete apres lequel elle a diminué) & à ſix heures du ſoir depuis le meſme iour iuſques à ſa derniere apparition : afin qu'on eut preciſement ſon cours en temps égaux, c'eſt à dire en 24. heures égales, & non pas depuis qu'elle eſtoit dans le Cercle Meridien, iuſqu'a ce qu'elle y fut reuenuë : car ces interuales de temps ſont fort inégales à cauſe de ſon mouuement particulier inégal auſſi.

La premiere de toutes les Obſeruations eſt venuë de Hollande, Monſieur Huggens nous ayant mandé qu'à Leyden, on auoit veu la Comete le 20. Decembre à ſix heures & demie du matin dans le Signe du Corbeau entre l'Eſtoile de ſon aiſle droite & celle du pied, vn tiers enuiron plus pres du pied que de l'aiſle, comme vous le verrez marqué dans la Carte. Le 15. enuiron la meſme heure on la vit vn peu audeſſus du bec du meſme Corbeau eſloignée de la premiere Obſeruation d'enuiron 8. degrez, & le 21. en continuant sa mesme route sur vn grand Cercle; elle se trouua esloiguée de 12. degrez de la seconde Obseruation: si bien qu'aux 13. premiers iours elle ne fit que 8. degrez enuiron; & aux 6. iours suiuans elle en fit 12. Voila ce que nous auons sceu de Hollande pour ces commencemens: & de M. Heuel de Dantzic qu'elle estoit le 14. Decembre au 6. 30. de la Balance auec la Latitude de 21. 50. depuis lequel temps nous en auons eû de fort bonnes de diuers endroits, & particulierement d'Italie, ausquelles se rapportent assez bien les nostres (reduction faite au Meridien & aux heures cy-dessus) & principalemẽt celles des sieurs Cassini & Montanare excellens Astronomes de Bologne, & à celles du Professeur des Mathematiques des Iesuites de Rome, & à quelques autres encore qui nous ont donné les iours que nous n'auions pas 27. 28. 29. & 30. Decembre qui sont des principaux: parce que son mouuement estoit fort rapide en ces iours-là qu'elle estoit plus proche de la terre; Outre que l'ayant veuë auprés de beaucoup d'Estoiles fixes dans de belles Constellations, ils en ont pû obseruer precisement le lieu en Longitude & Latitude, pour en inferer le vray mouuement diurne que nous n'auions que par coniecture & supposition, ces iours là. Quant aux autres, nous les auons pû auoir aussi pafaitement qu'eux, les Estoiles de la Balaine & du Belier estant aduantageuses & le temps nous ayãt esté assez fauorable ce qu'ils n'ont peut-estre pas eû, au moins leurs

Bonnes Obseruations d'Italie.

Cartes finiſſent-elles au 5. Ianvier, & nous auons plus d'vn mois dauantage.

Vtilitez de la Carte pour la Comete.

Sur toutes ces Obſeruations conferées enſemble & auec pluſieurs autres de diuers endroits, i'ay donc dreſſé la preſente Carte; où l'on peut voir iour par iour le chemin de la Comete en Longitude Latitude & declinaiſons, ſur vne ligne courbe & irreguliere, mais qui repreſente celle que la Comete a ſuiuy dans le Ciel, tracée ſur le Globe par vne partie de grand Cercle en apparence, depuis le 14. Decembre qu'on la bien veuë, iûques au ſixiéme Fevrier que ie l'ay encore obſeruée auec les yeux & ſans Lunetes. De ſçauoir ſi elle fera ſur la fin quelque retour fort conſiderable, ou vne ligne ſpirale comme on dit que d'autres Cometes ont fait, & comme elle m'a parû commencer de faire au meſme temps que i'écris cecy qui eſt le douziéme de Fevrier; ou ſi elle a touſiours ſuiuy vn meſme grand Cercle. Quand on aura tout obſerué fort exactement, & qu'on aura continué de la voir iuſques au bout auec des Lunettes, nous en ſerons plus aſſeurez, & i'auray bien le loiſir encore de le rapporter auant que ce petit Ouurage ſoit acheué d'imprimer, en quoy ſi la lenteur de l'impreſſion d'vn coſté me déplaiſt, elle me ſera auantageuſe d'vn autre, en me donnant lieu d'y adiouſter, comme i'ay dé-ia fait, ce qui me ſuruiendra de nouueau : & peut-eſtre quelques ouuertures pour faire prendre vn autre party, & d'autres concluſions aux perſonnes dociles & qui re-

On doit changer d'auis ſuiuant ce qu'on apprend.

cherchent la verité, que celles qu'ils auroient prises. Pour moy ie n'épouse aucune opinion, & pour auoir auancé quelque chose, ie ne suis point obligé de le maintenir : ayant toute ma vie Philosophé de bonne foy, & estimé qu'il y auoit plus de gloire & de force d'esprit à changer d'aduis, & à se retracter en toutes choses quand la raison le veut ; que de demeurer attaché à ses premiers sentimens sans en vouloir démordre, comme font la pluspart des hommes ; mais principalement les Philosophes de la toute nouuelle, ou de la vieille Roche, qui ne veulét pas seulement s'éclaircir de la Verité, & qui ayment mieux deferer à leurs sentimens ou à l'autorité des autres, que de voir par effet le contraire de ce qu'ils croyent, de peur d'estre obligez d'apprendre quelque chose de nouueau, ou de contredire à leurs Maistres.

Ie diray donc encore vne fois que i'ay tracé les lieux & les situations de nostre Comete sur vne Carte dont l'vsage est facile. Car en mettant pour chaque iour vne regle ou vn filet par dessus la Comete, & regardant quel degré il marque en haut & en bas on aura sa Longitude : à gauche & à droit au dessus ou au dessous de l'Ecliptique on verra sa Latitude Septentrionale ou Meridionale. Quant aux Ascensions droites on ne les y trouuerra pas, celles qui sont au bas de la Carte n'estant que pour les degrez de l'Ecliptique & pour d'autres vsages.

Moyens de se seruir de la Carte.

Pour les declinaisons, il ny aura qu'à prendr auec

auec vn compas la plus courte diſtance de la Comete au Cercle Equinoxial, & la rapporter ſur les degrez de Longitude ou de Latitude pour voir à peu prés combien elle en aura : & l'on pourra verifier par là toutes les hauteurs Meridiennes que la Comete aura eu chaque iour ſur chaque horizon, dont la hauteur du Pole ſera connuë : où l'on découurira bien des manquemens ſur les Obſeruations que chacun pretend auoir fait; dont il y en a des pitoyables comme i'ay dé-ja dit plusieurs fois, mais particulierement en ce point pour ne s'eſtre pas ſeruy d'inſtrumens fort iuſtes.

Pour ſçauoir par exemple où eſtoit la Comete le 31. Decembre à ſix heures du ſoir : en paſſant vne regle ou vn filet par deſſus ce iour, on verra ſur les degrez de Longitude en haut & en bas, qu'elle eſtoit preſque dans le 3. degré des Gemeaux. Pour ſa Latitude, en mettant le filet à gauche & à droit ſur les degrez qui y ſont tracez, on trouuera qu'elle en auoit enuiron 34. du coſté du midy. Quant à la declinaiſon mettez vne pointe du compas deſſus la Comete, & l'autre qui touche l'Equateur au point le plus proche, puis tranſportez-le ainſi ouuert ſur les degrez de Longitude ou de Latitude & vous verrez ce qu'il en contiendra, qui ſera ſa declinaiſon. On peut faire auſſi les autres operations de meſme auec le compas. Et pour peu qu'on ayt de pratique & d'intelligence de la Sphere, que ie ne pretends pas icy debiter, on comprendra fort facilement ces choſes

& l'on pourra tirer d'autres grands vſages de cette Carte: pourueu toutefois que les diuiſions de mon Original ſoient bien ſuiuies par le Graueur, en les contretirant ſur ſa planche ; & ce qui eſt encore plus à craindre qu'elles ne ſe corrompent pas dauantage dans l'impreſſion de la taille douce: où le papier s'allonge & ſe racourcit plus ou moins, ſelon qu'il eſt gros ou delié; & ſelon qu'on le moüille pour le paſſer entre les deux rouleaux qui le preſſent, pour luy faire prendre l'ancre des traits grauez dans le cuiure: comme ſçauent ceux qui ont connoiſſance de cette ſorte d'Imprimerie, qui cauſe encore plus d'inégalitez ſur le papier que celle de bois ou des caracteres de plomb, qui ne le font que preſſer en appuyát deſſus ſans l'eſtendre: Et neantmoins on n'y trouue iamais les meſures exactes, parce que le papier en ſechant les altere & les diminuë, tantoſt plus tantoſt moins ſelon ſa force & l'humidité qu'on luy donne. A plus forte raiſon doit-on craindre, la taille douce & principalement celle-cy; que ie pretens faire tirer d'vne maniere extraordinaire, pour marquer en couleur iaune ou rouge le chemin de noſtre Comete, ce qui n'a iamais encore eſté fait en cuiure. Pour cét effet auſſi ie ne ſuis point garand d'vn demy degré ou dauantage que l'on pourra trouuer de difference. Mais pour auoir le tout dans vne plus grande precision de minutes; il faudra auoir recours aux Tables particulieres qu'en feront ſans doute les vrays Aſtronomes, qui auront obſerué auec les

Toute impreſſion oſte la iuſteſſe des diuiſions ſur le papier.

plus grands instrumens. Cependant ie ne laisseray pas d'en faire vne qui ne se trouuera pas fort esloignée des plus veritables.

Du mouuement Iournalier de la Comete.

Pour son mouuement Iournalier, c'est à dire les degrez qu'elle à couru chaque iour, il ne se peut pas mesurer exactement sur la ligne tracée dans la Carte, à cause de son obliquité. Mais pour le faire voir plus precisement, i'ay iugé à propos d'en faire aussi vne Table comme ie viens de dire : aussi bien est-ce tout ce qu'on a de plus important à conseruer à la posterité & à se communiquer les vns aux autres : comme aussi en verité, c'est ce qu'il y a de plus difficile à bien adiuster auec toutes les obseruations faites en diuers iours & en diuers temps : en sorte qu'elles se rapportent toutes à vne mesme heure, & qu'elles gardent entr'elles la proportion de l'augmentation & de la diminution du mouuement que la Comete aura fait chaque iour de 24. heures ; sans alterer ou changer pour cela les Obseruations de sa Longitude ou Latitude, que ie mettray en la mesme Table.

Lors que nous eusmes receu les premieres Obseruations de Hollande du 2. & du 15. Decemb. & que nous en eusmes fait le 21. 22. 25. 26. Quand on vit au 31. le grand chemin qu'elle auoit fait en ces 5. derniers iours sans que nous en eussions eu cõnoissance, il y en eut beaucoup qui penserent que c'estoit vne nouuelle Comete, & qui l'ont mesme imprimé depuis cõme i'ay dé-ja dit, ne croyans pas qu'en si peu de temps elle eust pû, ny monter si haut, ny faire vne ſi grande courſe. Pour moy ie ne doutay nullement que ce ne fuſt la meſme, voyant deſſus mes Globes qu'elle ne faiſoit que ſuiure & continuer le Cercle qu'elle auoit dé ja commencé. Et comme ie ſçauois bien par les Obſeruations qui auoient eſté faites des Cometes de 1618. par Kepler, Longomontan, Cornel. Gemma, Snellius, Galilée, Cyſatus & autres; & en 1652. par Langrenius, Boüillaud, Gaſſend & pluſieurs encore des plus intelligens; qu'elles s'eſtoient meuës ſelon leur opinion ſur vne ligne droite ou touchante, dont les parties eſtant égales nous donnoient des Angles inégaux, qui alloient toûjours en augmentant iuſqu'a ce que la Comete fut le plus prés de la terre qu'elle s'en pouuoit approcher, & qu'apres cela ces Angles diminuoient; & qu'elle s'en retournoit auec la meſme proportion de mouuement qu'elle auoit auancé. Ie ſouhaittois ardamment de voir quelle en ſeroit la diminution que nous n'auions point encore veuë. Lors que Monſieur Auzout me dit qu'il en faiſoit vne Ephemeride, ſur quoy ie luy répondis ſans faire d'autre reflexion, qu'il falloit donc encore attendre que nous euſſions d'autres Obſeruations. Car nous ne pouuons pas ſçauoir, diſois-ie, ſi elle n'augmentera point encore ſon mouuement; luy ne laiſſa pas d'executer ſa penſée & d'acheuer ſa table, dont il enuoya vne partie en Hollande dés le 2. Ianuier & de laquelle quand il me parla le 5. & le 6. Ie luy dis pour lors que ie ne m'en eſton-

Autre-fois eſtimé ſur vne ligne droite.

Calcule premierement par Mr. Auzout.

nois plus puis que nous auions depuis trois ou quatre iours reconnu la diminution de ſon mouuement,& par ainſi qu'on pouuoit bien dire quelle s'en iroit auec la meſme proportion de viteſſe, qu'elle eſtoit venuë, & que i'en allois auſſi faire le calcul, & rechercher les tangeantes qui puſſent répondre à ces inégalitez d'Angles qui auoient paru en auançant; & qui nous paroiſſoient en s'éloignãt; pour voir ſi nos chiffres ſe rapporteroient, & que plus nous aurions d'Obſeruations plus cela nous ſeroit facile. Mais quand il m'eut aſſeuré qu'il l'auoit fait ſans auoir eu égard aux dernieres, & qu'il m'eut dit en riant que ie m'eſtonnerois moy-meſme de l'auoir conteſté quand i'y aurois bië penſé, ie n'en doutay plus: Et ſi toſt que i'y eus fait reflexion, ie vis bien qu'il ne falloit auoir que trois Obſeruations de differens iours, & ſçauoir bien les Angles que la Comete auoit fait de l'vn à l'autre; puis trouuer des nombres de parties égales parmy les tangeãtes, qui conuinſſent à ces meſmes Angles. Et pour y paruenir mecaniquement, ce qui ſuffiſoit (quoy qu'õ le peut faire Geometriquement) puis qu'auſſi-bien toutes les effectiõs Geometriques, eſtant trouuées par la Specieuſe la plus raffinée, il en faut venir à la regle & au cõpas pour les reduire en pratique. Et que toutes ces Obſeruations d'Angles & de ſituations de la Comete ſont auſſi Mecaniques, ſe faiſant auec des inſtrumens. Ie fis vne conſtruction manuelle auec la regle & le compas, ayant tracé le mieux

Enſuite par moy ſur diuerſes Obſeruations.

qu'il me fut poſſible, deux Angles ſe joignans l'vn l'autre ſuiuant trois Obſeruations que ie pris, puis ayant diuiſé vne ligne droite en parties égales ſur le bord d'vn petit carton fort délié. Ie l'appliquay à ces Angles, enſorte que les parties compriſes entre les lignes de ces Angles, fuſſent égales ou proportionnées au nombre des heures auſſi compriſes entre chaque Obſeruation. Puis ayant tiré vne ligne droite le long de cette eſchelle, ie la fis ſeruir de Tangeante & de baſe à mes Angles: ſur laquelle ayant tiré la perpendiculaire & meſuré mecaniquement vn autre Angle, i'acheuay le reſte par la Trigonometrie & trouuay la premiere fois pour le plus grand Angle de 24. heures aupres du rayon, 13 degrez 10. Minutes, & pour ſa Tangeante 234. parties, leſquelles augmentant toûjours de meſme nombre, ie trouuay tous les Angles qui leur répondoient & qui eſtoiẽt inſenſiblement les meſmes que la Comete auoit fait à noſtre égard chaque iour depuis ſa premiere aparition, & ceux qu'elle feroit auſſi en ſe retirant, ſupposé qu'elle continuât de meſme. Ce que ie manday auſſi-toſt à M. Auzout, qui me dit en voyant ma Table qui ne ſe rapportoit pas à la ſienne, qu'il falloit que nous n'euſſions pas pris de meſmes fondemens d'Obſeruations, comme auſſi n'auions nous pas fait. Et quoy qu'on puiſſe dire & qu'on ait eſcrit de Bourdeaux qu'vn Pere Ieſuite y ait trouué la meſme choſe dont ie ne doute pas; il eſt le premier qui l'a publié à Paris & il en pourra donner sa construction toute Geometrique cõme on en peut inuéter plusieurs. Et si i'ay le loisir de faire vn petit discours de la façon d'obseruer les Cometes & des choses qui y sont necessaires (ou celles qui m'ont manqué en abondance seruiront d'instruction) i'en donneray aussi la maniere d'vne qui sera entierement Trigonometrique.

Cependant ie diray qu'ayant discontinué quelques iours d'obseruer regulierement la Comete pour quelque indisposition qui me suruint, ie fus estonné de la retrouuer presque au mesme lieu où ie l'auois laissée; & la suiuant encore quelques iours auec des Lunettes, apres l'auoir veuë comme stationaire ou immobile en Longitude: Ie luy vis faire vn chemin contraire à celuy qu'elle auoit tenu, & la vis marcher du couchant au leuant suiuant l'ordre des Signes comme font toutes les Planetes; & qu'elle outrepassoit mesme la corne du Belier, en s'auançant tousiours vers la claire du front ainsi qu'il est marqué dans la Carte. Et finalement elle a tout à fait disparu aux Lunettes de six pieds de longueur. D'où il s'ensuit necessairement qu'elle n'a pas continué son chemin sur vne ligne droite ou tangeante Z B Z. comme on croyoit qu'elle deuoit faire suiuant l'opinion de Kepler & des Autheurs alleguez; ny sur vne courbe R B G en dedans, comme i'auois pensé qu'elle feroit par les raisons rapportées en la page 58. Car cette retrogradation demontre le contraire. Et partant il faut que ce soit sur vne

La fin de la Comete fait reconnoistre son mouuement cõme circulaire.

courbe en dehors, qui s'esleue au dessus de toutes nos Planetes; comme si c'estoit alentour du grand Chien qu'elle se deust mouuoir ainsi qu'en riant on l'auoit dé-ja dit à quelques curieux. Ce qui doit faire voir que la precipitation volontaire d'écrire de ces choses, dont on n'a pas encore toutes les lumieres, & de porter son iugement sur vne partie du fait sans en attendre la conclusion, ne peut estre auantageuse à la verité: on ne sçauroit valablement decider de quoy que ce soit, *nisi tota lege perspecta* sans estre instruit de tout. Pour moy quand ie fus obligé d'escrire mon sentiment dés le mois de Ianuier. Ie ne parlay du chemin & du Cercle en dedans, que ie croyois que nostre Comete feroit, qu'en cas qu'elle continuast cõme elle auoit commencé, & qu'en s'enfuyant de nous elle ne deuint pas retrograde, ou pour parler plus iuste qu'elle ne fist pas vn mouuement contraire à celuy qu'elle auoit desia fait d'Orient en Occident. Mais comme elle nous a tous voulu tromper & donner le change sur ses fins, aussi-bien que dans le plus fort de sa course, il nous faut destromper nous mesmes; comme i'auois bien preueu qu'il nous faudroit faire lors que i'escriuis le precedent Article en Féurier. Disons donc qu'elle ne s'est point meuë sur vne ligne droite, ny apparemment iamais aucune autre Comete. (ainsi que ie l'auois bien desia condamné par l'impossibilité du mouuement infiny tel que le rectiligne seroit.) N'y aussi sur la ligne courbe en dedans, autour du Soleil

Mon dernier sentiment sur le chemin de la Comete.

Soleil ou de la Terre, comme i'auois ſoupçonné, nous ayant montré depuis que ce n'eſtoit pas ſon vray chemin; mais que c'eſt ſur la ligne courbe en dehors: & que de plus cette ligne eſt oblique au centre de la Terre, ie veux dire que ſon plan eſtant prolongé ne le couperoit pas. Ce qui ſoit dit pour la retractation de ma premiere penſée, puis que ie l'ay veu de mes yeux; ſans imiter celuy dont i'ay parlé, qui preferoit l'opinion des autres à ſes propres ſens. Car ie prefere mes ſens à ma propre opinion *qui niſi ſint veri ratio quoque falſa ſit omnis.*

Vne autre conſequence qu'il faut auſſi tirer quoy qu'on en puiſſe dire, c'eſt que par nos dernieres obſeruations & par celles du ſieur Montanare exactement faites, il eſt tres-conſtant que cette ligne n'eſt point vn grand cercle, & que i'ay meſme reconnu en procedant rigoureuſement ſur mes Globes, que la Courbe tirée depuis le 2. Decembre iuſques au 17. ou 18. ne continuë pas auec celle qui eſt tirée depuis ces iours-là, iuſqu'au 5. ou 6. de Ianvier laquelle à noſtre eſgard peut paſſer pour circulaire ou portion de grand Cercle. Mais depuis ledit 5. Ianuier iuſques au 20. C'eſt vne autre Courbe que la Comete a d'eſcrit, comme ſi c'eſtoit pour fermer la pointe d'vne ouale ſur la fin de ſon apparition, ce qu'elle n'auoit pas fait à ſon commencement. Et pour preuue indubitable de ce que ie dis, Montanare a auſſi obſerué que ſi elle eut ſuiuy ſon grand Cercle, elle eut deu couper

Que ce n'eſt point ſur vne ligne circulaire.

l'Ecliptique au 27. 30. du Belier; & cependant elle la coupée au 29.18. le 15 Ianuier, à cauſe qu'elle eſt comme rentrée dans ſon Cercle en ſe raprochant de ſon centre. Vne autre choſe encore à conſiderer, c'eſt qu'elle ſemble n'auoir pas fait ſes arcs diurnes eſgaux en diſtances égales de ſon Perigée. C'eſt à dire que prenant ſon Perigée le 29. Decembre enuiron midy, comme toutes les obſeruations d'Italie & les noſtres le donnent, elle n'a pas fait le meſme nombre de degrez par iour en s'en allant; comme elle auoit fait en venant, & que cette egalité ou rapport de iours deuant & apres le Perigée, ne ſemble pas s'eſtre bien rencontré que 12. ou 15. iours deuant & autant apres: paſſé leſquels elle a paru aller plus lentement vers ſa fin qu'elle n'alloit au commencement; en ſorte que depuis le 13. Ianuier iuſques au 26 (qui ſont 13. iours) elle n'a pas fait 7. degrez & demy: & depuis le 15. Decembre iuſqu'au 2. (qui ſont auſſi 13. iours qui répondent aux autres) elle en a fait plus de 8. & demy. Sans parler de ce qu'elle a fait deuant, s'il eſt vray qu'elle ait eſté obſeruée comme on dit dés le 17. Nouembre en Eſpagne, qui ſont 17. iours par delà le 2. Decembre. Car il faudroit qu'elle euſt eſté plus Grande pour eſtre viſible à obſeruer, que nous ne l'auons veuë 17 iours apres le 26 Ianuier, auquel temps nous ne la pouuions deſcouurir: ce qui prouueroit qu'elle n'a pas tenu la meſme route en venant, qu'elle a fait en s'en retournant. Partant on peut conclure vray-ſemblablement ou que le 29. Decemb. n'eſt pas ſon Perigée (contre toutes les Obſeruations de Rome, de Boulogne & les noſtres) ou que ſon mouuement n'eſt pas regulier ſur vn Cercle: mais ſur quelque autre ligne comme ſeroit vne Ellipſe inclinée dont le petit diametre ne ſeroit pas perpendiculaire à la Terre, mais beaucoup panchāt ſur icelle; & partant il y auroit vne partie de cette Ellipſe qui nous ſeroit plus long temps viſible que l'autre, qui ſeroit celle par laquelle la Comete s'eſt approchée de nous; auquel cas elle auroit paru faire plus de chemin à noſtre eſgard (en meſme nombre de iours) iuſques au 29. Decembre; que depuis ledit iour iuſques au 26. Ianuier, qu'elle a commencé d'eſtre ſtationaire, pour deuenir enſuite retrograde & gaigner le bout ou le grand diametre de ſon Ellipſe. Ainſi toutes nos ſuppoſitions de ſon chemin ſur vn Cercle; ſoit que ſon plan coupe le centre de la Terre (dont il n'y a aucune apparence par toutes les raiſons tirées des Obſeruations de ſa ſituation dans le Ciel) ſoit qu'il luy ſoit oblique & incliné, comme ſa retrogradation, & cette inégalité de chemin au commencement & à la fin le ſemblent démontrer; Toutes nos ſuppoſitions, dis je, de ſon mouuement, & tous les nombres que d'autres & moy auons trouué ſur l'hypotheſe des Tangentes (comme les croyans peu differens de la ligne qu'elle pouuoit d'eſcrire) ſe trouuent maintenant à toute rigueur n'eſtre pas veritables (quoy que ie ne

Mais bien ſur vne Ellipſe.

laisse pas de m'en seruir en ma Table pour y auoir peu de difference, & pour faire voir mesme cette difference à ceux qui s'en voudront esclaircir; comme aussi pour asseurer la posterité que Kepler Snel, Langren, Gassand & tous les autres, qui ont creu iusques icy que le mouuement des Cometes se faisoit sur vne Tangente, n'ont pas rencontré pour la nostre: cela estant impossible, tant à cause que les Angles obseruez sur la fin, ne se rapportent pas à ceux que le calcul fait naistre par les Tangentes égales, qu'à cause de cette retrogradation. Et pour verifier encore, que ce n'est pas la faute du calcul & la supposition des tangentes trop grandes ou trop petites pour s'adiuster aux veritables Phenomenes, qui à causé cette diuersité. Ie vous diray que i'ay fait iusques à cinq Tables differentes fondées sur differentes Obseruations dont la premiere m'a donné 234. pour tangente, & son plus grand Angle de 13. 10. La seconde de 235. & pour son Angle 13. 14. La troisiéme 237. & pour son Angle 13. 20. La quatriéme 238. & pour son Angle 13. 24. Et la cinquiéme 240. & pour son grand Angle 13. 30. Cependant pas vne de ces Tables ne satisfait aux Phenomenes depuis le commencement iusques à la fin. Celles qui font les Angles prés du Perigée trop petits, se rapportent mieux à ceux qui en sont esloignez. Et au contraire la Table qui a pour plus grand Angle 13. 30. conuient mieux au mouuement diurne proche du Perigée, mais à la continuë elle le fait trop

Que les Tables faites par les Tangentes n'en marquét point le chemin exactement.

grand en ceux qui en sont plus loin : comme on le pourra verifier par les deux que ie mettray l'vne aupres de l'autre , & par certaines epoques bien asseurées de l'apparition de nostre Comete, comme celles du 2. & du 14. Decembre prés le bec du Corbeau : celles du 29. lors qu'elle estoit en conjonction Platique auec force Estoiles du grand Chien : celles du 31. au 3. degré des Gemeaux par l'Obseruation indispensable de M. Heuel. Celles du 5. 6. 7. 8 & 9. de Ianuier par les lieux que chacun a pû aisement remarquer dans la Baleine, dont nous auons les Estoiles mieux tracées par le mesme Heuel dans son Traitté de *Mercurius in sole visus* que sur les Globes. Et sur toutes les Obseruations encore celle du 15. Ianuier que Montanare a si bien reglé au 29. 18. du Belier dans l'Ecliptique mesme, qu'il n'en faut plus douter. Si vous establissez donc la Comete en ces endroits là & à l'heure conuenable; vous n'y pourrez iamais faire quadrer exactement aucune des Tables par les raisons que ie viens de dire. D'où l'on peut certainement inferer, que les arcs diurnes qui procedent du calcul fait par les Tangentes égales sur quelques Obseruations que ce soit, ne se rapportent pas à toutes ; & que cela n'est bon que pour tracer à peu prés sur le Globe le chemin de quelques Cometes, & les endroits ou enuiron qu'on la pourra voir chaque iour. Mais non pas pour les regler asseurement, ny pour conclure qu'elles se meuuent en ligne droitte. *Ma is seulemēt à peu pres.*

Nous pouuons encore tirer vne autre conſequence, que l'hypotheſe du Cercle en dedans ou en dehors de celuy de nos Planetes dont i'ay parlé ſi ſouuent depuis la page 41. ſoit que ſon plan paſſe par le centre de la Terre ſoit qu'il n'y paſſe pas, ne peut ſatisfaire à ces Phenomenes. Comme il me ſeroit facile à demontrer, ſi ie ne commençois d'eſtre las d'écrire & d'auoir enuie de finir; auſſi-bien faut-il laiſſer quelque choſe à faire aux autres, qui s'auiſeront auſſi bien que moy de cette Anomalie. Partant il faut conclure encore vne fois que le chemin de noſtre Comete ne s'eſt point fait ſur vne Tangente, ny ſur vn grand Cercle, mais ſur quelque Courbe Elliptique comme ie l'ay deſcrite, à moins que de la faire piroüeter dans des Epycicles à la vieille mode. Ie laiſſe aux Sieurs Heuel, Caſſin, Montanare & autres Obſeruateurs Aſtronomes, le ſoin d'adjuſter tous ces mouuemens ſur les bonnes Obſeruations des vns & des autres: n'ayant fondé mon hypotheſe que ſur les miennes & ſur celles d'Italie & ſur deux ou trois de M. Heuel. Mais ie confeſſe que iamais choſe ne m'a tant fatigué que l'accord & l'adjuſtement de toutes ces relations differentes, ne ſçachant auſquelles donner plus de creance quand i'y trouuois de la diuerſité, ce qui n'a pas eſté peu ſouuent. Ie croy pourtant auoir aſſez heureuſement ſatisfait à la verité, & par la Carte & par la Table, qui n'eſt pour le mouuement iournalier que celles des Tangentes, par les raiſons que ie viens de dire de son peu de difference sensible sur chaque iour en particulier. Quoy que pour plusieurs iours ensemble cela soit fort considerable.

Mais il reste encore vne grande question à vuider, qui est celle de déterminer sa hauteur & son esloignemẽt de la Terre, lors qu'elle en estoit plus proche & lors qu'elle s'en esloignoit en s'enfuyant de nous. Ie ne dis pas la proportion & la difference de ces hauteurs-là seulement: car cela ne nous apprendroit rien de positif, de sçauoir que la Comete estoit enuiron deux fois plus loing de nous le 5. Ianuier que le 29. Decembre, trois fois plus le dixiéme, 4. fois plus le 14. cinq fois plus le vingtiesme. 6. fois plus le vingt troisiesme. 7. fois plus le vingt-sixiesme, & 8. fois plus le trente-vn selon le calcul fait sur la Tangente: en sorte que si elle estoit par exemple esloignée de nous le 29. Decembre de mille demy diametres de la terre ou d'vn million de lieuës, elle en estoit esloignée le 31. de Ianuier de 8. millions. Cela dis je ne nous apprend rien de son veritable esloignement: car ce n'est qu'vne supposition que l'on fait du premier qui nous est inconnu. La raison ou le rapport que l'on donne de deux grandeurs, n'exprime pas la quantité de l'vne ny de l'autre: pour dire qu'vn homme est trois fois plus riche qu'vn autre, vous ne luy presterez pas pour cela de l'argent sans caution, si vous ne connoissez cét autre. Ainsi quand on dit que la Comete estoit vn tel iour, quatre ou cinq fois plus eſloignée de la terre qu'vn autre iour; ce n'eſt pas nous determiner quel eſt cet eſloignement en meſure connuë & certaine, comme i'ay veu force gens le croire. Et c'eſt pourtant ce qui ſeroit bien neceſſaire ſoit pour la placer en quelque endroit dans le Ciel, ſoit pour determiner la grandeur de ſon Cercle: encore faudroit-il auoir pour le moins trois points de la diſtance de la Terre à cette ligne Courbe pour en trouuer le centre, & la ſuppoſer meſme vn Cercle. Mais quoy? il me ſemble que c'eſt ieu d'Enfant de parler de la ſorte: ce probleme n'eſt bon que dans la Geometrie pratique, pour apprendre aux Eſcoliers à meſurer la rondeur d'vne Tour, ou le baſſin d'vne Fontaine. Toutes nos Regles ſont trop courtes pour ces grands Cercles, dont il ſemble que la Circonference eſt par tout & le centre en nul lieu. Pouuons-nous ſeulement determiner auec certitude la rondeur de la Mer? & le diametre de la Terre? par trois points que nous pouuons prendre ſur leur circonference laquelle nous touchons? & auons nous quelque moyen aſſeuré & pratiquable de les bien meſurer? ce ſont des deſſeins vagues & viſionaires. Il eſt impoſſible de venir à cette exactitude de definir le centre & l'excentricité du mouuement de noſtre Comete, ſans parler de ſes proſthaphereſes, & du particulier de ſon obliquité: contentons-nous ſeulement d'vne connoiſſance probable de quelques vnes de ſes diſtances, & trouuons à peu pres ſa hauteur Perigée

Impuiſſance de meſurer la grandeur des Cometes & de leur Cercle.

gée

gée, & quelques autres ſi nous pouuons dans l'eſpace que nous l'auons veuë: nous ne ferons pas peu de choſe pour nous & pour l'auenir, ſans nous alambiquer à conclure ſon Apogée; puis que nous n'auons pas ſeulement la diſtance certaine de la Terre à Saturne, ny à pas vne des Eſtoiles fixes: & que ſans pouuoir eſtre contredit legitimement, on les peut eſloigner tant que l'on voudra, c'eſt à dire deux ou trois fois plus que l'on ne fait, à plus forte raiſon la Comete ſi elle monte plus haut. Ie laiſſe donc ces calculs à faire à ceux qui ont beaucoup de temps à perdre, ou qui le veulent employer ſans aucun fruit, à ſupputer ſur des fondemens incertains, combien de lieuës contient la queuë de la Comete en longueur, & combien ſa teſte eſt plus groſſe que la Terre, la Lune, Venus ou quelque autre Planete. Ie croy que ce ſera bien aſſez pour les vrais curieux du Syſteme du Monde, & pour quelque auancement de la Coſmographie, ſi nous pouuons pour cette fois nous bien aſſeurer, & aſſeurer la poſterité (ſans eſtre contredits comme l'ont eſté nos deuanciers) Que noſtre Comete a couru dans la Region de telle ou de telle Planete, & de combien elle l'a outrepaſſée à peu prés, ſans determiner où elle a deu preciſément aller. Voicy donc ce que i'en puis dire en mon particulier ſans conclure ſi c'eſt au deſſus ou au deſſous de Saturne ou de Iupiter, n'ayant veu ny fait aucunes Obſeruations dont on puiſſe tirer ſeurement des conſequences ſi delicates

C'eſt beaucoup de le meſurer à peu pres.

parce qu'il faut eſtre aſſeuré par pluſieurs fois auparauant, des Angles, diſtances, & hauteurs des Eſtoiles & de la Comete, & de ſon mouuement iournalier au quart d'vne minute pres; pour faire les calculs & les ſuppurations neceſſaires afin d'en inferer des concluſions de cette importance: & que pour cét effet il faut auoir de grands inſtrumens & le lieu & le temps cõmodes pour s'en bien ſeruir, ce que nous n'auons pas eû icy tout enſemble. Neantmoins pour ne demeurer pas tout à fait les bras croiſez, i'ay obſerué pluſieurs fois des hauteurs differentes de la Comete & ſa diſtance auec quelques fixes, pour en inferer la parallaxe: mais comme ſon mouuement iournalier eſtoit grand ces iours là, & qu'il y auroit trop de choſes a faire pour le reduire à l'égalité, en adjouſtant ou ſouſtrayant des parties proportionelles aux Angles & aux coſtez ſur leſquels il faut raiſonner. Ie n'en rapporteray qu'vne que ie fis le 13. Ianuier, auquel temps la Comete ne faiſoit qu'enuiron vn degré apparent de mouuement iournalier, & partant il n'y ſçauroit auoir d'erreur conſiderable ainſi que ie vay demontrer.

Difficultez d'obſeruer ſa parallaxe.

Ayant obſerué ledit iour 13. Ianuier la hauteur de la Comete dans le Cercle Meridien au moyen d'vne ligne Meridienne que i'ay tracée fort exactement (de laquelle ie diray en paſſant que l'Aiguille aymantée ne decline pas cette année de 15. minutes à Paris, afin qu'on ne s'y trompe pas cõme i'ay veu des plus habiles s'y eſtre abuſez faute

L'ayman ne decline quaſi plus de la ligne Meridienne.

d'en faire l'experience ou de croire ce que i'en ay publié en 1660.) Ayant donc obserué la hauteur Meridienne de la Comete de 51. degrez 32. minutes, 6. heures apres mesurées par vn horloge à pendule bien rectifié sur vn grand Quadran au Soleil, & sur la ligne de Midy : ie pris encore sa hauteur, ce que i'estime plus certain que toutes les Obseruations qu'on sçauroit faire de l'heure par les Estoiles d'Arcture & de Rigel que ie pris bien aussi. Mais pour éviter tout le scrupule des refractions & la quantité des calculs, ie me tiens à cét interuale de temps pris auec les pendules qui me donne plus exactement le Cercle horaire ou estoit la Comete pres de l'Horizon, que quelqu'autre maniere que i'aye pû m'imaginer, ny mesmes que les Azymuts dont les Obseruateurs font grand cas, mais qui sont suiets à force manquemens. Ie pris donc pour lors la hauteur de nostre Comete, que ie trouuay de 7. 55. Ensuite dequoy voicy comme ie raisonne pour rechercher la Parallaxe. Soit

Calcul & demonstration de la parallaxe de la Comete.

A B C H. le Cercle Meridien, E N l'horizon. A. le Pole de Paris esleué de 48 53' comme ie l'ay trouué plusieurs fois. B. le Zenit, C. la Comete éleuée de 51. 32'. F la mesme pres de l'horizon Occidental. Donc au Triangle A C F le costé A C est donné de 79. 35' puisque A B H est 41 7' plus 90. deg. c'est à dire

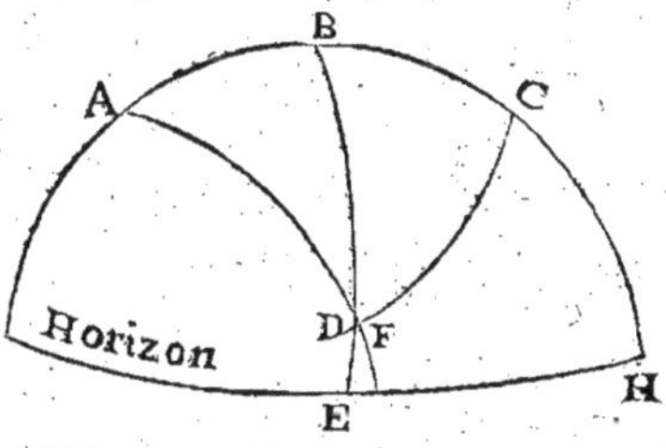

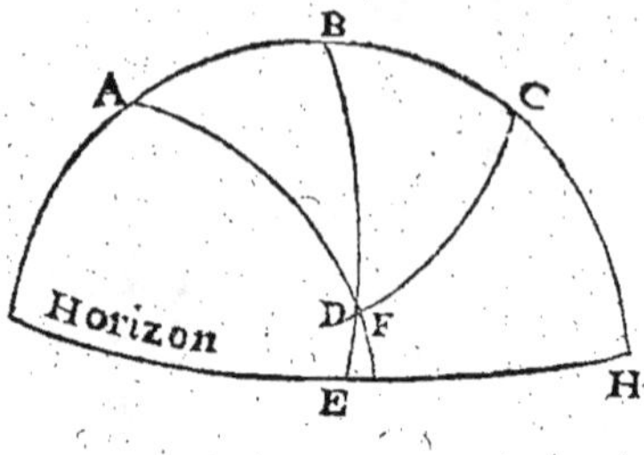

131. 7'. desquels ostant 51. 32 obseruez, il reste 79. 35'. Le costé AF est aussi donné qui est la mesme distance de la Comete au Pole, supposé qu'elle n'eut point changé de declinaison. Mais parce que son mouuement particulier l'augmentoit ce iour là suiuant les Obseruations d'enuiron 28. minutes sur les 24. heures. Ie fais AF moindre de 7 minutes que A C à cause de l'interualle de six heures, partant A F est de 79 28'. Et l'Angle C A F est aussi donné de 90 puisque c'est l'interualle iuste de 6. heures. Donc le costé C F sera trouué de 88. 6' 20' & l'Angle A C F de 79' 38'.

Maintenant dans le Triangle B C D l'Angle C estant 79 38' le costé B C estant donné 38 28'. qui est le complement de C H obserué: & le costé C F 88 6. 20 il y faut adiouster encore 10' que la Comete a fait pendant ces 6. heures par son mouuement particulier outre celuy des 24 heures, par ce qu'elle faisoit ce iour là 63 minutes sur son grand cercle à nostre égard qui reuiennent à cause de leur obliquité enuiron à 40 minutes des paralleles de l'Equateur; & partant ce sont 10' pour ces six heures là qu'il faut adiouster à CF pour lors CD sera 88. 16. 30. Donc les deux costez B C C D. & l'Angle qu'ils comprennent (qui ne varie point pour cela) estans donnez; ie trouue le costé BD de

8213'. Partant ſon complement DE ſera la hauteur de la Comete 7 47'. Mais par l'Obſeruation ie l'auois trouuée de 7. 55 donc il y a difference de la hauteur trouuée par le calcul, de 9. minutes que la Comete a de plus qu'elle ne deuroit auoir ſi elle eſtoit ſans parallaxe & ſans refraction. Mais parce que les vapeurs de l'air eſleuent les Aſtres par deſſus l'horizon, marquant leur hauteur dans les inſtrumens plus haute qu'elle n'eſt en effet, il en faut oſter cét excez qui eſt enuiron 12 minutes pour la hauteur de la Comete obſeruée (ſuiuant les Tables ordinaires de Tyco) partant elle ſeroit de 7. 43' qui ſont 3. minutes moins que la hauteur calculée. Mais ſuiuant l'opinion & les Tables de Caſſini fondées en raiſons & en experiencesq, ui veut auſſi que les refractions ſoient égales pour tous les Aſtres, il n'y auroit que 9 minutes à oſter de la hauteur obſeruée. Ainſi il ne reſteroit que 7 46. pour la veritable hauteur obſeruée, qui n'eſt qu'vne minute moins que la calculée. Et prenant meſme le milieu des deux opinions, il ne ſe trouueroit point de difference aſſez notable entre l'vne & l'autre de ces hauteurs, pour en conclure valablement que la Comete eut ce iour là quelque parallaxe ſenſible; puiſque ſuiuant les Tables de Tyco elle a trois minutes de moins & ſuiuant d'autres vne ſeule, ſi toutes mes Obſeruations & ſuppoſitions ſont exemptes d'erreur. Mais comme il eſt impoſſible qu'il n'y en aye quelqu'vne & de quelque minute, on ne doit pas determiner pre-

Concluſion de la Parallaxe de la Comete.

ciſement par là, la diſtance de la Comete à la terre, & iuger de cõbien elle eſt par deça ou par delà Saturne ou Iupiter: mais qu'elle eſt tres-certainement beaucoup par delà la Lune qui a plus de 60. minutes de Parallaxe, & vray ſemblablement au deſſus du Soleil qui en a trois.

Et par d'autres raiſons. Mais parce que d'vne ſeule Obſeruation faite auec des inſtrumens mediocres on ne peut pas decider vne ſi grande affaire, & qui depend encore, comme vous voyez, des Refractions dont il n'y a pas de ſcience certaine, i'en rapporteray quelques autres qui pourront l'aider. C'eſt que i'ay obſerué pluſieurs fois noſtre Comete ſes derniers iours, qu'elle auoit fort peu de mouuement particulier, eſtant en droite ligne auec des Eſtoiles fort haute & vers le Meridien, puis eſtant pres de l'horizon; pour voir ſi elle ne changeroit point ſa ſituation à l'égard deſdites Eſtoiles: ce que n'ayant point remarqué, c'eſt vne preuue encore, qu'elle n'auoit point de parallaxe ſenſible; parce qu'elle ne ſe ſeroit plus trouuée dans la meſme ligne auec les meſmes Eſtoiles, mais elle auroit eſté plus haute ou plus baſſe qu'elles, ce que n'ayant point apperceu on peut croire qu'elle eſt ſans parallaxe. De plus ſi elle auoit eſté plus baſſe que la Lune, Venus ou Iupiter, il eſt indubitable qu'elle auroit deu paroiſtre plus groſſe auec les Lunetes de longue veuë qu'elle ne faiſoit, puiſque nous voyons toutes ces Planetes groſſir merueilleuſement, & que nous en auons qui multiplient l'apparence de l'objet quatre-vingts & cent fois: nous n'auons pas veu l'Estoile de la Comete grossir en cette proportion, qui est vne preuue euidente & vne demonstration mecanique de son esloignement par delà ces Planetes; puis que la mesme chose est presque arriuée à son égard, qui arriue aux Estoiles fixes que les Lunetes n'agrandissent point, tant elles sont esloignées de nous & hors la portée de nos Telescopes, à moins que d'en auoir de deux ou trois cens pieds, ce qu'on n'a pas encore essayé. De plus si la Comete auoit esté au dessous, ou à costé seulement du Soleil, pourquoy n'aurions nous pas veu son Estoile (qui fait le milieu de sa teste) en forme de croissant ou de demy Cercle, comme la Lune & Venus quand elles sont à costé de luy & en mesme distance que la Comete s'est trouuée? Le Soleil nous eut fait sans doute paroistre au moyen des Lunetes, cette Figure de lumiere en croissant, que nous verrons en Venus dans le mois de May prochain, si la Comete eut esté plus basse ou de mesme hauteur que luy: d'où l'on peut Conclure asseurement qu'elle estoit au dessus. Vne autre raison encore mais qui se verifiera mieux à l'auenir si nous auons des Obseruations des païs les plus esloignez, comme du Bresil de Madagascar, ou du Cap de Bonne Esperance, du Perou, de la Chine, c'est que toutes les Relations que nous auons des diuers endroits de l'Europe, la marquent precisement sur la mesme ligne & aupres des mesmes Estoiles qu'elle nous a paru

Tirées des Lunettes d'aproche.

Et des Obseruations de diuers endroits.

ſans la mettre ny deſſus ny deſſous aucunes de celles ou nous l'auons veuë. Ce qui eſt vn témoignage aſſeuré qu'elle n'a point de Parallaxe ſenſible, comme la Lune qui couure le Soleil, & qui fait Eclipſe en vn lieu differẽte de celle d'vn autre. Et la Comete a paſſé ſi prés de certaines Eſtoiles dans le Corbeau, le Chien, le Lieure, la Baleine, & le Belier, que les vns l'auroient veuë à droit ou par deſſus quelques vnes, quand les autres l'auroient veuë à gauche ou par deſſous, ſi elle auoit eu autant de diuerſité d'aſpect que la Lune. On peut donc dire tres certainement que cette Comete a touſiours eſté plus haute que la Lune, & vray ſemblablement que le Soleil meſme. Et ſi l'on veut ioindre enſemble toutes ces raiſons, & deferer aux conſequences qu'on tire des Lunetes d'approche, qui ſont des conuictions ſenſibles, on la peut du moins placer les premiers & les derniers iours, par de là Iupiter & Saturne, apres l'auoir laiſſée paſſer de grace aupres du Soleil pour en ramaſſer auſſi les euaporations & fumées afin de les luy faire diſſiper, ou les porter ailleurs pour des fins que nous ne ſçaurons iamais en ce monde: car elle les en eſloigne trop, pour nous informer de ce qu'elle en veut faire. Reuenons donc à ce qui eſt plus de noſtre connoiſſance, & rapportons nos Obſeruations pour conclure enfin ce diſcours.

Qui là mettent du moins au delà du Soleil

OBSER-

OBSERVATIONS FAITES EN Decembre 1664. & en Ianvier Fevrier & Mars 1665.

VOICY donc mes Obseruations comme ie les ay escrittes à mesure que ie les ay faites, & sur lesquelles auec celles de dehors, que i'ay creu les plus raisonnables, i'ay tracé la Carte, & fait la Table du Mouuement de la Comete de mil six cens soixante quatre.

Ayant esté aduerty de son Apparition dés le 16. Decembre, ie ne la pus voir à cause du mauuais temps que le 21. enuiron les 4 heures apres minuit, encore n'en eus-je pas beaucoup de satisfaction, le temps n'ayant pas esté fort serain, & n'estant pas bien preparé pour faire de grandes Obseruations. Ie ne laissay pourtant pas de prendre auec vn demy Cercle d'vn pied de Diametre, sa distance à l'espy de la Vierge de 32. degrez 35. minutes ou enuiron : au cœur de l'Hydre 30: 25' à la queuë du Lyon 45. 50. d'où ie la trouuay sur mes Globes dans le 27. 40 de la Vierge & enuiron 31. 5 de Latitude, sans auoir voulu prendre la peine d'en faire de calcul, puisque la petitesse de l'instrument qui ne donne pas la precision des Angles, ne merite pas celle que donne la Trigonometrie. Sa queuë alloit audessus du cœur de l'Hydre.

Le 22. Ie n'eus pas suiet d'en estre beaucoup plus satisfait pour les mesmes raisons; aussi ne fais-je pas encore sa description: mais son esloignement de l'espy de la Vierge de 41. degrés ou enuiron; du cœur de l'Hydre de 28. 30. & de la queuë du Lyon de 47. 20 me la firent iuger au 24. 50 de la Vierge auec 33. degrez de Latitude Meridionale, sa queuë estoit fort longue & passoit par dessus le cœur de l'Hydre allant à la plus claire Estoile des pattes de l'Ecreuisse qu'on nomme Azubene.

Le 23 & le 24 les nuages & les broüillards m'empescherent de l'obseruer, comme aussi tous les iours où vous ne trouuerez point d'Obseruations: mais le 25. iour de Noel ie la vis auec plaisir, & l'obseruay depuis trois heures apres minuit iusqu'à son coucher. On luy voyoit au milieu de la teste comme vne Estoile, plus grosse que celles de la premiere grandeur, mais beaucoup moins claire & moins brillante que celles de la deuxiesme. Autour de cette Estoile il y auoit comme vne cheuelure ou des rayons semblables à ceux qu'on voit autour de Venus, ou de Iupiter ou de quelque Estoile, quand elles sont couuertes par quelques petites vapeurs. Il y auoit moins de rayons au deuant de la teste que par les costez; & ceux qui estoient derriere estoient continuez, & formoient vne longue queuë qui alloit vn peu en eslargissant

Description de la Comete.

& mesme en se courbant & penchant vers l'horizon. Cette queuë auoit bien enuiron dix degrez de longueur, & vn & demy de largeur par le bout: elle alloit droit au petit chien & passoit par dessus quelques Estoiles fort petites qui ne sont pas dans les Tables ny sur les Globes: sa couleur estoit blanche & nullement rouge ny plombée, ny d'autre couleur qu'on puisse designer. Auec vne excellente Lunette d'approche de six pieds & demy de longueur, qui porte aysement vn oculaire conuexe d'vn poulce & demy de foyer, l'Estoile de la Comete ne me parut pas grossir beaucoup dauantage que les Estoiles fixes, & ie ne pus rien voir dans sa queuë ny dans sa cheuelure que quelques Estoiles à trauers quand il s'y en rencontroit, parce que sans doute il n'y auoit pas assez de corps & de densité pour terminer l'espece de l'obiet; & que les rayõs visuels (pour parler à l'ordinaire) passoient à trauers, comme ils font par delà les nuages de vapeurs legeres, & à trauers les choses transparentes.

Pour prendre sa distance auec quelques Estoiles, ie m'estois preparé vn autre quart de Cercle de trois pieds de diametre diuisé de 10. en 10 minutes, en sorte qu'on y peut iuger les 5. minutes fort distinctemẽt; n'ayant peu me seruir d'vn plus grand de leton qui est de six pieds de diametre, dõt l'alidade & les pinules estant faussées & rompuës ie ne pus ioüir des Ouuriers pour les racommoder. Ie pris donc enuiron les 4 heures apres minuit auec ce quart de Cercle, la distance de la Comete à l'espy de la Vierge de 53.20. au cœur du Lyon de 45.20. au cœur de l'Hydre 23.35. au grand Chien ou Sirius 45.20. Et parce qu'il n'y a rien de si certain ce me semble, que de mettre la Comete en ligne droite auec beaucoup d'Estoiles fixes, & de luy faire faire force intersections auec elles, par le moyen d'vne regle large de quatre doigts ou de quelques ficelles (mais ie me sers mieux de la Regle) ie la mis en allignement auec l'Estoile qui est sous le cœur de l'Hydre & la langue du Lyon; & en vne autre ligne tirée du Sirius par le pied de la Licorne au dessus de la creste du cocq, Ce sont deux Constellations que i'ay sur mes Globes, adioustées fort à propos par Kepler pour comprendre sous ces Figures force Estoiles qui estoient informées, ou qu'on auoit peine a bien specifier, dans les voiles, dans les mats & dans les cordages de la Nauire; & ie ne doute pas qu'on ne s'en serue à l'aduenir, & mesmes qu'on n'en adjouste beaucoup d'autres à celles des Globes d'Habrect, quand on en refera d'autres sur les nouuelles Tables de Riccioli & d'Heuelius, dont on a grand besoin, parce qu'il y a bien du manquement dans les distances & situation des Estoiles, ainsi que ie l'ay remarqué au suiet de cette Comete.

Nouuelles Figures & Constellations fort vtiles.

Ayant donc ainsi pris ces distances & ces allignemens d'Estoiles, ie voulus voir leurs intersections sur deux Globes que i'ay, l'vn de cuiure fort rond d'enuiron 9 poulces de diametre fait depuis 3. ans par moy mesme sur des Tables calculées pour 1672. L'autre plus grand & fort bien fait, dont les Estoiles ont esté tracées par Bartschius gendre de kepler & sous sa conduite, imprimé à Strasbourg l'an 1625. par le susdit Habrect (ce que ie dis afin que si mes nombres & mes Estoiles ne s'accordent pas auec celles des autres, on sçache que la difference peut venir de la diuersité de nos Globes), Ayant dis-je porté ces distances & croisé ces allignemens sur mes Globes, ie vis toutes ces intersections se rapporter si bien, & faire vne si petite Estoile d'entrecoupeures, que ie creus qu'il seroit inutile d'employer force temps au calcul; & principalement à celuy qu'il faut faire pour trouuer le lieu de la Comete obseruée dans vne mesme ligne droite auec quelques Estoiles, & me contentay de l'escrire comme ie le trouuois sur mes Globes, ce que i'ay tousiours fait depuis: par la raison encore que i'ay touché cy-deuant, qui est, qu'en vain prendroit-on la peine de chercher des secondes par le calcul des Triangles; sur des Obseruations & des distances données, dont on n'est pas certain à 3. ou 4. minutes pres; puisque le quart de Cercle dont ie me seruois ne iugeoit que des 5. minutes. Ce n'est pas que ie n'aye vn rayon Astronomique ou baston de Iacob comme on dit de cinq pieds de longueur, si bien diuisé en 10000. parties que deffunt Monsieur Gassendi m'a dit plusieurs fois qu'il n'en auoit iamais veu de si beau, &

La diuersité des Globes peut en apporter dans les Tables.

qu'il auroit esté trop heureux s'il en auoit eu vn de mesme quand il obseruoit. Mais ie ne sçaurois m'ayder de cet instrument ny l'appliquer à mon point de veuë comme centre, pour en inferer à chaque Obseruation les Angles par la proportion du rayon aux Tangentes. I'ay donc trouué par cette maniere d'intersection de lignes, aydée de l'Obseruation de quelques distances, comme par la plus facile & la plus seure mecanique qu'on puisse pratiquer, particulierement les Estoiles estant fort proches. Que la Comete estoit ce iour là 25 de Decembre dans le 10. 10. de la Vierge ou enuiron; auec 40. 35 de Latitude meridionale.

Cõment les Obseruatiõs faites par lignes droites sont les plus certaines.

Le 26. enuiron la mesme heure elle estoit esloignée de l'épy de la Vierge 61. 15. du cœur du Lyon 46. 30. du cœur de l'Hydre 23. 5. de Sirius 37. 20. & se rencontroit dans la mesme ligne du cœur du Lyon & de celle qui est sous le cœur de l'Hydre. Dans la mesme ligne encore de l'espaule gauche d'Orion & le pied de la Licorne. Et dans celle du grand Chien, & le dessous du baudrier d'Orion. Lesquelles Obseruations la mettent au premier degré ou enuiron de la Vierge auec Latitude 44. 30.

Le 27. 28. 29. 30 le mauuais temps nous empescha de la voir.

Le 31. & dernier de l'année 1664. enuiron les 11. heures du soir, la Lune estant fort haute & fort claire, la Comete parut fort esleuée sur l'horizon auec la teste plus grosse que Sirius, mais moins luisante que les Estoiles de la deuxiesme Grandeur; on ne luy voyoit point de queuë soit qu'elle fut derriere sa teste, soit à cause de la clarté de la Lune, ce qui fit croire à plusieurs que c'estoit vne autre Comete. Elle estoit esloignée de Sirius enuiron 32. degrez, de Rigel 9.45. d'Aldebaran. 29. 10. En droite ligne auec Rigel le bout de l'Espée d'Orion & Procion, presque autant esloignée de Rigel que Rigel du baudrier. En droitte ligne aussi de Sirius & des oreilles du Lieure. Ce qui la marque pour cette heure là dans les 2. 25. des Gemeaux ou enuiron, auec 33. 20 de Latitude.

Le 3. Iour de Ianvier 1665. enuiron les 6 heures du soir sa queuë me parut de 5. à 6. degrez de longueur, & large d'enuiron vn degré & demy, allant droit au milieu du bouclier d'Orion, vn peu plus haut que l'espaule gauche: mais elle alloit apres la teste au lieu qu'aux autres iours elle alloit deuant, ce qui confirma l'opinion de ceux qui la vouloient faire passer pour vne autre. Elle estoit esloignée de Rigel 28. 40. de la claire des pleïades 26. 20. de l'œil du Taureau 25. 10. En ligne droite auec les deux espaules d'Orion. Entre les deux yeux du Taureau & la plus claire des cornes, & dans la ligne des pleïades & le pied de Persée. Ce qui la met enuiron le 15. 20 du Taureau & le 19. 30 de Latitude. Estant venuë au Meridien enuiron les 8. heures elle fut esleuée de 39. 5. ou enuiron, la Lune se leua, la queuë ne se vit plus.

Le 7. à 11. heures 15. minutes elle auoit la queuë

tournée à l'oeil du Taureau, la teste en estoit esloignée de 30:15 de Rigel 41.10: de la claire du Belier 9. 20. en droite lig. auec la ceinture d'Andromede & entre les cornes du Belier, auec la claire du Belier & la pointe du Triangle, auec l'oeil du Taureau & sa corne gauche, auec le costé de Persée & la teste de Meduse, ce qui la marque assez precisement dans 5. 55. du Taureau auec Latitude 8. 5.

Le 9. à 6. heures 32 minutes elle estoit au Meridien haute de 49. 25. selon mon grand Astrolabe de cuiure, qui marque les minutes par les diuisions de son Alidade, distante de Rigel 45. 20. d'Aldebaram 32. 25 de la claire du Belier 16. 30. En droite ligne auec cette claire du Belier, vn peu au dessus de la pointe du Triangle, & auec celle de la bouche de la Baleine d'Heuelius; que Bayerus appelle *trium in Collo media*. En droite ligne aussi auec les Pleiades & l'Estoile du pied du Chartier : mais ce qui est de plus remarquable & de particulier, elle estoit enuiron demy degré au dessus de l'Estoile qui est sur l'oeil de la Baleine d'Heuelius, & iustement en droite ligne de celles que Bayerus appelle *in fronte* & *in iuba* plus pres d'enuiron 15 minutes de cette derniere que de l'autre: partant elle estoit fort precisement dans le 3. 10: du Taureau auec 4. 55. de Latitude Meridionale & 8. 20. de declinaison Septentrionale.

Si nous auions toutes les autres Obseruations aussi certaines que celle-cy, & que les autres depuis le cinquiesme Ianuier que la Comete a esté obseruée aupres de Menkar; nous n'aurions point

à

à douter de ſon vray chemin ny de ſes mouuemens iournaliers. Mais on n'a pas eû par tout des Eſtoiles ſi proches, ſi ce n'eſt dans le grand Chien & dans le Lieure, ou ceux qui l'ont obſeruée n'en ont encore rien dit que ie ſcache, & ſi leurs Relations auoient marqué ces conionctions d'Eſtoiles & de la Comete aux heures preciſes, elles m'auroient releué de beaucoup de peine, & rendu ma Carte & ma Table plus certaines pour ces iours là, & conſequemment pour tous les autres qu'elles ne peuuent eſtre. Nous auons donc cette obligation à Monſieur Heuelius de nous auoir donné vn peu plus exactement la figure de cette teſte de Baleine que Tycho, encore auons-nous trouué qu'il auoit mis trop haut la plus petite des deux qui ſont au deſſus de l'oeil, & qu'il en auoit obmis vne dans la bande des Poiſſons à 2. degrez de Latitude Septentrionale dans les 22. 15. de longitude.

Vn Catalogue exact des Eſtoiles eſt fort neceſſaire.

En verité ce ſeroit vne belle choſe d'auoir toutes les Conſtellations fort exactes. Car quoy que Tycho ait beaucoup fait pour l'Aſtronomie en corrigeant le Catalogue ancien des Eſtoiles; chacun aura pû reconnoiſtre auſſi-bien que moy en obſeruant cette Comete, que leur ſituation ſur les Globes n'eſt point aſſeurée, ſoit par la faute du raport & de la portraiture, ſoit par celle des diſtances des vnes aux autres; ainſi que Riccioli, Heuelius & d'autres l'ont bien remarqué, & c'eſt d'eux que l'on doit attendre vn Catalogue entier & parfait de toutes les fixes visibles par de bons yeux naturels, & des principales encore que l'on peut descouurir auec des Lunetes de 3. pieds, au moins dans le Zodiaque pour les Obseruations des Planetes. Il n'y auroit rien de si vtile ny de si commode pour obseruer tout ce qui arriueroit de nouueau dans le Ciel, que des Constellations bien exactes; parce qu'on prendroit sans autre instrument la vraye situation du Phenomene par les intersections des Estoiles, ou par des Lunettes d'approches auec le treillis, qui est vn conuexe oculaire diuisé ou couuert par de petits quarrez égaux, qui marquent vn certain nombre de minutes suiuant l'experience qu'on en doit faire auparauant. Le lieu de nostre Comete est donc fort asseuré ce iour & cette heure là au 3. 11. du Taureau & 4 57. de Latitude. Pour sa queuë elle alloit droit à l'oeil du Taureau, sa teste ne paroissoit pas auec les Lunettes plus distincte, plus claire, ny plus grosse, que la petite Estoile dont elle estoit si proche, quoy qu'auec les yeux seuls elle le parut dauantage.

Le 10 à six heures 25. minutes la Comete estoit haute de 49 25: distante de l'oeil du Taureau 33 ou enuiron, & 13 de la Claire du Belier, en droite ligne auec la bouche de la Baleine & l'oreille du Belier. Mais parce qu'elle estoit en conionction auec la petite Estoile que Bayerus met dans le pied droit du Belier & qui est la plus haute dans la teste de la Baleine d'Heuelius (qu'il place vn peu plus haut qu'elle ne nous a semblé) la Comete estant occidentale & quasi parallele à l'Ecliptique il ne la faut point chercher ailleurs qu'au 2. 10 du Taureau & 3. 25 de Latitude.

Ces deux Obseruations seront fort commodes, pour decider la parallaxe de nostre Comete si elle a esté obseruée en ces temps-là, en des lieux fort differens les vns des autres en Longitude & en Latitude terrestres. Comme aussi celles qui auront esté faites en diuers païs, lors qu'elle estoit dans les Constellations du Lieure, du grand Chien & du Cocq, à cause qu'elle estoit pour lors entre beaucoup d'Estoiles qui pouuoient bien asseurer son lieu en toutes manieres, aussi-bien que celles que nous auons faites dans la Balaine & dans la teste du Belier. *Deux belles obseruatiõs pour la Parallaxe.*

Le 13. enuiron 6. heures la Comete estoit distante de Rigel d'enuiron 50. degrez, de Hircus 51. 55. d'Aldebaram 34. 5: de la Claire du Belier 13. ou enuiron: en droite ligne par la claire du pied d'Andromede à celle qui est sur l'oeil de la Baleine, comme aussi en droite ligne auec la ceinture d'Andromede & entre la corne & l'oreille du Belier. Et partant elle pouuoit estre dans les 10 premieres minutes du Belier auec 1.15 de Latitude. Sa hauteur Meridienne estoit de 51. 32; & six heures apres iustement ie la pris haute de 7. 55 minutes, pour calculer la Parallaxe. Il est vray qu'il y auoit beaucoup de refraction paroissant des vapeurs autour de sa teste.

Le 14 elle eſtoit eſloignée d'Aldebaran 35. 10 de la Claire du Belier que i'entends touſiours eſtre celle du front 11. 40. En ligne droitte auec cette meſme Eſtoile & vn peu au deſſus de la plus claire de la iambe Meridionale d'Andromede : dõc elle eſtoit au 29. 40 du Belier auec 40 minutes de Latitude encore Meridionale: ſa plus grande hauteur eſtoit enuiron 52. 5

Le 15 enuiron les 5 heures 23 minutes, ſa plus grande hauteur fut de 52. 25 ou enuiron, en droitte ligne auec la claire du Belier & la claire de la iambe d'Andromede, eſloignée de celle du Belier de 11. 25 ou enuiron, donc elle eſtoit au 29. 20 du Belier, auec 8 minutes ou enuiron de Latitude encore Meridionale.

Le 16 quoy que le temps fut obſcur & couuert par interualles, ie ne laiſſay pas de la voir autant eſloignée de celle du bout de l'oreille du Belier, comme cette Eſtoile eſt eſloignée de la claire du front, ce qui me fait aſſeurer qu'elle auoit des ja paſſé l'Ecliptique contre l'opinion que nous auions qu'elle ne la paſſeroit que apres le 16 ou le 17. Comme en effet ſi elle euſt ſuiuy ſa route ſur vn grand Cercle comme l'on croyoit, elle n'eut coupé l'Ecliptique que ces iours-là au 27 ou 28 du Belier; & neantmoins elle l'a coupée dés le 15 comme a fort bien auſſi remarqué Montanare, ainſi que ie l'ay dit cy-deuant: ſon vray lieu eſtoit donc au 29. 5 du Belier, auec Latitude Septentrionale de 25 minutes.

Le 17 enuiron les 5 heures 25 minutes ſa hauteur

Meridienne fut de 52. 58 faisant à peu pres vn Triangle Equilateral auec la corne gauche du Belier & la plus prochaine de la bande des Poissons nommée par Bayerus *media & lucidior in nexu Boreo.* Faisant ligne droitte auec la claire du Belier & la Septentrionale de la base du Triangle. Elle estoit entre deux Estoiles, l'vne plus grande que l'autre qui ne sont pas dans Bayerus, elle estoit plus pres de la plus grande, son lieu estoit dans le 28. 50 ou enuiron du Belier, auec 1. 10 ou enuiron de Latitude Septentrionale.

Le 18 enuiron les 5 heures 18 minutes elle estoit esleuée au Meridien de 53. 15 ou enuiron, foible de lumiere en sorte qu'on ne pouuoit plus aisement la voir à trauers des pinules ny l'obseruer par aucun instrument, non plus que les iours precedens: mais elle estoit en droitte ligne à la claire du Belier & au dessus de la petite Estoile de la base du Triangle, c'est enuiron dans le 28. 35 du Belier auec 1. 35 de Latitude.

Le 19 en droitte ligne auec les pleïades & la claire corne du Taureau, c'estoit dans le 28. 25 du Belier auec 1. 58 de Latitude.

Le 20 elle estoit au Meridien lors que l'espaule droitte d'Orion estoit esleuée de 25. 54 c'estoit enuiron 5 heures 6 minutes, elle estoit au 27. 50 de longitude & 2. de latitude.

Le 22 elle estoit en droitte ligne auec la pointe du Triangle & l'oreille du Belier, c'estoit enuiron dans le 27. 30 de Longitude & 2. 35 de Latitude.

Depuis ce iour-là, ie discontinuay de la voir iusques au 3 de Feurier: auquel iour sur les 5 heures & demie, ie la vis presque en mesme ligne de la Claire du front du Belier à celle de l'oreille qui est au dessous de la corne. Elle estoit aussi esloignée de cette corne, que la corne de celle du front & faisoit vn Triangle presque Isoscele auec l'oreille & vne de la sixiesme grandeur qui est audessous, dont elle estoit plus proche que de l'oreille; comme aussi elle faisoit vn autre Triangle isoscele auec la corne & le neud des Poissons (que Bayerus appelle *media & lucidior in nexu Boreo*, plus pres pourtant de la corne. Par toutes lesquelles Obseruations elle estoit dans le 26. 40 du Belier, auec la Latitude Septentrionale, 5. 25. ou enuiron.

Asseurance que le chemin de la Comete n'a pas fait vn grand Cercle.

Et ce fut lors que ie m'asseuray qu'elle ne suiuoit plus son grand Cercle, lequel si elle eut continué depuis le 22 Feurier que ie l'auois quittée, elle eut deu estre dans le 25 du Belier & par delà, beaucoup plus esloignée de l'oreille & de la corne que ie ne la trouuois: en sorte que ie conclus du moins qu'elle n'auançoit plus d'Orient en Occident suiuant la proportion de son mouuement Iournalier. Sans pouuoir encore asseurer si elle retrograderoit, comme toutes les Obseruations suiuantes l'ont certainement confirmé.

Le 6 de Feurier enuiron la mesme heure elle estoit montée vn peu vn plus haut, en sorte que elle faisoit la ligne toute droitte par l'Estoile de l'oreille à la claire du front, & le triangle plus Isoscele auec celle de l'oreille & la petite qui est au dessous: & partant elle estoit dans le 26. 45 ou enuiron du Belier auec 5. 55 de Latitude. Surquoy ie m'asseuray encore plus, qu'elle auoit tout à fait quitté le grand Cercle, & qu'elle n'auoit presque point auancé en Longitude estant demeurée comme stationaire, mais en Latitude elle auoit monté plus sensiblement.

Le 10 ie ne la pus voir qu'auec des Lunetes à cause de sa petitesse, & ie trouuay qu'elle estoit encore montée plus haut de 30 minutes ou enuiron, & que sa Latitude passoit 6 degrez. De plus ie la trouuay approchée de l'oreille d'enuiron quinze minutes tirant de l'Occident à l'Orient, comme si elle eut marché à rebours de ce qu'elle auoit tousiours fait: ce qu'estant il n'y auoit plus à douter qu'elle ne se meut point sur vne ligne courbe en dedans.

Voila la derniere de mes Obseruations que ie suis bien fâché de n'auoir pas peu continuer, ayant pour cét effet preparé des Lunetes auec vn treillis, qui me faisoient voir plus d'vn degré & demy d'étenduë dans le Ciel; au moyen dequoy i'eusse bien tracé & portraict sa route iusques à sa disparution. Mais d'autres qui ont eu la santé, le loisir & de bonnes Lunettes, n'ont pas aussi manqué de le faire comme Messieurs Auzout, & de la Voye de Rouën qui m'en ont communiqué leurs Obseruations. Sur lesquelles i'ay iugé à propos de faire vne Carte particuliere contenant son che-

Rien n'est plus curieux ny plus vtile que la fin de la Comete.

min depuis qu'elle est entrée dans la Baleine, iusques à ce qu'elle ayt tout à fait disparu dans la teste du Belier. Car comme ce sont les principales & les plus asseurées Obseruations que nous ayons de tout le cours de cette Comete, & celles qui decident certainement que son mouuement n'est point sur vne ligne droite, ny sur vne courbe en dedans, ny mesme sur vne circulaire en dehors, i'estime qu'il n'y a rien de si curieux a communiquer au public, ny de si vtile à laisser à la posterité, que cette description (que personne du monde ne sçauroit faire plus exactement :) dans laquelle on verra iour par iour le chemin qu'elle a tenu, iusqu'a ce qu'elle a tout à fait disparu au Sr de la Voye, qui fut le 19 Mars, à cause de la foiblesse de sa lumiere, que la Lune encore qui suruint, rendit plus inuisible. Et quoy que ce chemin soit tracé dans la Carte Generale, la Figure en est trop petite pour representer bien distinctement toutes ses Longitudes & Latitudes. Ce qui m'a fait encore resoudre à la faire plus grande, c'est pour y mieux placer quelques Estoiles obmises par Bayerus & les autres, & quelques vnes aussi nouuellement découuertes auec des Lunetes dans le Belier, & aux enuirons par M. Auzout qui me les a données, & qui en pourra augmenter le nombre si sa santé luy permet de faire imprimer.

Pour laquelle i'ay fait vne Carte particuliere.

De toutes lesquelles Obseruations on pourra tirer des consequences admirables, & tres certaines pour beaucoup de choses inconnuës iusques

icy,

icy, touchant le Syſteme du monde & le cours des Cometes : car vray-ſemblablement, celle-cy n'eſt pas la ſeule qui s'eſt meuë de la ſorte, quoy qu'elle ſoit la premiere qui l'ait bien montré, nonobſtant les Relations de Regiomont & de quelques autres qui en ont obſerué de retrogrades. Pour moy qui ne ſçaurois m'imaginer que ceux qui ne cherchent que la verité, puiſſēt douter à l'aduenir que les Cometes ſoient autre choſe que des corps celeſtes, & du meſme temps que le reſte des choſes creées ſans eſtre de nouuelles Generations. Ie crois auſſi qu'on ſe perſuadera bien que les mouuemens de ces corps peuuent eſtre differens, & que s'il y en a qui ſe meuuent autour de la terre & du Soleil, que nous appellons nos Planetes ; il y en a auſſi tres-certainement qui ne s'y meuuent pas. Ce que nous apprenons pour la premiere fois auec demonſtration du mouuement de cette Comete, puis que ſa retrogradation bien differente de celle de nos Planetes (comme il ſeroit facile mais long à prouuer) & le chemin qu'elle a fait dans cette teſte du Belier ne ſe peut autrement expliquer. Vne autre choſe encore qui s'en infere neceſſairement, c'eſt que ce mouuement ne s'eſt point fait ſur vne ligne droite ny probablement iamais aucun autre quoy qu'on l'ait eſtimé. Ainſi toutes nos Tables & tous nos calculs faits ſur les Tangentes ne ſeruent plus de rien, que pour tracer ſur les Globes à peu pres comme i'ay deſia dit le chemin des Cometes, pour voir combien elles

Conſequences qu'on peut tirer des fins de la Comete.

en declineront. Et c'eſt ce qui m'a fait deſiſter en partie, d'eſcrire le petit diſcours dont i'auois parlé pour les obſeruer, dans lequel i'euſſe mis vne conſtructiō Geometrique de ces Tables; en partie auſſi de ce que i'ay veu depuis trois iours dans vn petit Liure fait à Bourdeaux par le P. Pradies Ieſuite vne ſi iolie & ſi ingenieuſe demonſtration pour trouuer cette ligne tangente par trois Obſeruations, qu'il ſeroit impoſſible d'en inuenter vne plus aiſée, & i'aduouë que la mienne ne l'eſtoit pas tant. Mais pour l'application au mouuement de noſtre Comete, ſa Table qui s'eſt trouuée conforme à vne des miennes n'y peut ſatisfaire, ny conuenir aux Phenomenes de la ſorte dont elle eſt diſpoſée; outre que les Longitudes & les Latitudes n'y eſtant pas, on ne ſçauroit dire en quel lieu eſtoit la Comete en quelque temps donné.

Pour reuenir donc aux vtilitez des dernieres Obſeruations de noſtre Aſtre, & des belles conſequences qu'on en pourra tirer: ie dis qu'outre les precedentes qui ſont generales pour le Syſteme du monde, on peut encore tirer en particulier celle-cy de noſtre Comete, qu'elle ne s'eſt point meuë ſur vn Cercle, par les raiſōs que i'ay deduites de la diſtance tres inégale du point de ſon perigée, aux extremitez du commencement de ſon Apparition, & à celles de ſa fin, dont la demonſtratiō ſeroit inutile aux vrays Geometres qui ſçauent le Theodoſe, & le Menelaus, & trop longue à faire pour la donner à entendre à ceux qui n'y ſont pas verſez.

Quant à la pensée de ceux qui croyent pouuoir tirer des preuues du mouuement Annuel de la terre par la retrogradation de la Comete ou par quelque autre de ses Phenomenes. Ie ne sçay pas comment ils s'y veulent prendre; mais ie n'estime pas qu'il y ait rien qui le fauorise. Et ie croy pouuoir expliquer toutes ses apparences sans admettre ce mouuement, en faueur de ceux qui ne le peuuent croire, comme aussi est il assez difficile à comprendre à cause de l'inuariabilité de l'Axe de la terre; & des Obiections qu'on fait de l'eleuation du Pole qui ne change point; des Estoiles qui ne paroissent point grossir en vne saison plus qu'en l'autre, du grand tour que la terre auroit à faire allentour du Soleil qui pourtant ne seroit qu'vn point à l'égard du Firmament; Et pour beaucoup d'autres rencontres qui arrestent les moins intelligens, sans parler des passages de l'Ecriture dont le sens litteral semble cõbattre cette opinion qui est la propre de Copernic. Mais pour celle du mouuement iournalier, qui se fait en 24 heures sur son centre sans bouger d'vne place, comme vne piroüete qui tourne sur son piuot; outre qu'elle n'est point contraire à la plus part de ces passages. C'est que ie crois absolument qu'on ne la peut refuser au lieu d'vn Ciel imaginaire, & d'vn premier Mobile, d'ont on n'a iamais sceu trouuer la place; & qui ne sçauroit à mon sens agir Physiquement sur tant de diuers corps celestes, comme i'ay desia dit, pour les faire tous mou-

On n'en sçauroit conclure le mouuement annuel de la terre.

uoir d'Orient en Occident INVTILEMENT Puiſque la terre ſeule par vn petit mouuement ſans changer de place, peut expliquer tous ces Phenomenes, & verifier qu'il n'y a que Dieu ſeul d'immobile & premier moteur ; qui ayant creé tout de rien, le conſerue & le fait agir, *ſtabiliſque manens dat cuncta moueri.* Et pour les conſequences que i'ay tirées du Mouuement de la queuë de noſtre Comete, & de la fluidité des Cieux; pour monstrer l'inutilité (pour ne pas dire l'impoſſibilité) de ce premier mobile au deſſus des Aſtres; & pour eſtablir celuy-cy de la terre autour de ſon Axe immobile. Elles ſont à mon ſens aſſez vray-ſemblables, quand il n'y auroit point d'autres raiſons pour empeſcher de traitter d'excommuniez & de ridicules ceux qui le croiront. Au contraire ces demy Sçauans qui diſent qu'au lieu de raiſonner auec eux il les faut chaſtier, ſe rendent eux-meſmes ridicules & indignes de la Claſſe des hommes : & on n'a que faire de leur répondre dauantage, pour faire prononcer contr eux ſur le Parnaſſe de la vraye Phyſique, nonobſtant tout leur Grec & tout leur Latin, cét Arreſt ſolemnel par le bon Sens, qui en eſt l'Apollon.

Diſcipularum inter iubeo plorare cathedras.

Ce que ie croy qu'on peut donc inferer de plus certain & de plus nouueau de cette Comete & vray-ſemblablement des autres ; c'eſt leur mouuement particulier hors le centre de la terre & du Soleil meſme, comme ſi c'eſtoiét des Planetes qui deussent tourner allentour de quelque Estoile fixe, & dans quelque ligne Courbe non circulaire, dont le plan soit incliné à la terre: Car pour leur hauteur au dessus de la Lune, il y a long temps qu'elle est reconnuë. Et quant à ce que i'ay auancé qu'elles reuenoient de temps en temps comme les autres Astres, & qu'elles auoient leur periode certaine. Ie n'en fais aussi nulle doute. Et pourquoy ne l'auroient-elles pas? si elles font partie du monde dans lequel il n'y a rien de fortuit & qui ne soit reglé? *vt sua cujusque rei natura, ita suus motus.* Mais ce que i'ay dit en suitte par tentatiue, & pour hazarder quelque chose de diuertissant. Que cette cy estoit la mesme que celle de 1618. ne se prouue que par conjecture, & par la rencontre & la recherche que i'ay faite de beaucoup d'autres Cometes aux mémes interualles de 46 en 46 ans ou enuiron. Il est libre de le croire ou d'en attendre la verification par l'experience de 4. ou 5. reuolutiõs: au bout desquelles ie serois plus aise de me retracter par mes propres Obseruations, que d'estre asseuré des à present de la Verité de mon hypothese. Et ce qui est encore assez remarquable, c'est qu'il y a trois ou quatre de ces quarante-sixiéme années que i'ay cité dans le premier Discours, où il a paru deux Cometes, aussi bien qu'en cette année cy 1665. & qu'é celle de 1618. Il en parut aussi 2. l'vne apres l'autre en l'année 1526 & 1527. De mesme en l'année 1340 & 1341, & encore en l'année 837 & suiuante, qui sont de celles que i'ay cotté de

Coniectures que nos deux Cometes sont les mesmes que celles de 1618.

46. en 46 ans ou enuiron pour prouuer mon Epoque. Et si on auoit esté curieux de les obseruer toutes, & les laisser à la posterité; Ie croy que nous les trouuerions plus souuent se suiure l'vne l'autre. Mais i'ay dit cy-dessus les raisons de ces manquemens, & ce qui les peut dérober à nostre connoissance. La diuersité de leurs mouuemens inégaux ne détruit pas aussi ma pensée, que l'vne ou l'autre de celles-cy, ou peut-estre toutes les deux sont les mesmes qui ont paru en ces années-là; chacune se pouuant rapporter par son mouuement iournalier à celle qui l'auroit eu semblable ou approchant, car il ne se faut pas attendre à trouuer du premier coup vne égalité toute entiere du mouuement de ces corps si esloignez, puisque nous n'auons pas encore certainement celuy de la Lune, qui est si proche de nous comme i'ay dit ailleurs.

Pour parler donc de cette seconde Comete qui a paru principalement en ce mois d'Auril, & que nous n'auons veu à Paris que dix ou douze iours; i'en laisse le soin à ceux qui l'auront plus long temps estudiée que moy, qui ne l'ay obseruée que depuis le 13. iusques au 20. de ce mois. I'en donneray pourtant icy mes Obseruations auant que de finir ce Liure; afin que ceux qui en auront aussi fait, les confrontent auec les leurs, & qu'ils voyent si elles leur seront plus conformes que ie n'ay troué celles qui sont venuës de deux endroits, dont il y en a qui s'éloignent si fort des miennes en Longitude & en Latitude que ie ne puis comprendre auec quels instrumens elles ont esté faites. Mais ie sçay bien que si elles estoient veritables, cette Comete n'auroit suiuy ny cercle ny ligne droite: & qu'il n'y a point de chemin si tortu: qui ne soit encore plus droit & plus regulier, que celuy qu'elles ont marqué sur mes Globes. Comme ceux-là mesme qui les ont faites (sans les nommer) le peuuent verifier. Voicy donc quelles sont les miennes.

OBSERVATIONS DE LA seconde Comete qui a paru principalement en Auril 1665.

LE 13. iour d'Auril à trois heures & demie du matin, ie vis cette seconde & nouuelle Comete, auec vne Estoile ou teste plus grande & plus claire que l'autre, aussi grosse que Iupiter mais non pas si brillante que luy, ny que les Estoiles de la 1. Grandeur. Elle n'auoit point tant de rayons & de cheuelure au deuant de la teste que la premiere, & ceux qui estoient derriere & par les costez se continuoient en s'eslargissant, & formoient vne belle & longue queuë de couleur blanche & argentine, qui paſſoit par deſſus la teſte d'Andromede, & s'eſtendoit encore au delà. Cette queuë marchoit la premiere & alloit deuant la teſte, comme faiſoit l'autre au commencement de Decembre. Il y auoit ſi peu d'Eſtoiles autour d'elle, & le Ciel quoy que fort ſerain eſtoit ſi peu brun à cauſe de l'Aurore qui n'eſtoit pas loin, qu'on auoit peine à diſcerner les petites Eſtoiles de la troiſiéme & quatriéme grandeur qui l'enuironnoient; de façon que ie ne ſçeus prendre d'autre allignement bien certain, que celuy de ſa teſte, à la ceinture d'Andromede & à l'épaule de Perſée. Sa diſtance eſtoit de 18. 35. du Seat de Pegaſe. de 5. 25 de la teſte d'Andromede. & 13. 25 de la ceinture. Ce qui la met enuiron dans le 13. 5. du Belier, auec Latitude Septentrionale 21. 40 au lieu que ie l'auois eſtimée dans la page 207. dans le 12. ou enuiron auec Latitude 22.

Le 14 Auril à meſme heure ou enuiron la Comete & Iupiter eſtoient tous deux ſur l'horizon: mais Iupiter vn peu plus bas. Ie les vis auec des Lunettes de 7. pieds de longueur & l'Eſtoile de la Comete ne me parut pas ſi groſſe que celle de Iupiter, ny ſi ronde & ſi bien terminée, mais comme veluë par les bords. La queuë s'eſtendoit fort loin, entre l'eſpaule & la teſte d'Andromede, & auoit enuiron 9. degrez de longueur & plus d'vn degré de largeur par le bout. La teſte eſtoit eſloignée de Seat de Pegaſe 20. 50. de la ceinture d'Andromede 11. 5. de la teſte 8. 5. En meſme ligne du du genoüil d'Andromede & du costé de Persée. Ce qui la place dans le 16. degré de Longitude & dans le 20. 25 de Latitude au lieu que i'auois dit d'abord enuiron dans le 15. & dans le 20 n'ayant pas recherché precisement comme i'ay fait depuis le rapport de toutes ces distances, qu'il faudra corriger par celles cy plus exactes.

Le 15. enuiron la mesme heure elle estoit en droite ligne auec la ceinture d'Andromede & le bout de l'espée de Persée qui est sur le genoüil droit d'Andromede, en droite ligne aussi auec la teste d'Andromede & entre les Estoiles du iarret de Pegase & Seat esloignée de 23.55 du mesme Seat: de la teste d'Andromede 10. 45. de la ceinture 9. 55 donc elle estoit enuiron 18. 45 de Long. & au 19.24 de Latitude. Sa queuë longue comme les iours precedens alloit droit à l'Estoile ou est attachée la chaisne de la main droite d'Andromede, & passoit sous l'épaule gauche en la touchant d'vn de ses costez. La ceinture & le genoüil ou la iambe d'Andromede ne paroissoient plus à cause de l'Aurore, que l'on voyoit encore fort bien la Comete, & vn peu de sa queuë qui estoit plus proche de la teste. Elle ne disparut pas si-tost que toutes les Estoiles de la deuxiéme grandeur, d'où l'on peut conclure qu'elle a plus de clarté apparente qu'elles, & moins que celles de la premiere grandeur qu'on voyoit encore à 4 heures & demy, au moins Arcture, la Lyre, & Iupiter parurent les derniers & apres la Comete.

Le 16. à trauers les broüillards, ie la vis en plusieurs fois comme en droitte ligne auec le genoüil d'Andromede & l'épaule de Persée, esloignée de Seat 26. 55 ou enuiron, de la teste d'Andromede 16. degrez ou enuiron, & de la ceinture 8. 55. Et partant au 21. 20. de Longitude & 18. 26 de Latitude.

Le 17. enuiron les 4. heures elle estoit en droitte ligne auec la ceinture d'Andromede, & celle du bras droit de la Cassiopée: en droite ligne auec la teste d'Andromede & Seat, esloignée de Seat, 30. 5 de la ceinture de Cassioppée 34. 15. de la teste d'Andromede 16. 30. elle estoit esleuée d'enuiron 8. degrez sur l'horizon. Sa queuë alloit aux petites Estoiles de la ceinture d'Andromede. Elle estoit dans le 23. 48. de Longitude & 17. 32 de Latitude.

Le 18. à 3 heures 3 quarts elle estoit vn peu au dessous de la ligne droite de Seat à la teste d'Andromede, distante du mesme Seat 33. 10: de la teste d'Andromede 19. 5: de la ceinture 10. 5. ce qui la met au 26. 10 de Longitude & 16. 41 de Latitude: sa queuë alloit entre les Estoiles de la ceinture d'Andromede.

Le 19. enuiron les 4 heures elle estoit haute de 6 degrez, on auoit peine à la voir, sa queuë estoit fort petite & alloit droit à la plus claire de la ceinture d'Andromede, elle estoit esloignée de Seat enuiron 34. 30 & de la teste d'Andromede 21, 20 ce qui la place au 28. 25 de Longitude & 15. 52 de Latitude.

Le 20. enuiron la mesme heure elle estoit fort petite esleuée de 5. degrez; on ne la voyoit quasi plus à cause de l'Aurore; elle estoit esloignée de Seat 36. 40 & de la ceinture de la Cassiopée 36: 10. de celle d'Andromede 12. 55. ce qui la met enuiron dans les 35 premieres minutes du Taureau auec 15. 5 de Latitude.

Le 21 ie ne la pus voir à cause qu'elle estoit trop proche du Soleil; & qu'aussi tost que sa queuë parut sur l'horizon, l'Aurore qui la suiuoit, & qui estoit suiuie par le Soleil empescha de la voir.

Ainsi a finy pour cette fois l'apparition de cette seconde Comete sauf à reuenir, si elle peut autant durer, pour estre veuë vers la fin de May quand elle sera degagée des rayons du Soleil; auquel temps elle pourra paroistre vers l'Orient dessus l'horizon que le Soleil sera encore dessous: car il ne se faut pas attendre de la voir à l'Occident apres le Soleil couché, comme beaucoup de gens se persuadent.

I'ay donc tracé suiuant mes Obseruations le cours de cette Comete sur ce qui s'est rencontré de place dans la grande Carte, que i'eusse faite encore plus longue d'vn Signe ou de deux, si ie l'eusse preueu, & ne me fusse pas seruy comme i'ay fait de celle de Bartschius corrigée, tant pour la facilité du Graueur que de la Relieure, apres auoir tracé la mienne de beaucoup plus grande, mais plus incommode à plier dans vn Liure. Iay donc marqué le cours de cette 2. Comete tant pour le

Qu'elle n'est point la mesme que celle de Decembre 1664.

faire voir puisque l'occasiõ s'en presente, que pour montrer que ce n'est pas la mesme qui auoit disparu au mois de Fevrier, à ceux qui le croyent encore; & qui n'en ayant pas pû faire deux de celle de Decembre comme ils asseuroient, veulent maintenant de deux differentes, n'en faire qu'vne seule. On verra donc par ce petit bout de chemin comme elle va suiuant l'ordre des Signes du Bellier au Taureau, au lieu que la premiere alloit au contraire. On verra de plus que la premiere en tout le mois de Feurier, & plus de la moitié de Mars, n'a pas fait 7. ou 8 degrez de mouuement diurne apparent; & que celle-cy en 10 iours en a fait plus de vingt. On verra que la premiere auoit tout à fait disparu entre les cornes du Belier, au mesme temps que la seconde se voyoit fort grosse dans vne autre constellation.

Pour leurs queuës il y a du plaisir d'en voir la diuersité. La nostre en finissant auoit la sienne vers le 10. Ianvier comme parallele à l'Ecliptique. Et celle-cy l'auoit comme perpendiculaire au temps que ie l'ay obseruée. La premiere en ce mesme temps faisoit marcher sa teste deuant sa queuë, & celle-cy poussoit sa queuë deuant sa teste, l'vn & l'autre se deuant faire par l'aspect du Soleil comme i'ay dé-ja dit, & la demonstration sensible s'en voit aisement en cette seconde Comete. Parce que mettant le Soleil sur la ligne Ecliptique aux iours du mois d'Auril tracez sur la Carte, on verra la Comete au dessus, qui sera suiuant toute sa longueur, opposée au Soleil. Ce qui verifie à l'œil ce qu'on a tant dit que le Soleil la teste & la queuë des Cometes sont tousiours dans vne mesme ligne droite.

Pour la Parallaxe de celle-cy ie ne croy pas qu'on en puisse iuger, & qu'on ait pû faire aucune Obseruation valable pour en inferer son esloignement, tant parce qu'elle n'aurra point esté veuë dans le Meridien, qu'acause qu'elle n'a pû estre assez esleuée sur l'horizon pour en comparer les hauteurs les vnes aux autres. Et que de plus elle a presque tousiours esté dans les vapeurs suiette aux grãdes refractions. Il seroit à souhaitter qu'elle eut paru en vn autre lieu, & en vn temps plus fauorable qui l'eut fait durer toute la nuit. Car comme elle est plus grosse que l'autre & son mouuement plus lent, on auroit eû plaisir de la mieux obseruer, & de ces deux grãds Phenomenes on eût encore mieux iugé qu'on ne fera de la Nature, du Lieu, & du Mouuement des Cometes, qui m'ont dõné sujet d'escrire ces petits Discours que ie finis par la Table & les Cartes dont ie vous ay parlé.

FIN.

Iours de Decemb. commençans à 4. heures apres minuit.	Longitudes pour la mesme heure au Meridien de Paris.	Longitudes pour la mesme heure de 4. apres minuit.	Mouvemens diurnes de la Comete calculez par des Tangentes égales. Sur differentes Observations.		Latitudes pour la mesme heure de 6. apres midy.	Longitudes pour la mesme heure.	Iours comẽçans à 6 heures apres midy.
				7 0	46 35	2 25	29
29	♋ 10.40′	48.15′	13.14′	13.30′	40.35	14.55′	30
28	2. 10	49. 30	11. 57	12. 9	34. 0	♊ 2. 55	31
27	♌ 18. 5	47. 35	10. 0	10. 7	29. 20	25. 50	1
26	1. 0	44. 30	8. 3	8. 4	23. 25	♉ 19. 20	Ianuier 2
25	10. 10	40. 35	6. 22	6. 22	19. 0	15. 20	3
24	15. 25	38. 0	5. 4	5. 2	15. 0	12. 0	4
23	20. 0	35. 40	4. 3	4. 1	12. 10	8. 55	5
22	24. 50	33. 15	3. 17	3. 15	10. 0	7. 15	6
21	27. 40	31. 5	2. 42	2. 40	8. 8	5. 40	7
20	♍ 29. 40	29. 20	2. 15	2. 13	6. 30	4. 20	8
19	1. 30	27. 50	1. 54	1. 53	5. 0	3. 10	9
18	♎ 2. 55	26. 28	1. 38	1. 36	3. 40	2. 10	10
17	4. 10	25. 12	1. 24	1. 23	2. 45	1. 25	11
16	5. 5	24. 2	1. 13	1. 12	2. 0	0. 50	12
15	5. 50	22. 55	1. 4	1. 3	1. 20	0 20	13
14	6. 30	21. 35	56	55	0 40	29. 50	14
13	7. 6	21. 0	50	49	0 M 5′	♈ 29. 20	15
12	7. 39	20. 13	45	44	0 S 30′	28. 55	16
11	8. 10	19. 20	41	40	1 0	28. 30	17
10	8. 40	18. 55	37	36	1 26	28 10	18
6	10. 12	17. 0	33	32	1 50	27. 50	19
2	♎ 11. 25	15. 25	30	30	2 10	27. 35	20

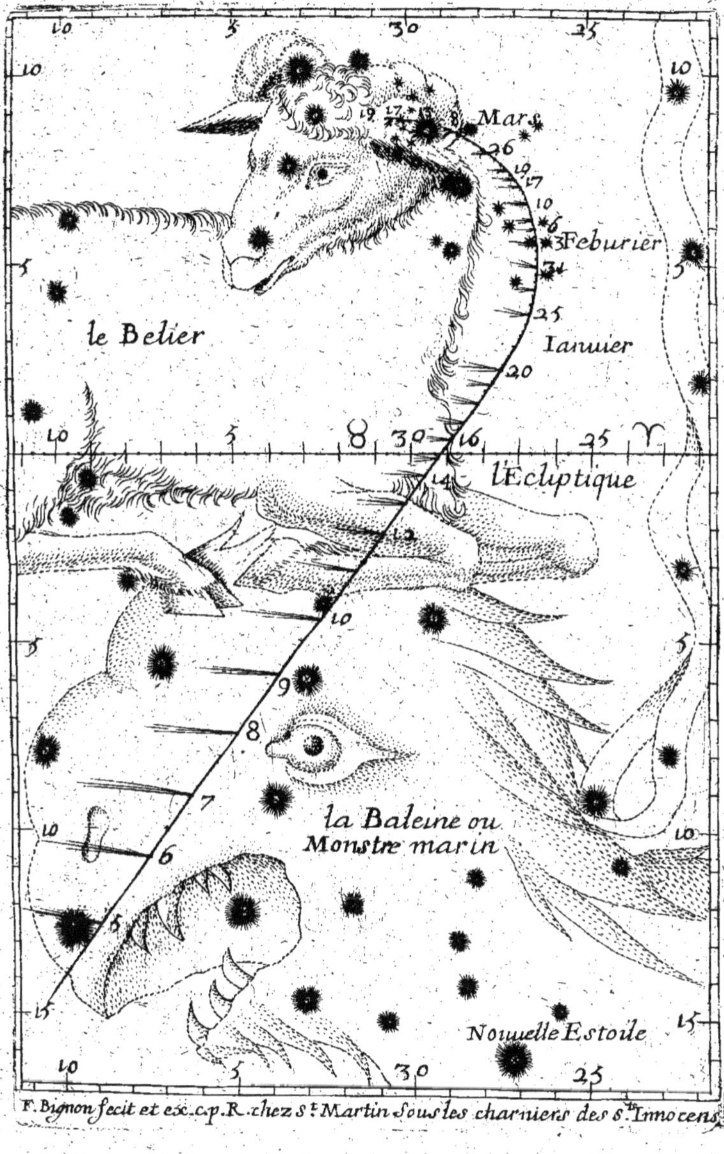
Mars
26
Feburier
25
Ianuier
20
le Belier
l'Ecliptique
la Baleine ou
Monstre marin
Nouuelle Estoile
F. Bignon fecit et exc. c. p. R. chez S.t Martin sous les charniers des S.ts Innocens

L'ECLIPSE DV SOLEIL DV XII. Aouſt 1654. ou Raiſonnemens contre ſes Pronoſtiques.

PVISQVE Ptolomée & les Aſtrologues joignent les Eclipſes aux Cometes pour leurs ſignifications : Il ne ſera pas hors de propos que ie les joigne auſſi. Lors que cette Eclipſe de Soleil de 1654. ſi celeber par la terreur quelle donna à toute l'Europe, épouuentoit Paris, & qu'on y faiſoit courir vn certain eſcrit qui prediſoit la fin du Monde dans deux ans. Eſtant las de répondre ſerieuſement à ceux qui m'en parloient : defunt Monſieur Scaron ayant eſté du nombre, ie luy dis que ſa perſonne & le ſujet meritoient vne réponſe en vers Burleſques que ie luy enuoyerois: & pour m'en acquiter, ie luy fis vne Epitre de pres de ſix cens Vers ou ie traittois de raillerie tous ces Pronoſtiques, & la credulité des ſimples qui en auoient quelque peur. Mais comme la pluſpart des perſonnes vouloient que ie leur en parlaſſe tout de bon; apres vn long entretien que i'en eus auec deffunt Monſeigneur de Marca lors Archeueſque de Tholoſe qui m'honoroit de ſon amitié, il me pria de mettre par eſcrit ce que ie luy auois dit ſe perſuadant qu'il ne ſeroit pas inutile à ceux qui le liroient puis qu'il en eſtoit ſatisfait. Si bien que pour luy obeïr ie fis le ſoir meſme ce petit Diſcours, que ie luy enuoyay le matin, dont quelques copies ayant couru il fut imprimé ſans mon nom, auec les vers que ie viens de dire, par Alexandre Leſſelin. Mais comme ces pieces volantes; & ces auortons ſans adueu ſe perdent auec le temps; mes Amis m'ont perſuadé, & les Libraires m'ont prié de le joindre icy pour la conformité de la Matiere. Ie me laiſſe donc vaincre aux vns & aux autres, & conſens que l'Eclipſe de 1654. ſuiue la fortune des Cometes de 1664 & 1665.

Pour ſon Obſeruation Aſtronomique vous la pourrez voir auec quelques autres que i'ay fait imprimer, enſuite de *l'Aſtronomia Phyſica Bapt. du Hamel*, & auec quelques diſſertations de la Latitude de Paris, de la declinaiſon de l'Ayman & contre vn nouueau Syſteme du monde, chez Lamy au Palais 1660. où vous trouuerez que le Commencement de cette Eclipſe fut à 8. heures 4. minutes auant midy & ſa fin à 10. heures 30. minutes. Et que ſa grandeur ne fut icy que de 9. doigts & vn tiers on enuiron Ce qui ne deuoit pas donner tant de terreur, ny faire croire à toute l'Europe comme il auoit fait par auance,

. . . . tandem ad fore tempus
Quo Mare, quo tellus, correptaque Regia cœli
Ardeat, & mundi moles operoſa laboret.

C'eſt à dire en bon françois la fin du monde, dont voicy la Refutation par raiſon, comme nous l'auons veuë par effet.

RAISONNEMENS contre les Pronostiques de l'Eclipse du Soleil du 12. Aoust 1654. A. M. D. M. A. D. T.

ON peut bien dire auec verité que ce n'est pas d'auiourd'huy seulement, que tout ce qui paroist d'extraordinaire dans le Ciel comme les Cometes, ou rarement comme les Eclipses, effraye la pluspart des hommes qui en ignorent les causes, & en craignent les effets; passant ainsi trop facilement de l'ignorance à la superstition. Nous en auons beaucoup d'exemples dans l'Antiquité & de siecle en siecle; les batailles gagnées, les seditions appaisées, & d'autres auantages remportez sur les simples, par les intelligens & adroits, en donnent mille preuues, dont ie n'en veux rapporter aucune pour euiter le lieu commun & la prolixité. Et quoy que nous deussions à present estre tous instruits de la cause de ces apparitions, par la connoissance que chacun peut auoir par sa propre Estude ou par la conference des autres, de la rencontre des Corps Celestes : dont les Mouuemens sont si bien connus, qu'on peut trouuer toutes les Eclipses qui arriueront d'icy à cent mille ans, si tant duroit le monde ; ou qui sont arriuées depuis sa creation, fut elle encore plus ancienne que la foy ne nous l'apprend. Neantmoins la nonchalance pour ne pas dire la stupidité de la pluspart du monde est si grande, que ceux-là mesme qui font profession d'estre releuez en science par dessus les autres, comme ils le sont en dignité, s'émeuuent & s'estonnent autant de l'Eclipse prochaine, comme s'ils n'en auoient iamais oüy parler, ou qu'il y eut quelque chose de particulier & d'extraordinaire en celle-cy qui ne fut iamais arriué. Iusques-là qu'on a donné cours & creance non seulement dans Paris, mais dans les Prouinces, à certains escrits & Propheties imaginaires touchant ses significations, & les grandes & épouuantables choses qui s'ensuiuront de cette Eclipse : dont la pluspart des Ames simples & credules se sont effrayées, comme si la fin du monde deuoit arriuer. Et ceux qui se contentent pour l'apprehension de leur santé, de se vouloir seulement enfermer dans des caues ou chambres bien closes, auec des feux & des parfums pour ne participer point aux mauuaises influences qu'ils craignent, fondez à ce qu'ils disent sur l'aduis de quelques Medecins, croyent estre d'vn ordre

Le Peuple & les Ignorãs ont tousiours eu peur des Eclipses.

bien plus releué, & ne pensent pas pour cela donner aucune atteinte à la force de leur esprit & à leur capacité. Mais contre les vns & les autres, on pourroit aussi bien faire vn Poëme instructif & serieux, à l'imitation de l'Empereur Claude successeur de Caligule, comme i'en ay fait vn Burlesque, ne croyant pas que le bel escrit qui luy a donné lieu en meritast vn autre. Dion de Nicée rapporte dans la vie de cét Empereur, qu'vne Eclipse de Soleil deuant arriuer dans la Ville de Rome le iour de sa Naissance qui estoit le premier du mois d'Aoust, (au rapport de Suetone) de crainte que le peuple & tous les Sujets de l'Empire ne prissent vn mauuais augure, de voir ainsi deffaillir le Soleil au mesme temps que se feroient les Sacrifices, & les vœux Annuels, pour la naissance de l'Empereur & pour la durée de son regne; & *que mesme il n'en arriua tumulte & sedition, il iugea à propos d'en escrire quelque temps auparauant, & d'aduertir le peuple non seulement que ce iour à telle heure (* qui estoit enuiron la mesme que sera celle-cy) *le Soleil seroit Eclipsé; mais encore il leur exposa les causes, & les raisons du temps, de la grandeur, & des effets de l'Eclipse*, &c. Et selon l'opinion de beaucoup de sçauans Critiques, il en composa luy-mesme le Poëme, dont nous auons les fragmens parmy ceux de Virgile & des Anciens Poëtes, dont les derniers Vers rendent la raison de cette Eclipse.

Augusti solis rutilum iubar, indiga lucis
Quando inter terram & solem rota corporis almæ,
Luna meat, fratrem rectis obiectibus arcens.

Tant il est vray qu'en tout temps il y a eu de l'ignorance & de la crainte parmy les hommes au suiet de ces deffaillances. A l'imitation donc de cét Empereur qui escriuit au peuple de Rome sur l'Eclipse du 1. iour d'Aoust de l'année 45. Ie parle par vostre Conseil ou pour mieux dire par vostre ordre, puisque l'honneur de vostre amitié me soûmet à vos Commandemens. I'écris au Peuple de Paris sur celle qui doit arriuer le 12. du mesme mois d'Aoust à mesme heure, de l'année 1654. & l'asseure foy de Philosophe, qu'il ne luy en arriuera pas plus de mal que d'vn grand nombre d'autres qui l'ont precedée. Et pour le desabuser de cét impertinent escrit qui a couru en Allemand & en François, sous le nom du sieur Andreas; tantost qualifié Mathematicien de Padoüe, comme si c'estoit Argolus, & tantost de Prague, auec vne attestation de la Chancellerie de Meminguen; Ie diray qu'il est entierement supposé, & fabriqué par vn tres ignorant personnage, soit en Astronomie, soit en Histoire prophane & Sacrée. Et que cette Eclipse n'a rien de plus particulier que les autres.

Celle du mois d'Aoust 1654. n'a rien de plus particulier que les autres.

Son ignorance paroist principalement en 4. propositions qu'il auance: La premiere, qu'il y aura vne si épouuantable obscurité que l'on ne verra goutte sans chandelles trois heures durant. La ſeconde, Que cette obſcurité paroiſtra en tous les endroits du Monde. La troiſiéme, Que la queuë du Dragon ſe joindra auec Saturne, ce qui n'eſtoit point arriué que deux années auant le Deluge. En quatrieſme lieu que le Monde finira pour lors, ou deux ans apres. Qui ſont quatre choſes auſſi impertinentes qu'on en puiſſe dire, & qui n'ont pas laiſſé de faire impreſſion ſur beaucoup d'eſprits, ou du moins les ont fait douter de ces ſottiſes, puis qu'ils ont demandé ſerieuſement à ceux qu'ils en ont creu intelligens, ſi tout cela eſtoit vray. Et c'eſt ce qui me fait prendre la peine de tracer ces lignes ſerieuſes, apres la raillerie que i'en ay fait pour deſabuſer ceux qui liront ces Propheties, comme i'ay détrompé de bouche les particuliers qui me l'ont demandé. Il eſt donc premierement faux que l'obſcurité doiue eſtre ſi grande que l'on ne verra goute trois heures durant. Et non ſeulement il eſt faux en cette rencontre, mais il eſt meſme impoſſible que cela ſoit iamais, & qu'il ait iamais eſté; quoy que dans les Hiſtoires Grecques, Latines & autres, il ſe trouue que le Soleil ait eſté ſi fort eclipſé qu'on ait veu les Eſtoiles en plain iour, comme rapporte Thucydide en la premiere année de la Guerre du Peloponeſe, en l'Olympiade 87. qui eſtoit la 431. auant la Naiſſance de IESVS-CHRIST, ſelon noſtre Epoque, ou compte vulgaire. Tite-Liue en dit autant ſur l'année de Rome 536. & en beaucoup d'autres endroits. Capitolin rapporte auſſi qu'en

Il eſt faux & impoſſible qu'vne Eclipſe totale de Soleil dure naturellement 3. heures.

l'année 19. de l'Empereur Gordian, ou 237. de Iesvs-Christ; il y eut vne telle Eclipse de Soleil qu'il sembloit qu'il fut nuict, & qu'on ne faisoit rien sans chandelles allumées. *Vt nox crederetur, neque sine luminibus accensis quidquam ageretur.* De mesme sous Constantin par deux fois, & autant sous Andronicus : Comme aussi sous Louys fils de Charlemagne en 840. De sorte qu'en beaucoup d'Autheurs on lit bien qu'il y a eu de si grandes Eclipses de Soleil, qu'on voyoit les Estoiles, & que les oyseaux en tomboient. Mais pas vn n'a iamais dit que l'obscurité ayt duré trois heures, comme fait cét Andreas. Et quoy que Eghinard rapporte dans la vie de Charlemagne, qu'auant sa mort en l'an 813. Il y eut vne Eclipse de Soleil si prodigieuse, que durant sept iours il fut obscurcy. Ce n'estoit pas vne vraye Eclipse, mais ce pouuoit biē estre plusieurs de ces taches ou macules, qu'ō a découuert depuis l'inuention des Lunetes d'approche, se rencontrer quelques fois au deuant du Soleil & y demeurer 13. à 14. iours. Comme aussi ce que rapporte Theophanes qu'en l'année 793. le Soleil fut tellement obscurcy durant 17. iours que les Nauires sur Mer ne se pouuoient conduire : & que cela estoit arriué, à cause que l'Empereur Constantin, le dernier de la race des Copronymes, auoit eu les yeux creuez par sa mere Irene, dont il mourut : ou parce que luy mesme auoit commis beaucoup d'injustices, & fait mourir des innocens. Quoy qu'il en soit ces deffaillances de lumiere

Ce que rapporté quelques Histoires du Soleil obscurcy plusieurs iours n'estoit pas des Eclipses.

lumiere n'estoient pas des Eclipses de Soleil ordinaires comme celle-cy, ny qui pussent estre predites par les Tables Aronomiques, mais bien de ces macules Solaires ou des Prodiges extraordinaires contre le cours de la Nature; estant du tout impossible que le Soleil puisse demeurer totalement couuert de la Lune qui luy est égale en apparence, dix minutes de temps, bien loin de trois heures comme dit l'Andreas; ou bien il faudroit que toute la machine du monde fût en confusion; puis que les Cieux roulans tousiours depuis la creation, & les Eclipses Solaires arriuant par la rencontre & l'interposition de la Lune, entre nos yeux & le Soleil; il faudroit que pour faire trois heures d'obscurité totale, ces Astres s'arrestassent durant ce temps-là l'vn au dessous de l'autre, ou que l'vn suiuist l'autre pendant ces trois heures contre son mouuement ordinaire; & par ainsi ce seroit le mesme miracle, que quand le Soleil s'arresta du temps de Iosué, ou qu'il recula de dix lignes pour Ezechias. C'est donc vne chose du tout impossible, que par la toute-puissance de Dieu; qui a donné l'estre & le mouuement à ces Astres, & qui peut l'interrompre, ou changer quand bon luy semblera. Et ce seroit pour lors qu'on pourroit craindre la fin du Monde, & dire ce qu'on attribue à saint Denis Areopagite, quand il vit l'Eclipse miraculeuse qui arriua à la Passion de Nostre Seigneur; où que toute la machine des Cieux estoit en desordre, ou que son Autheur patissoit.

Mais comme nous ne deuons point si-tost apprehender ces derniers temps; aussi n'en peut on predire l'euenement par aucune cause naturelle.

Il est faux qu'vne Eclipse naturellement puisse estre vniverselle.

Quant à la deuxiéme impertinence, *que cette Eclipse & totale obscurité sera vniuerselle, & veuë par tout le Monde:* Outre qu'elle se peut refuter par l'experience contraire, & par les aduis de semblables Eclipses, qu'on a veu plus grandes en vn lieu qu'en l'autre; mesme le Soleil tout caché par la Lune aux yeux de quelques vns, cependant qu'en d'autres Pays on en voyoit moins. C'est, que la demonstration est toute euidente, que la Lune estant beaucoup plus petite que le Soleil & que la Terre; quand elle se rencontre entre-deux, elle ne peut couurir tout à fait le Soleil, qu'à ceux qui s'y trouuent directement opposez, & dont les regards passent en droite ligne par le centre & le milieu de ces Astres. Et pour les autres peuples qui sont plus ou moins écartez de cette ligne droite, la Lune estant plus petite que le Soleil, quoy qu'à peu pres égale à nos yeux, n'en pouuant par consequent couurir tout le Globe, ils en voyent vne partie plus grande ou plus petite, selon qu'ils sont plus ou moins esloignez, & à costé de cette ligne diametrale. Et partant il est impossible que cette Eclipse, ny aucune autre, ait iamais esté ny puisse estre vniuerselle, & veuë esgalement par toute la Terre. Quant à celle qui arriua lors de la Passion; comme elle estoit miraculeuse & contre l'ordre de la Nature, en ce que la Lune pour lors esto pleine, & en opposition au Soleil la Terre entre-deux; Elle pouuoit bien estre encore miraculeuse en ce point d'estre vniuerselle par toute la Terre, non pas seulement en Iudée; puisque la veritable lumiere, & le Soleil de Iustice souffroit par la malice, & pour le bien des hommes en general.

La teste & la queuë du dragon n'ont rien de reel & de particulier en cette Eclipse.

La troisiéme ignorance est de dire, *que la queuë du dragon se ioindra auec l'Estoile de Saturne; ce qui n'auoit point encore esté veu depuis la creation du Monde.* Ceux qui n'ont point connoissance des choses, prennent souuent l'épouuante des noms. I'ay veu vne Dame de condition à la campagne, qui pensa mourir, pour ne s'estre pas voulu laisser seigner au Chirurgien de son Village, à cause qu'il luy dit, que son mal de gorge demandoit la phlebotomie, & que si elle vouloit luy permettre de la phlebotomiser, elle en seroit fort soulagée. Cette Dame croyant que c'estoit quelque operation fort dangereuse, en voulut auoir l'advis du Medecin de la Ville prochaine, qui la fit seigner à son arriuée, blasmant le Chirurgien, de ne l'auoir pas fait, & d'auoir vsé de ce terme qui l'auoit espouuantée. Il en est de mesme de cette queuë de dragon imaginaire, qui se doit rencontrer auec Saturne Ce n'est rien de réel & de fixe dans le Ciel, non plus que quand vn Oiseau a volé dans l'air, il ne laisse aucune trace par où il a passé. Ce qu'on appelle la teste & la queuë du dragon, ne sont que deux intersections ou entre-coupures de l'Ecliptique, ou du cercle sur lequel marche tousiours le Soleil

& de celuy sur lequel marche aussi la Lune, lequel se meut, de sorte qu'il n'entre coupe pas fixement celuy du Soleil aux mesmes endroits, mais successiuement en tous les points du Zodiaque l'vn apres l'autre. De façon que quand la Lune se trouue auec le Soleil dedans, ou aupres de ces poincts d'intersections, il se fait des Ecclipses de Soleil pour les hommes qui sont au dessous; & quand le Soleil est en l'vn, & la Lune en l'autre opposite, ou bien prés; il se fait Eclipse lunaire par l'interposition de la Terre qui iette son ombre sur la Lune. De façon qu'il y en a beaucoup plus, que le vulgaire ne s'imagine; & telle année il en arriue quatre & cinq, dont nous n'en voyons pas vne seule; à cause qu'elles arriuent de nuict pour nous, & ne sont veuës que par nos Antipodes. Cette teste & cette queuë du dragõ n'estant donc autre chose que ces points imaginaires, & n'ayant rien de réel comme ce qu'on appelle la teste de Meduse, le serpent, l'hydre, le dragon, & autres semblables constellations, qui sont en effet vn nombre d'Estoiles ausquelles on a donné ces noms épouuantables, par des raisons qui seroient trop longues à dire: Il n'y a rien à craindre de leur rencontre auec Saturne, non plus qu'auec la Lune & le Soleil; puis qu'il ne se sçauroit faire d'Eclipse que cela ne soit, comme i'ay desia dit. Et quant à ce qu'Andreas auance, que cela n'est iamais arriué qu'vne fois; c'est vne imposture & vne ignorance grossiere. Saturne rencontrant necessairement ces points d'interſection, tous les dix ou douze ans, & quelquefois meſme auec le Soleil & la Lune au temps des Eclipſes : Ce que ceux qui veulent ſauuer cét eſcrit, diſent entendre de la ſorte, & que iamais il n'y en a eu que celle cy où Saturne & Mars ſe ſoient trouuez auec le Soleil la Lune, & la queuë du dragon ; ils y peuuent encore adjouſter le Cœur du Lyon preciſément auec le Soleil. Il eſt vray que ſi on veut prendre tous les poincts & toutes les circonſtances qui ſe rencontrent en cette Eclipſe, il n'y en a jamais eu de ſemblable, comme il eſt certain que depuis la creation du Monde il n'y a iamais eu deux momens de temps ſemblables l'vn à l'autre, & où les Planettes ſe ſoient trouuées preciſément en meſme ſituation & degré toutes enſemble vne fois comme l'autre ; à cauſe de leurs diuers mouuemens : Et par cette raiſon il eſt vray de dire, que jamais il n'y a eu d'Eclipſe comme celle-cy dans les meſmes ſignes, degrez, minutes de temps, & diſpoſition de toutes les Planetes & Eſtoiles fixes en tels endroicts du Ciel. Et qui voudroit prendre la peine de calculer en combien de temps cela pourroit arriuer, il luy en faudroit autant employer pour trouuer ces millions d'années, où toutes ces circonſtances ſe puſſent rencontrer, comme a compter les branches d'arbres de la Foreſt d'Orleans. Mais pour ſe reſtraindre ſeulement à la conjonction de Saturne & de Mars, auec la queuë ou la teſte du dragon lors de quelque Eclipſe, ce qu'on dit n'eſtre arriué que du temps du Deluge, cela eſt abſolument faux, puis qu'en l'Eclipſe ſolaire de l'an 1558. le 8. Auril, ces quatre Planettes ſe trouuerent encore enſemble dans le Signe du Taureau, & Iupiter ſeul ſous l'horiſon en la meſme maiſon qu'il ſe rencontra en cette Eclipſe, ſans qu'il en ſoit arriué pour cela de grands deſordres dans le monde. La meſme rencontre de Saturne auec l'Eclipſe du Soleil, & la queuë du dragon dans le Signe du Sagitaire, auſſi chaud & auſſi violent que le Lyon : ſe fit en l'année 1574. le 13. Nouembre, ſans que le monde ayt pour cela bruſlé. Ie ne parle pas de beaucoup d'autres deffaillances de Lune & de Soleil, où Saturne & Mars ſe ſont auſſi rencontrez dans le ſigne Ecliptique : parce que ces Eclipſes n'ayant peut-eſtre point eſté apperceuës ſur noſtre horizon, on diroit qu'elles n'y ont donc pas pû produire de ſemblables effects. Mais touſiours pour conuaincre l'impoſture de cet Eſcrit, & la trop grande credulité de ceux qui en ſont touchez ; Il ſuffit d'auoir produit vne ou deux ſemblables rencontres que vous trouuerez dans les Eclipſes de Leouitius, & ſi l'on veut prendre la peine d'en chercher encore d'autres, on ne manquera pas d'en trouuer, meſmes dans noſtre ſiecle.

Il eſt faux & ſuppoſé qu'il n'en ſoit iamais arriué de ſemblable que 2 ans auant le Deluge.

Reſte maintenant la derniere & la plus delicate de toutes les ignorances & impertinences de ce bel eſcrit ; c'eſt en ce qu'il aſſeure qu'vne ſemblable Eclipſe n'eſtant arriuée que deux ans auant le

Deluge, il eſt à craindre qu'elle ne ſoit ſuiuie d'vn ſemblable euenement. Et comme depuis la creation du monde, & du premier homme, iuſques à ſa deſtruction par eauë, il y a juſtement 1656. ans; auſſi depuis ſa reparation & la Naiſſance de Ieſus-Chriſt, juſques à ſa conſommation par le feu & iuſqu'au dernier jugement, il y doit auoir pareil nombre d'années 1656. & partant que le monde finira dans deux ans. Si cela eſtoit nouueau, il ſeroit aſſez plaiſant, & pourroit faire quelque impreſſion ſur les eſprits de ceux qui ſe plaiſent au Rabiniſme, & à la rencontre des points, des lettres, & des nombres : mais il y a ſi long-temps que cela s'eſt dit, & que des gens de loiſir ou par vne imaginatiõ bleſſée, ou pour faire peur au plus ſimples, ont voulu deuiner la fin du monde par ſon cõmencemẽt, & trouuer ſa durée dans le premier mot de la Geneſe Bereſit, qu'on ne ſçauroit plus rien dire de nouueau ſur ce ſujet : l'opinion de quelques Rabins eſtant, par la tradition du Prophete Elie, que le monde doit durer ſix mille ans : ſçauoir deux mille ſous la nature, deux mille ſous la Loy, & autant ſous le Meſſie. Et que comme le monde a eſté fait en ſix iours, & que Dieu s'eſt repoſé le ſeptieſme; auſſi ne doit-il durer que ſix mille ans repreſentez par ces ſix iours, *mille anni ſicut dies vnus*, en ſaint Pierre, & dans le Pſal. 89. & que le ſeptiéme ſera le iour du Sabat & du repos de l'Eternité. Ce que ſaint Auguſtin refute ſur le meſme Pſalme; quoy qu'il ayt eſté creu par beaucoup de Peres. A ce compte nous n'en serions pas encore si proches, il s'en faudroit tousiours plus de 400 ans. Mais d'autres ont encore voulu passer plus auant, & dire que comme Dieu auoit abbregé les iours des hommes du temps de Noé, à cause que leurs iniquitez s'estoient multipliées : & que sans attendre les deux mille ans complets, il auoit enuoyé le Deluge en l'année 1656, depuis sa creation : de mesme qu'au lieu d'attendre les deux mille ans entiers depuis sa reparation ; à cause de nos pechez & de la corruption des hommes, qui semble en effet estre paruenuë à sa derniere extremité, le Deluge de feu ou l'embrasement vniuersel arriuera plutost ; sçauoir est en la mesme année depuis la Naissance de Iesus-Christ, que le Deluge arriua en celle depuis Adam, qui est l'an 1656. Mais ils seroient bien trompez si ce temps-là estoit desia passé, & qu'il y eust effectiuement plus de 1656. ans que nostre Seigneur est venu au Monde, comme c'est l'opinion des bons Chronologistes, & que le compte vulgaire que nous en tenons est vicieux ; ce qu'estant nous voila transportez par delà la fin du monde. Neantmoins reuenons à cette plaisante opinion & conjecture imaginaire, fondée mal à propos sur l'Euangile de saint Matthieu, Chap. 24. & de S. Luc Chap. 17. où il est dit, *que comme au temps de Noé les hommes furent surpris par le Deluge ; ainsi le Seigneur viendroit les surprendre pour les iuger tous* : & par consequent adioustent-ils, *apres pareil nombre d'années*, & qu'ainsi nous

Que de là ny par aucune autre raison on ne doit point predire la fin du monde.

nous eſtions prés de la fin du Monde. Mais comme cela ſe refute par les meſmes Paſſages, où il eſt porté, que perſonne ne ſçait le iour ny l'heure de cét euenement, *non pas meſmes les Anges.* Et qu'ailleurs il eſt dit que ce n'eſt point aux hommes à *ſçauoir les temps que Dieu ſeul reſerue à ſa Toute-puiſſance.* C'eſt vne grande impertinence & temerité de vouloir chercher & determiner la durée & la fin du Monde: C'eſt pourtant ce qu'ont fait d'aſſez grands Perſonnages, les vns par l'interpretation des Paſſages de quelques Prophetes, & de l'Apocalypſe; les autres par l'Aſtrologie. Stofler n'auoit-il pas predit qu'en l'année 1524. il y auroit de ſi grandes inondations, que ſi le monde ne deuoit point finir par le feu, il y auroit pour lors vn deluge vniuerſel, à cauſe des grandes conionctiõs des Planetes qui ſe faiſoient dans des Signes d'eau? Ce qui intimida tellement toute l'Europe que beaucoup de gens ſe retirerent ſur des montagnes auec des prouiſions de toutes choſes. D'autres preparerent des Barques & des Nauires pour ſe ſauuer de ces grandes eaux; & cependant le mois de Feurier, où toutes ces choſes deuoient arriuer, fut entierement ſec contre l'ordinaire de la ſaiſon, à la honte de l'Aſtrologie. N'auoit il pas dit auſſi qu'en l'année 1586. apres vne Eclipſe de Soleil au mois de May, & la conionction de toutes les Planetes, le Monde deuoit finir par la furie des vents & des tẽpeſtes, ce qui ſe trouua ridicule. Et Regiomont n'aſſeura-il pas auſſi par les meſmes

Que beaucoup d'Aſtrologues ont eû la meſme folie de la predire.

Vu

raisons que le monde finiroit en 1588. ou que tous les Empires seroient aneantis. Et parmy quelques Vers qu'il en fit, voicy sa fausse Prophetie.

Si non hoc anno totus malus occidit orbis,
Si non in nihilum terra fretumque ruunt :
Cuncta tamen mundi sursum ibunt atque deorsum
Imperia, & luctus vndique grandis erit.

Ne vous semble-t'il pas que c'est le mesme pronostique de mot à mot que celuy du sieur Andreas, excepté que Regiomontan n'est pas encore si affirmatif pour l'année, ny si contredisant à soy-mesme, Ce fat d'André disant determinément que le Monde finira dans deux ans au plus tard; incontinent apres il asseure que *toutes les Puissances seront aneanties, & tomberont entre les mains des Turcs*; c'est à dire apres la fin du Monde: & quand il n'y aura plus ny bestes ny gens. Pleust à Dieu qu'il fust la derniere, & le dernier fou de l'Astrologie.

Mais pour mieux persuader cette resuerie du dernier iour du Iugement, il veut faire croire que l'Eclipse prochaine en est le Signe & l'auant-coureur: comme si cét embrasement vniuersel deuoit arriuer par le cours des Astres, & par le concours des causes naturelles. Et pour donner encore plus de couleur à cette imposture, il asseure que deux ans auant le Deluge, il y en eut vne semblable, & jamais plus deuant ny apres, que celle-cy dont nous parlons: ce qui est absolument faux, & que ce fourbe n'a point trouué ny pû trouuer par aucunes Tables Astronomiques, ny par aucun calcul. La raison est qu'on ne sçait point combien il y a d'années que le Deluge estoit, quoy qu'on sçache bien en laquelle depuis la creation du Monde il est arriué. Parce que la Genese ayant expedié en six Chapitres la vie des hommes depuis Adam iusques à Noé, & compté l'aage d'vn chacun: il se trouue sans contredit d'aucun sçauant Chronologiste, que le Deluge arriua l'an 1656. de la creation, en suiuant le Texte Hebreu. Mais en suiuant la Version des 70. il y en auroit 600. dauantage. Quoy qu'il en soit depuis le Deluge iusqu'à Iesus-Christ, il n'y a point de compte certain ny d'histoire continuë du peuple de Dieu, dont est composé le vieil Testament: tant à cause de la diuersité des Autheurs & des Prophetes qui l'ont escrit, qu'à cause des diuerses interpretations qu'on leur peut donner, & des sentimens particuliers que les Peres, Docteurs, & Interpretes de la sainte Escriture ont eû sur les aages des Patriarches, sortie d'Egypte, captiuitez, & transmigrations, Iuges, & Roys d'Israël, Edification du temple, & autres semblables Epoques & euenemens singuliers, qui ont formé quatre-vingts ou cent opinions differentes en la Chronologie & supputation des années, depuis le Deluge iusques à Iesus-Christ, dont peut-estre pas vne n'approche de la verité; & de l'vne à l'autre il y a plus de mille cinq cens ans de difference. De façon que pour asseurer vne Eclipse semblable à la nostre, deux

Qu'on ne sçait point le temps qu'il y a du Deluge iusques à nous.

ans auant le Deluge, il faudroit auoir calculé toutes celles qui ont pû paroiſtre pendant ce temps-là, & demeurer d'accord de la veritable année du Deluge ; Ce que l'impertinent André ne faiſant & ne pouuant faire, c'eſt vne manifeſte imposture. Et parce qu'ayant dit ces raiſons à vne perſonne de condition & de lettres, il me repartit qu'il croyoit qu'on pouuoit ſçauoir plus preciſement le temps du Deluge, meſmes par les Hiſtoires prophanes, que les Epoques du ſiege de Troye, & des Olympiades. Ie vous diray ſur ce ſuiet, que par la propre confeſſion des Autheurs profanes, on n'a rié de certain dãs l'hiſtoire auant les Olympiades: ce qui a fait faire par Varron & par Cenſorin la diuiſion des temps en trois : le premier incertain par delà le Deluge d'Ogyges ἄδηλον : le ſecond en partie fabuleux, & en partie veritable μυθικὸν iuſques aux Olympiades, & le troiſiéme Hiſtorique ἱστορικὸν depuis les Olympiades : partant la plus ancienne Epoque qu'on puiſſe determiner ſeurement, c'eſt le reſtabliſſement des Ieux Olympiques par Iphitus 776. ans ſeulement auant la naiſſance de Ieſus-Chriſt, dont les Hiſtoires de Thucydide, Herodote, & autres ; & le calcul des Eclipſes par eux rapportées, nous donnent des démonſtrations : comme ie l'ay clairement prouué dans mes diſcours Chronologiques imprimez en 1636. chez Roçolet : mais auant ce temps là des Olympiades, comme il n'y a point de Liures profanes que les Poëtes Muſée, Homere, Heſiode,

&c. qui ne contiennent que des Histoires fabuleuses ou Romanesques; & que les Liures sacrez de l'ancien Testament ne cottét aucunes Eclipses, sur lesquelles on puisse fixer vn temps arresté du regne des Patriarches, Iuges & Roys d'Israël; & que la continuation de leur Histoire est interrompuë comme i'ay dit, par quantité d'incidents, d'interregnes & de captiuitez: Delà vient qu'on ne sçait point au vray combien il y a d'icy au Deluge, ny par consequent d'icy à la creation du Monde; quoy qu'on sçache bien ce qu'il y a d'icy à Iesus Christ, & du Deluge à la creation; les deux extremitez des temps nous estans connuës, sans que leur entre-deux ou milieu le soit par les raisons susdites. Car ie ne parle pas de ces meschans Liures de Berose, Methasthenes, & autres supposez par le fourbe Annius de Viterbe, dont les sçauans hommes se sont tousiours mocquez, comme les simples & les ignorans, en ont composé leurs Histoires, & les ont suiuis en la supputation des temps. D'où ie conclus que c'est vne temerité & vne fausseté de dire, que deux ans auant le Deluge, il soit arriué vne semblable Eclipse, & que cela n'est dit que pour espouuanter les simples, & les credules.

Quant aux effets que la rencontre de toutes ces Planetes, auec le Soleil eclipsé dans vn signe chaud & violent, peut produire sur le general des affaires du monde, & sur le particulier de quelques estats, sur nos corps, & sur les Elemens, qui

Que les Eclipses ne pronostiquent point les maux qui arriuent apres.

est-ce que les curieux desirent principalement sçauoir ; Estant persuadez par l'authorité de saint Ambroise, *Elementa compati, cum luminaria defectum patiuntur, &c.* Et que ces Astres n'ont pas esté confusément placez dans les Cieux pour y estre seulement regardez, mais que leurs diuers aspects, & dispositions produisent des choses diuerses, selon leur bonne ou mauuaise situation; portez à cela par quelque experience du pouuoir de la Lune sur certains corps humides, mesmes sur les maladies & sur le temperamment des humeurs, & sur l'alteration des Elemens dõt elles dépendent, qui sont cõme en vn perpetuel mouuement aussi bien que les Cieux dont ils reçoiuent les influences. C'est où ie me trouue bien empesché de vous satisfaire; & pour vous en expliquer mon sentiment, & bien examiner le pour & le contre de la Iudiciaire; il me faudroit faire vn gros volume au lieu d'vn escrit particulier ; & partant ie me contenteray de vous dire à present sur le suiet de cette Eclipse; que pour hazarder de mentir ou de dire vray, il n'y a qu'à repeter tout ce que les Astrologues ont dit de toutes les autres: n'ayant iamais veu de Predictions faites sur aucune Eclipse, soit de Lune, soit de Soleil, qui ne nous ait menacé de guerres, pestes, famines, incendies, maladies, rapines & autres semblables denrées, comme si elles estoient les magazins d'où sortent tous les maux qui persecutent la miserable condition des hommes. Qu'on lise tous les Pronostiques qui ont esté faits depuis cent cinquante ans sur toutes les Eclipses, ie veux perdre l'honneur s'ils ne sont tous semblables pour les euenemens principaux, quoy que les aspects & les situations des Planetes soient toutes differentes. Mais pour rendre raison de leurs beaux iugemens, & appuyer par l'Astrologie la vanité de leurs Predictions, ou les conjectures qu'ils font d'eux mesmes par la connoissance du train des affaires du Monde. Ils ne manquent pas de faire quadrer leur iargon auec la figure du Ciel, & de faire trouuer l'vne ou l'autre de ces meschantes Planetes, Saturne, ou Mars, maistresse de l'ascendant ou du signe ou de la maison, ou en exaltation & en dignité, ou en opposition, ou conionction, ou en aspect, trine, quadrat, sextil; directe, retrograde, ou tournée de quelque autre biais, auec telle Estoile fixe, maligne, violente & de nature dangereuse : dont ils concluent enfin de sinistres euenemens; tant les hommes sont ingenieux à se faire du mal eux-mesmes, en se donnant la peur & l'apprehension de ces mauuaises influences. Et parce que le monde va tousiours mesme train, & que de tout temps il y a eu, & que pour iamais il y aura des guerres, pestes, & famines, soit en vn lieu, soit en vn autre, comme estant des appanages de nostre nature : iamais ces Predictions generales ne sçauroient manquer, quand mesmes il n'y auroit point d'Eclipses; & on les pourroit aussi bien & aussi veritablement auancer en quelque autre temps que ce soit, & par telle figure & disposition du Ciel qu'on voudroit choisir, que par celle des Eclipses, & des grandes conionctions des Planetes. Dites-moy s'il vous plaist, si les deux plus grands & plus extraordinaires euenemens qui soient arriuez de ce siecle en l'Europe; sur les testes les plus remarquables ont esté precedez par aucune Eclipse, qui est l'execrable attentat sur la personne sacrée de Henry le Grand, & l'execution publique du Roy d'Angleterre deux des meilleurs Princes du monde, tuez dans leurs Villes capitales, l'vn par vn monstre de nature, l'autre par ses propres suiets en forme de condamnation iuridique. Vous ne trouuerez point d'Eclipse qui l'ayt pronostiqué. Vous en trouuerez aussi si vous le voulez; tant il est vray que ces deuins ne manquent iamais de mauuaises raisons pour establir le mal, & qu'ils n'en ont aucune bonne pour auancer le bien, n'ayant iamais esté si obligeans que d'en promettre par aucune Eclipse. Parce, diront-ils, que pour lors la Terre estant priuée de la lumiere & des influences du Soleil, dont elle dépend pour sa conseruation; il ne peut qu'arriuer du malheur aux hommes. Comme si tous les iours elle n'estoit pas successiuement priuée durant la nuict de la mesme lumiere, & de ses influences directes, qui est vne Eclipse bien plus longue que celle de deux ou trois heures: & qui pour nous estre ordinaire, ne deuroit pas laisser de causer ces malins effects, que l'interposition de la Lune à leur compte, doit

produire

produire sur terre, & dans les affaires du monde. Certainement il faut bien que ceux qui craignent les mauuaises influences de la prochaine Eclipse, croyent & demeurẽt d'acord, qu'elles procederõt des corps de la Lune, Mars & Saturne; & que le Soleil estãt lors empesché d'en enuoyer de bonnes à sõ ordinaire, pour contre-quarrer les mauuaises, elles auront tout pouuoir de mal-faire comme les Anges de l'Apocalypse. Or quelle raison y a t'il que pour vn quart d'heure de temps que la Lune peut arrester l'enuoy des rayons du Soleil sur quelques endroits de la Terre, il arriue tant de desordres? & qu'elle se trouue auec les autres Planetes en puissance de nuire & de faire cent mille maux, à cause du lieu qu'elles occupent; ce qu'elles ne feroient pas si elles estoient ailleurs: changeant ainsi de nature & de qualitez, & deuenant bonnes, mauuaises ou indifferentes, selon les endroits où elles se rencontrent; en verité il y a bien de la sottise & de l'ignorance dans la plus part de nos occupations. O *quantum est in rebus inane.*

Mais ie n'aurois iamais fait si ie voulois continuer de traitter serieusement cette matiere; & ie m'aperçois que i'excede les bornes que ie m'estois prescrit; ainsi ie vais finir en vers Latins serieux, comme i'ay commencé en François burlesques, pour le diuertissement de ceux qui veulent tousiours quon se plaigne, & qui se plaisent d'ouyr crier. O TEMPS! O MOEVRS!

Parce que ces vers qui furent publiez pendant la Guerre & les reuoltes, que i'imputois par raillerie à l'Eclipse auec tous les maux que nous souffrions, & tous ceux dont nous estions menacez, ne sont plus de saison; & que l'oubly méme en est plus auantageux que le recit. I'ay iugé à propos de ne les point faire paroistre, non plus que les burlesques. Et vous le iugerez aussi par cét échantillon, dont le stile chagrin & satyrique ne conuiendroit plus au siecle d'or qu'on nous fait esperer, & qu'on doit attendre du rétablissement de l'ordre en tous les Ordres. Ainsi soit-il.

Factio distractos in mutua vulnera ciues
Armat, & alternâ clade dat exitio,
Vsuris exhausta iacent patrimonia Regum
Vnciaque in fœnus nulla sat esse potest.
Non modus in victu, non est in veste decorum
Corpora luxuries, luxus inanit opes.
Quisque sui sese supra genus ordinis effert,
Contentusque suo denegat esse gradu,
Nemo laborantis, nemo miserescit egeni,
Omnis in humano corde refrixit amor.
Integritas, sincera fides, candorque recessit,
Melle fluunt linguæ, pectora felle tument
Fœdera, contractus, commercia, pacta, forumq;
Mille sophismatibus peruia, mille dolis. &c.

FIN.

AV LECTEVR.

C'EST auec déplaiſir pour moy que ce Liure a tant demeuré à paroiſtre, & peut-eſtre auſſi pour vous qui l'auez deſiré plûtoſt; afin de voir mes ſentimens touchant les Cometes, ſur quelque bruit qui s'eſtoit répandu qu'il falloit que i'en euſſe de particuliers, puiſque pas vn des autres ne me contentoit. Et que ie m'expliquois aſſez par mon humeur libre, pour faire découurir mes penſées à ceux qui m'en entretenoient, c'eſt à dire à tout le grand monde: pouuant dire que tout ce qu'il y a de plus releué en France, tant en dignité qu'en eſprit, de l'vn & de l'autre ſexe, m'a fait l'honneur de me le demander. Et quoy que i'euſſe quelque retenuë pour ne dire pas tout ce que ie penſois (puiſque ie l'écriuois par le Commandement de Sa Majeſté) la franchiſe de mon naturel, la chaleur du Diſcours & le temperamment ordinaire de ceux qui ont quelque feu, dont ie n'ay que trop, m'ont fait ſouuent outrepaſſer les bornes que ie me preſcriuois, & en compter plus qu'il ne falloit, pour ſatisfaire aux obiections preſſantes qu'on me faiſoit dans les entretiens. D'où il m'eſt arriué que i'ay eû le déplaisir (pour la troisiéme fois en ma vie) de voir mes pensées rauies, & ce que ie sçauois tres-certainement m'appartenir par droit d'inuention, estre publié par d'autres; qui sur quelques vnes demes paroles, & sur l'ouuerture que ma franchise auoit fait de mes sentimens, auoient fondé les leurs en déguisant les miens. I'ay dōc veu vne partie de mes opinions publiées & mesme imprimées auec quelque petit changemēt, auant que le Liure ait paru: entr'autres celle du Retour des Cometes comme des Astres, tant par ma faute d'auoir trop parlé, & montré mes escrits indifferemment à mesure que ie les composois, que par l'inaduertance de quelques-vns de mes meilleurs amis, qui m'ont auoüé l'auoir escrit sans y auoir fait reflexion: outre qu'ils ne croyoient pas que ce qu'ils écriuoient à des particuliers pût deuenir public par des Impressions estrangeres; comme aussi par la creance que d'autres ont eû que ce Liure paroistroit aussi-tost que la publication qu'ils en faisoient. Quoy qu'il en soit cela m'est arriué par la faute des vns & des autres, mais principalement par celle de l'Imprimeur qui a fait languir son Impression deux mois plus qu'elle ne deuoit, puis qu'elle pouuoit estre acheuée à la fin de Fevrier. Mais à ne donner que deux fueilles par semaine, & garder la quinzaine de Pasques plus que religieusement sans presque rien faire, ce n'a pas esté le moyen d'auancer. Tout l'auantage qu'a produit ce retardement, c'est l'examen de quelques Liures qui ont paru depuis, &quelques Obseruations sur la derniere Comete & sur la fin de la premiere, par ce que tout le reste estoit acheué dés auparauant. Au surplus si iamais Liure a merité qu'on excusât les fautes de l'Autheur & de l'Imprimeur, c'est celuy cy qui n'a esté composé qu'à mesure qu'on l'imprimoit, & imprimé sur ma minute mesme, où les ratures & les changemens de quelques mots non resolus, & les renuois d'vn lieu à vn autre, ont fait faire quelques méprises, quelques obmissions, & beaucoup de fautes d'impression que vous estes prié de corriger.

Pour la determination des Longitudes & des Latitudes de la Comete, il y a de la difference de quelques minutes entre ce que i'en ay escrit lors que i'obseruois, & entre la Table & les Cartes qui les designent plus precisement, parce que ie les ay rectifiées sur les Obseruations des autres, & sur les miennes mesmes verifiées auec plus de loisir. Ainsi l'on pourra corriger les vnes par les autres & s'en tenir à la table (quand elle sera corrigée) & aux Cartes, plûtost qu'à l'impression. Ce n'est pas qu'il n'y ayt quelque chose à dire dans la grande Carte, qui pour auoir esté copiée sur celle de Bartschius sans estre reformée par le Graueur comme ie l'auois prescrit, ainsi qu'il est dit en la page 315. differe de demy degré ou enuiron pour les Longitudes des Estoiles du temps present. Mais cela ne fait rien pour la Comete que i'ay placée sans y auoir esgard, n'ayant ſuiuy que les Obſeruations & les parties proportionelles de ſon mouuement. Corrigez donc s'il vous plaiſt ces fautes d'impreſſion auant que de vous mettre à la Lecture.

Fautes d'Impreſſion.

P*Age 7. & en beaucoup d'autres endroits* aye *au lieu de* ait. *p. 11. li. 3.* les *au lieu de.* leur. *lin. 5.* des exhalaiſons, *au lieu de* aſſez d'exhalaiſons. *p. 14. li. 26.* Dieu n'eſt pas en lere, *au lieu de* colere, *p. 21. li. 6.* outre *au lieu de* auec ce. *p. 23. lig. 21.* qui les eſclaire & qui les eſchauffe *au lieu de* qui l'eſclaire & l'eſchauffe. *p. 31. lig. 19* le premier *au lieu de* la premiere. *p. 45. lig 18* aduenir, *au lieu de* à venir. *pag. 78. lig 11.* qui s'eſt reſerué, *au lieu de* qui s'eſtoit. *lig. 12.* fait *liſez* faits. *p. 79. lig. 5.* tirer d'eux *au lieu de* tirer d'elles. *p. 81. lig. 3.* & ſes *liſez* & par ſes *p. 98. lig. 12.* touuert *au lieu* d'eſclairé. *pag. 101. lig. derniere* nam *au lieu de* quam. *pag. 105. lig. 25.* ſans les *au lieu de* & que ſans les *lig. 28.* y aye eſté *au lieu de* y ait eſté *comme en beaucoup d'autres endroits, & en la page* 106. *lig.* 16 17. *il y eſtoit trois fois. pag. 111. lig. penult.* ſynderalem *au lieu de* ſyderalem *p. 112. lig. 2. effacez le premier mot* ſont *pag. 116. lig 20.* diſſenſes *au lieu de* differences. *pag. 119. lig. 6.* en vn *au lieu de* & vn. *pag. 122. lig. 4.* vray *au lieu de* vraye *pag. 126 lig. derniere* joines *au lieu de* jointes. *pag 130. lig.* 8. toures ſes *au lieu de* toutes les. *pag. 134. lig 21.* de nature *au lieu de* la nature. *pag. 150. lig. 15.* les Cieux ſont *au lieu de* les Cieux ne ſont point *pag. 152 lig. 3.* ie ne ſçay qu'elle *au lieu de* ie ne ſçay lequel. *pag. 154. lig. 10.* l'inquiſition *au lieu de* Rome. *pag. 169 lig. 1.* coſtez *au lieu de* coſtes. 177. dans la marge *l'Aſtrologie des Iuifs* au lieu de *la Chronologie des Iuifs. pag. 205. lig. 10.* abdicantes, *au lieu de* albicantes. *pag. 207. lig. 26.* ce que pouuoit *au lieu de* ce que ce pouuoit. *pag. 208 corrigez la pluſpart des chiffres ſuiuant ce qui eſt eſcrit en la page* 313. *pag. 222. lig. 15.* eſtre ſemblent, *liſez* ſemblent eſtre. *pag. 224 lig. 25.* on fournit, *liſez* en fournit. *pag. 230. lig. dern.* il la fait, *liſez* il les fait *pag. 242. lig. 8.* legeres, *au lieu de* legers. *pag. 261. lig. 23.* le 20. Decembre, *liſez* le 2. Decembre. *pag. 271. lig. 18.* outrepaſſoit, *au lieu de* outrepaſſeroit. *pag. 275. lig. 15.* d'eſtre ſtationnaire, *au lieu* d'eſtre comme ſtationaire. *pag. 276. lig. 27.* à ceux, *liſ.* à quelques-vns de ceux. *lig. derniere*, fait trop, *liſez* fait encore trop, *pag. 286. lig. 6.* qui en 23. *adiouſtez* ou enuiron. *pag. 292. lig. 17.* informées *liſez* informes. *page 296. lig. 25.* auec 4. 55. *au lieu de* 5. 30. *pag. 302. lig. 19* Feburier *au lieu de* Ianuier. *Et pour n'auoir pas la peine de corriger toutes les fautes de chifres en particulier corrigez ſeulement celles qui ſe ſont gliſſées dans la table meſme qui deuoit eſtre plus correcte dans la* page 318. *dans la troiſiéme colomne au premier mot* Longitudes *liſez* Latitudes. *au 20. Decembre ſous les Latitudes*, 29. 20 *liſez* 29. 10. *au 22 ſous les Latitudes* 33. 15. *liſez* 33. 5. *au 25. Decembre liſez* Longitudes 9. 30. Latitudes 40. 55. *au premier Ianuier Latit. liſez* 29. 0. au 3. Ianuier Latitudes *liſez* 19 50. au 4. *liſez* Latitude 16. 25 Longitude 11. 35. au 5. Latitude *liſez* 12. 30. au 9. Latitude *liſez* 5. 30. Longit. 3. 20. au 10. *liſez* Latitud. 4. Longit. 25. *Et pour les autres fautes ſoyez indulgent s'il vous plaiſt & ne m'imputez point ce qui peut eſchapper à vne plume precipitée.*

Abregé ou Table du contenu aux Discours precedents.

Du Pronostique des Cometes.

De l'Addition au Pronostique des Cometes.

Comment

Des Reflexions sur quelques autres Discours imprimez touchant les Cometes.

Du Discours des Obseruations.

Du Diſcours de l'Eclipſe du Soleil du mois d'Aouſt 1654.

FIN.

Aduis au Lecteur,

Sur les dernieres Apparitions de la Comete en Mars 1665.

IL y a de petits Ouurages qui ont le mesme destin que les Grands. Et l'on a quelquefois autant de peine a finir vn petit logis qu'vn grand dessein d'Architecture. Lors que ie pensois estre quite de tout mon trauail & qu'on ne songeoit plus qu'a le distribuer, le Liure que Monsieur Heuelius a publié pour auancoureur de son grand Traité des Cometes, ma fait reprendre la plume pour vous aduertir: que comme la bonne opinion que i'auois conceu de ses Obseruations m'auoit fait escrire en beaucoup d'endroits que c'estoit de luy qu'il falloit attendre la decision de nos doutes pour le vray chemin de nostre Comete; l'interest des Obseruateurs Italiens & François, m'oblige d'appeller icy pour eux de moy-mesme & de ma sentence, deuant le Tribunal de la Verité pour la deffense de sa propre cause touchant la fin de ce Phenomene; & d'informer ceux qui verront son Liure & le mien si differents, que quand il a dit que la Comete n'a plus esté visible apres le 18 Feurier, & quelle a passé au dessous de la corne gauche du Belier proche de sa premiere Estoile qui est à l'oreille, en tirant à celle de l'œil : il est fort esloigné des Obseruations de Messieurs Auzout, de la Voye, Cassini, & du Pere Gottignies, qui tous l'ont veuë separement plus d'vn mois dauantage : Le premier à Paris iusques au 17 Mars, l'autre à Roüen iusques au 19. Monsieur Cassini à Rome iusques au 18. & le P. Gotignies iusques à l'onze. Et tous l'ont obseruée passant au dessus de la corne gauche & tirant à la petite Estoile qui est sous la corne droitte ou la plus claire du Belier comme il est figuré dans la Carte particuliere conforme à leurs Obseruations depuis le 10. Feurier que ie cessay d'en faire comme i'ay dit en la page 303. C'est donc à Monsieur Auzout à nous en répondre puis qu'il a esté sa guide & son truchement iusques à sa fin. Aussi l'ayant pris à garand en son priué nom, il s'en est si bien deffendu par la lettre qu'il m'en escrit, & il a pris tant d'Estoiles pour témoins des lieux où elle a passé qu'il ne reste plus aucun doute de ses Obseruations : mais comme cette piece est entierement decisiue d'vn fait tres-important à la Verité : ce seroit luy faire grand tort & à toute la Posterité de ne la pas rendre publique. C'est donc pour le seul interest de cette verité, sans aucun esprit de contradiction ny d'attache aux personnes, que ie le fais aussi. Et sans prejudicier aux autres Obseruations particulieres qu'aura fait Monsieur Heuelius auec ses admirables Instrumens, car elles doiuent en quelque façon seruir de regle & de conduite à ceux qui n'ont pas le bon-heur d'auoir de si grandes Machines. Pour les consequences Physiques qu'il tire de la nature des Cometes, comme il est libre à vn chacun de philosopher côme bon luy semble; les Lecteurs iugeront aussi fort librement, si i'ay eû raison d'abandonner quantité d'opinions qu'il embrasse: & mesme de les refuter apres les auoir auancées, & m'estre en cela rencontré auec luy sans aucune communication; non plus que sur la grãde Carte du cours de la Comete, que nous auons tous deux faite semblable & prise sur vn mesme original que i'ay coté en la page 349. ce qui est remarquable & particulier: mais il n'a pas manqué au demy degré dont ie parle en ce mesme endroict. Voicy donc la lettre que me vient d'escrire M. Auzout, pour sa iustification, pour la mienne, & pour celle de tous ceux qui ont obserué nostre Comete differemment de M. Heuelius: afin que la question de fait demeure cônstamment establie, & que s'il y doit auoir quelques controuerses entre les Astronomes sur le mouuement des Cometes, & entre les Philosophes sur leur Nature & leur Generation, elles ne soient pas establies sur diuers Principes, & sur des Phenomenes incertains. Ceux-cy passeront donc pour tres veritables, & la Posterité les receura s'il luy plaist comme tels.

Lettre de Monsieur Auzout du 7. Iuin à Monsieur Petit, &c.

MONSIEVR,

PVISQVE *vous auez iugé qu'il y alloit de l'interest de la Verité en rendant vostre Liure public en mesme temps que celuy de M. Heuelius paroist, de marquer la difference qu'il y a entre luy & vous touchant le chemin du premier Comete vers sa fin, & de faire voir que celuy que ie vous ay donné est fondé sur des Obseruations certaines & conformes à celles qui ont esté faites en diuers lieux, & qu'il s'est mepris dans son Obseruation du 18. Feurier afin que son autorité & la reputation qu'il merite ne fasse pas douter de la bonté de vostre Figure, & de la verité du chemin que i'y ay tracé depuis le 28. Ianuier iusques au 17. Mars. Ie n'ay pas voulu vous refuser mes Obseruations particulieres qui ne seroient que trop suffisantes pour montrer sa meprise quand elles ne seroient pas apuyées d'vne cõformité entiere auec celles qui ont esté faites par trois autres personnes de merite, qui sont le R. Pere Gottignies Professeur de Mathematique au College Romain, Monsieur Cassini Astronome de l'Academie de Boulogne, & M. de la Voye de Rouën, qui obserue auec beaucoup d'intelligence.*

Il seroit peutestre difficile de trouuer vn exemple plus

celebre pour montrer que les grands hommes se trompent quelquefois mesme dans les choses ou ils sont les plus experimentés : mais ce deffaut est si attaché à la foiblesse de nostre Nature que ie ne plaindrois pas M. Heuelius d'y estre tombé, si ce n'estoit qu'il se rencontre des personnes si deraisonnables qu'ils croient que la reputation du plus sçauant & du plus exact, est en danger, s'il a peu se tromper vne seule fois par megarde.

Ie suis bien esloigné de ce sentiment & pourueu que l'on reconnoisse sincerement la verité aussi-tost qu'on la peut connoistre, ie croy qu'il faut excuser facilement les meprises, qui du moins ont cela d'vtile pour ceux qui les font & pour les autres, quelles les rendent vne autrefois plus soigneux & font que sans se preocuper d'aucune hypothese ils examinent les choses, quand il est possible, & plusieurs fois & de plusieurs biais.

Il est vray que M. Heuelius auroit peu ne s'en rapporter pas à vne seule Obseruation pour fonder dessus vne hypothese, qui paroist d'ailleurs assez extraordinaire, & qu'il pouuoit s'enquerir des autres pays si l'on ny auoit pas veu le Comete depuis le 18. Feurier & en quels lieux on l'auoit obserué, pour voir si cela repondoit à son hypothese deuant que de la publier & d'estre obligé dans la suitte de se dedire.

Car ce qu'il y a de facheux en ce rencontre est que s'il n'y auoit eu que M. Heuelius qui eust obserué auec des Lunetes, ou que le temps eust esté couuert depuis le 18. Feurier en sorte que personne n'eust peu obseruer le Comete apres ce iour là, il auroit embarassé pour iamais tous les Astronomes presens & a venir par vne Obseruation si estrange & par *vne hypotheſe ſi eloignée de la verité puis qu'il la debite comme ſi elle eſtoit ſi bien fondée ſur les Obſeruations qu'apres auoir dit dans la page 19. de ſon* Prodromus Cometicus. Eatenus vt hac ratione iter ſuum carpſerit SINE OMNI DVBIO per dictam modo ſtellam (primam Arietis) eamque vti colligere dabatur plane circa meridiem huius diei texerit, *& dans la page 28.* Quoniam diuina gratia indulgente mihi ad 18. Feb. Cometam EXQVISITE obſeruare conceſſum eſt, de quo certe habeo quod mihi gratuler cum à nemine quod ſciam ſiue in hoc, ſiue in aliquo alio Incuruatio adhuc rectè animaduerſa fuerit, *& plus bas.* Cometa curſum ſuum direxit à pedibus ſcilicet præcedentibus atque collum, AD PRIMAM ARIETIS vbi die 18. Feb. vti percepiſti pag. 17. à me deprehenſus eſt, *& apres auoir expliqué ſon hypotheſe il aioute page 30.* Non eſt autem quod putes me funiculos hic ex arena nectere & plane impoſſibilia captare ſed rem capio vt reuera accidit ATQVE OBSERVATIONES CLARE OSTENDVNT, *apres quoy il aioute* ſic vt CERTVM INDE SIT vltimo Feb. iam motu directo 1. G. 6'. die 5. Martii 2. G. 30'. die vero 10. Martij 7. G. 4'. ac die 13. eiuſdẽ menſis ad 12. vel 13. G. contra quã vir quidã præclariſſ. exiſtimaſſet aut ſibi vnquã perſuaſiſſet progreſſum eſſe. *Car qui ne croiroit apres toutes ces expreſſiõs & plusieurs ſemblables, que cette hypotheſe eſt fondée ſur de bonnes Obſeruations & qu'il n'a iamais eſté aſſeuré rien de plus veritable. Cependant ſi i'eſtois tout ſeul de mon coſté quoyque M. Heuel n'ait fait qu'vne ſeule obſeruation & que i'en aye fait* *plusieurs pendant vn mois apres la sienne, i'aurois a craindre que beaucoup de personnes icy, ne doutassent plustost de mes Obseruations que de la sienne, dont vous ne sçauez que trop la raison : mais i'ay trois Temoins pour moy dont il y en a deux etrangers, & ie ne doute pas que ie n'en aye encor bien d'autres qui ne sont pas venus à ma connoissance, qui auront eu aussi bien que moy la Curiosité & le bon-heur d'obseruer le Comete iusques à ce qu'on la perdu de veuë, & ie suis faché que vostre santé ne vous à pas permis de le faire.*

I'ay assez long-temps cherché si ie ne pourrois pas deuiner quelle a esté l'occasion de la meprise de Monsieur Heuel, mais ie n'ay peu en trouuer aucune, car si le Comete auoit passé le 18. de Feurier aupres de quelque Etoile qu'on eust decouuert auec les Lunetes comme il y a passé d'autresfois, i'aurois cru qu'il auroit pris cette Etoile pour la premiere du Belier, comme il peut arriuer quelquefois quand le tuyau de la Lunete n'estant pas parfaitement droit on découure auec la Lunete quelque Etoile vn peu claire que l'on prend pour celle vers laquelle on croit que la Lunete est tournée : mais ie n'en ay pas remarqué vers le lieu où le Comete deuoit estre ce iour là qui fust visible auec mes Lunetes, quoy que depuis le 28. Ianvier i'aye remarqué fort curieusement toutes les Etoiles, que l'on voioit sans peine auec les Lunetes aux enuirons du chemin que le Comete a parcouru. Il m'est venu dans l'esprit que sa méprise pouuoit auoir esté causée de ce que la premiere du Belier est double, les Lunetes vn peu grandes y distinguant deux Etoiles fort proches comme là remarqué (le premier que ie sçache) le celebre Astronome M. Cassin, & qu'il auroit peut-estre pris vne de ces Etoiles pour le Comete, mais outre que

ces

ces Etoiles sont fort proches & qu'ainsi elles ne sont pas si eloignées que M. Heuel dit qu'estoit le Comete, l'ayant mis plus Oriental de 5. ou 6. minutes & plus Boreal de 2. ces Etoiles sont de même grandeur & de même lumiere & il ny en a pas vne qui puisse ressembler au Comette comme il l'auoit veu quatre ou cinq iours auparauant. I'ay craint aussi qu'il n'ait esté trompé par vne fort petite Etoile qui se voit auec les Lunetes quand le temps est bien net enuiron à l'endroit ou il a mis le Comette particulierement dans la preocupation qu'il auoit peut estre desia de l'hypothese qu'il à publiée, mais d'vn autre costé ie ne comprens pas comment il auroit peu donner 2. minutes de diametre à cette Etoile qui est à grand peine visible auec les Lunetes & qui n'a pas vne tierce de Diamettre: ny comment il ne l'auroit pas reueue depuis quand il dit qu'il a trouué que le Comete auoit quité la premiere du Belier page 19. At. vero die 20. Feb. dehiscentibus nubibus deprehendi quidem iam à prima Arietis eum discessisse &c. *si ce n'est que le tems n'estant pas si net il n'eust pas veu ce iour là cette petite Etoile. Mais il vaut mieux rapporter mes Obseruations & celles des autres que de m'arrester à recher-cher quelle a peu estre la cause de sa meprise, aussi bien ie ne suis pas deuin & il vaut mieux attendre qu'il nous la fasse sçauoir quand il nous donnera son grand Ouurage des Cometes & le particulier du Calcul & de ses Obseruations des deux derniers, que tous les Curieux ont suiet d'attendre auec impatience.*

Ie n'ay point obserué le Comete le 18. Feurier, & par malheur il n'y en a pas vn des trois que i'ay citez qui l'ait obserué ce iour là, mais ie l'ay obserué le 17. & le 19. &

à moins que l'on ne veuille que le Comete ait esté le 18. rendre visite à la premiere du Belier ou à sa compagne, & que le 19. il soit retourné dans son chemin ordinaire ou ie l'ay retrouué, quand on sçaura ou il estoit ces deux iours là, on ne pourra pas douter du lieu ou il pouuoit estre le 18.

Il y a vne petite Etoile assez visible auec les Lunetes mais que ie n'ay iamais peu voir auec les yeux qui fait auec la Corne gauche & la premiere du Belier ou l'Oreille (comme vous l'appellez) vn Triangle Rectangle & est dans l'Angle droit, plus Occidentale que la Corne & en mesme Latitude, & presque en mesme Longitude que la premiere. Elle peut estre distante de la premiere du Belier tout au moins de 1. degré 20. minutes & de la corne gauche d'enuiron 45. ou 46. minutes comme elle est representée dans vostre Figure au dessus du lieu ou estoit le Comette le 6. Mars, que i'appelleray. A.

Ie trouue dans mes Obseruations que le 17. Feurier le Comete estoit autant distant de la premiere du Belier que cette premiere est distante de cette Etoile A. c'est à dire tout au moins d'vn degré 20. minutes, tellement qu'il auoit enuiron 27. deg. de Longitude & 7. deg. 4. ou 5. minutes de Latitude.

Le 19. Feurier il estoit auancé en son chemin de 12 ou 13. minutes, & il estoit approché de la premiere du Belier de 9. ou 10. tellement qu'il en estoit encore eloigné de pres d'vn degré & vn quart, bien loin de l'auoir passée, & pouuoit estre en mesme Latitude quelle.

Depuis le 19. ie l'ay encore obserué tous les iours que le temps a esté fauorable, à sçauoir le 24. 25. 26. 27. de Feurier

& le 6. 7. 8. 13 & 17. de Mars, & vers le 26. ou le 27. de Feurier que ie trouue que le Comete a esté le plus proche de la premiere du Belier il n'en a pas approché plus pres qu'enuiron 50. min. Mais sans parler des autres Obseruations dont l'on peut voir le lieu a peu pres dans la Figure que ie vous ay donnée, & que ie donneray plus en grand auec la situation plus exacte de toutes les petites Etoiles quand ma santé me permettera d'acheuer mon Traité. Le 13. Mars que M. Heuel veut qu'il deuoit recouper l'Ecliptique vers le 10. de l'Ecreuisse & faire 13. degrez de mouuement apparant & qu'il souhaitoit que quelqu'vn le pust obseruer, il estoit eloigné de ce lieu de plus de 70. deg. puis qu'il n'auoit pas passé la Corne gauche du Belier de plus de 14. ou 15. min. & le 17. Mars qui est le dernier iour que ie l'ay obserué, il n'estoit pas plus eloigné de la Corne gauche que cette Etoile est eloignée de celle que i'ay nommee A. c'est à dire d'enuiron 45 ou 46. minutes d'ou il est euident que le Comete n'auançoit pas en ce temps là plus de 7. ou 8. minutes au lieu de 12. ou 13. degrez qu'il assuroit qu'il deuoit faire, quoy qu'il commençast d'auancer vn peu plus viste qu'il n'auoit fait quelques iours auparauant.

Ayant enuoyé il y a long tẽps mes Obseruations à M. Cassini il m'a fait la grace de me renuoyer aussi les siennes qui se trouuent conformes aux miennes vers la fin, mais il n'y en a point depuis l'11. Feurier iusques au 28. il a obserué dans le mois de Mars le 1. 2. 3. 6. 10. 11. & 18. & selon ses Obseruations le Comete a passé entre le 10. & l'11. contre la Corne gauche du Belier, car le 10. Mars au soir il estoit encor plus Occidental, & le 11. il estoit plus Oriental, ce qui s'accorde parfaitement auec les lieux ou ie l'auois laissé le 8. & où ie l'ay retrouué le 13.

Le R. P. Gottignies l'a aussi obserué entre les mesmes Estoiles qui sont marquées dans la Figure qu'il a enuoyée icy, ou il y a des Obseruations outre le commencement de Feurier du 15. 19. 20. du mesme mois & du 9. 10. & 11. Mars, où il le met comme M. Cassin le 10. vn peu plus Occidental. Mais comment y auroit-il de la difference puisque c'est la pure verité? M. de la Voye qui a obserué à Rouën la mesme chose ne recommença d'obseruer le Comete que le 8. Mars apres que m'ayant enuoyé sa derniere Obseruation du 10. Feurier ie luy eus mandé que ie l'obseruois encore tous les iours auec des Lunetes & depuis le 8. il la obserué le 13. 14. 17. & 19. Mars tout conformement à mes Obseruations.

Ie pourrois encore remarquer qu'il y a quelques fautes dans les derniers iours de Feurier & particulierement dans le 3. le 4. le 12. & le 13. tant pour la distance du Comete de la premiere du Belier que pour son mouuement diurne qu'il met de 13. & de 14. minutes, mais c'est peu de chose au pris de la meprise que ie viens de montrer & peut-estre que M. Heuelius s'en apperceura en faisant plus exactement ses calculs; c'est pourquoy ie ne les marqueray pas en particulier. Ie diray seulement que suiuant mes Obseruations depuis le 3. Feurier iusques à la fin, le Comete n'a iamais fait plus de 9. ou 10. minutes par iour & iamais moins de 6. & que depuis le 8. Mars qu'il estoit distant de la Corne gauche d'enuiron 18. minutes, iustement comme l'a aussi obserué M. Cassin qui le met eloigné de 18. minutes 36. secondes, iusques au 17. il n'a fait qu'enuiron 7. minutes par iour comme ie l'ay desia montré par la distance de 45. ou 46. minutes qu'il auoit le 17. Mars de la Corne gauche aupres de laquelle il auoit passé entre le 10. & le 11. de Mars.

Ie pourrois aussi dire quelque chose sur la grandeur qu'il donne au Diametre du Comete dont ie suis fort surpris m'ayant paru sans comparaison plus petit, & sur ces Inégalitez qu'il met dans son Corps, car i'ay bien remarqué que le Comete m'a paru quelque fois a peu pres de la sorte, mais c'estoit quand mes Lunetes n'estoient pas en leur point, & pour moy ie n'aprouuerois iamais de regarder les Astres auec des Lunetes à 4. ou à 5. Verres; mais seulement auec deux Verres, puis qu'il n'y a aucun danger de voir renuersé dans le Ciel: car outre qu'vne Lunete de 12. pieds n'est que d'vn Obiectif d'enuiron 7. pieds, il est plus dangereux que les Verres ne soient pas dans la disposition requise pour bien representer les Obiets. Enfin ie pourrois aiouter la conformité qu'il y a de mon Obseruation du 3. Feurier aupres des deux petites Estoiles ou M. Heuelius l'a remarqué, auec la sienne, qui n'a point esté faite à Rome, n'ayant esté veu là que le 2. & le 4. Feurier, & ie ne sçay si d'autres que moy l'auront obserué autre part exactement auec les Lunetes (car personne ne la fait icy que moy,) quoy que cette Obseruation ait plusieurs choses considerables & que M. Heuelius souhaite fort de voir les Obseruations des autres pays de ce iour-là pour la Paralaxe; mais ie serois trop long & vous estes fort pressé d'acheuer; c'est pourquoy ie la reserueray pour vne autre occasion.

Ie croy, Monsieur, qu'il n'est point necessaire apres cela de faire des Reflexions ny de m'arrester dauantage a persuader la certitude de mes Obseruations & puisque ie n'ay fait cette lettre que pour la verité de l'Histoire, ie ne diray rien du reste du Liure de M. Heuel ny de ses hypotheses auec lesquelles ie n'ay rien de commun & peutestre que ie ne seray pas plus d'accord de toutes vos belles speculations : mais chacun se diuertit dans ses visions en des matieres si inconnuës. Cependant i'espere sans aucun embarras donner la raison Physique du retour du Comete (aussi bien que de tous les autres qui ont retourné ou qui ont auancé ou retardé plus que leur mouuement du commencement, ne demandoit) que i'auois preueu dans mon Ephemeride mais dont ie ne pouuois estre asseuré sans l'Experience que i'en ay faite, & d'expliquer sans vne matiere presque immense attachée au corps des Cometes & sans des Refractions extraordinaires tous les Phenomenes de leurs Queues par les seules loix de la Refraction ordinaire dont ie feray voir des Experiences sensibles.

I'aurois souhaité d'auoir pu auertir premierement en particulier M. Heuel de sa meprise, si pourtant vous iugez qu'il soit necessaire pour l'interest de la Verité que ma lettre soit imprimée ie vous en laisse le maistre. En ce cas là ie ne prends point de precautions auec M. Heuelius & ne luy fay point d'excuses d'auoir ecrit cette lettre puisque ie le croy tres-amateur de la Verité & que nonobstant cette petite meprise i'ay vne estime & vne admiration pour sa Curiosité, sa Magnificence dans ses Instrumens, & ses trauaux continuels pour les Obseruations Celestes, plus grande qu'on ne sçauroit s'imaginer. Il a donné en cette matiere vn exemple à imiter à toute la Posterité qui deuroit exciter dés à present nostre Nation & toutes les autres a trauailler conioіntement à la perfection de l'Astronomie, &c.

Ie suis, &c,

A Paris ce 17. Iuin 1665.

Comme

Comme c'est le seul interest de la verité qui nous doit faire escrire, & qu'on le peut maintenir sans choquer les personnes, voicy la Lettre que i'ay escrite à Monsieur Heuel en luy enuoyant par auance ce qui le concernoit.

CLARISSIMO DOCTISSIMOQVE VIRO D.

IOANNI HEVELIO
Consuli Dantiscano.

PETRVS PETITVS MONLVCIANVS REGIS Arcibus Muniendis Præfectus. S. D.

*QVO tempore meum de Cometis opus in lucem prodibat & ad te properabat impatiens (*Vir Clarissime*) tuum istuc peruenisse, nobis renunciatum est; quod cum auidè quæsijssem occurrit tantum eiusdem Prodromus, quo lecto, mirum quanta voluptate perfusus fuerim. Sed cum in eum locum incidi, quo prioris Cometæ finem explicas, & diuersum à nobis tantoperé statuis, vt alterutra Obseruatio corruat necesse est, aut fortassis* *vtraque apud illos qui neutrius sunt partis cum ambæ non conueniunt, summo mœrore affectus sum; quod in facto tam diuersos & præsens ætas & futura haberet, qui de re prorsus eâdem, idem non referrent: nec enim quæstio iuris vnquam deciditur, cum de quæstione facti non constat. Anxio mihi quid hac in re agerem, & vocatis in consilium amicis visum est, Veritati parendum esse, ipsique testimonium seclusis omnibus perhibendum, præsertim cum illius & nostrà intersit vt quod ab alijs accepi typisque mandaui ratum fixumque maneat, vt plurium oculis confirmatum. Rem igitur tibi non ingratam me facturum existimaui,* Vir Clarissime, *si vocati in iudicium AuZotij nostri Epistolam, quam pro mea suaque & ipsius veritatis (omnium Philosophorum Placitis anteponendæ,) deffensione scripsit, in testimonium proferrem. Hoc igitur meum quantulumcunque opus est, vt bona mente scriptum ita & acceptum feras vehementer oro; mihique nihil imputes quod singulari quâ te semper colui obseruantia, vel quâ me multis nominibus deuinxisti beneuolentiæ tantisper aduersetur. Interim dum lento gradu ob locorum distantiam ad te perueniet nostra Dissertationes; quam nuper ijs adiunxi*

EPISTOLA.

Auzotij Epistolam ad te mitto cùm designatione finis Cometæ: priorem vero eiusdem Phœnomeni viã intueberis in figura operi annexâ, tuæ simili quoad positionem stellarum (eâdem enim ambo Bartschij delineatione vsi sumus) vtinam tam fœliciter ac tu eius loca indicassem. Sed in Astronomica supellectile quis tibi æquiparandus? vt non semel insinuaui ex Bulialdi nostri peruaria narratione. Quod Physicam attinet, cæterasque de motu, figura, loco & generatione Cometarum elicitas conclusiones, nil mirum inter nos dissensiones esse; & à me interdum reprobari quæ mox adducta fuerant, & à te asserta referuntur. Imo mirandi causa non mediocris esset si vnâ mente consentiremus; maxima si veritatem aßequutus essem, qui probe scio me dubitantem plerumque locutum fuisse mi bique semper diffidentem: in re si quidem tam incerta quis audeat confidenter polliceri certitudinem. Si enim certum aliquid habuissem quod dicerem, vt cum oratore loquar, ego ipse diuinassem, qui esse diuinationem inficior. Vale itaque, Vir Clarissime, *remque Astronomicam quà polles dexteritate promouere aßiduè perge. Meque tui semper amantißimum & ad omnia paratißimum puta. Dabam Lutetiæ Parisiorum 3. Iulij 1665.*

Extraict du Priuilege du Roy.

PAr grace & Priuilege du Roy, il eſt permis au Sieur PETIT Intendant des Fortifications de ſa Majeſté, de faire imprimer, vendre, & debiter, par tel Imprimeur qu'il voudra, vn Liure intitulé *Diſſertations ſur la nature des Cometes, &c.* durant le temps & eſpace de dix ans. Deffenſes à tous Libraires, Imprimeurs, & autres perſonnes, de faire imprimer vendre & debiter ledit Liure en quelque ſorte ou maniere & ſous quelque pretexte que ce ſoit ſans le conſentement dudit ſieur, à peine de deux mille liures d'amende, confiſcation des Exemplaires & de tous dépens dommages & intereſts comme il eſt plus amplement porté par ledit priuilege. DONNÉ à Paris le 15. Ianuier 1665. Signé par le Roy IVSTEL, & ſellé du grand ſeau de cire jaune.

Et ledit ſieur Petit a cedé ſon preſent droict de Priuilege, à Thomas Iolly, & Louis Billaine, pour en iouir en ſon lieu & place, ſuiuant l'accord fait entr'eux.

Acheué d'imprimer pour la premiere fois le 10. Iuillet 1665.

Les Exemplaires ont eſté fournis.

2^tt 1^tt [illegible]

[illegible]

www.ingramcontent.com/pod-product-compliance
Lightning Source LLC
Chambersburg PA
CBHW061106220326
41599CB00024B/3940